Der Platz des Menschen im Universum

Eine Studie über die Ergebnisse wissenschaftlicher Forschung in Bezug auf die Einheit oder Pluralität der Welten

Alfred Russel Wallace

Writat

Diese Ausgabe erschien im Jahr 2023

ISBN: 9789359253503

Herausgegeben von
Writat
E-Mail: info@writat.com

Inhalt

VORWORT

DIESES Werk wurde aufgrund des großen Interesses geschrieben, das mein Artikel unter demselben Titel hervorrief, der gleichzeitig in *The Fortnightly Review* und im *New York Independent erschien* . Zwei Freunde, die das Manuskript lasen, waren der Meinung, dass ein Band, in dem die Beweise viel ausführlicher dargelegt werden könnten, wünschenswert wäre, und das Ergebnis der Veröffentlichung des Artikels bestätigte ihre Ansicht.

Ich wurde zu einer Beschäftigung mit diesem Thema geführt, als ich vier neue Kapitel über Astronomie für eine neue Ausgabe von *The Wonderful Century schrieb* . Ich fand dann heraus, dass fast alle Autoren der allgemeinen Astronomie, von Sir John Herschel bis zu Professor Simon Newcomb und Sir Norman Lockyer, als unbestreitbare Tatsache feststellten, dass sich unsere Sonne *in* der Ebene des großen Rings der Milchstraße befindet , und das auch fast in der Mitte dieses Rings. Die jüngsten Forschungen zeigten auch, dass es kaum oder gar keine Beweise dafür gab, dass es sehr weit jenseits der Milchstraße Sterne oder Nebel gab, die somit in dieser Richtung die Grenze des Sternuniversums zu sein schien.

Als ich mich der Erde und den anderen Planeten des Sonnensystems zuwandte, stellte ich fest, dass die neuesten Forschungen zu dem Schluss führten, dass kein anderer Planet wahrscheinlich der Sitz organischen Lebens sei, es sei denn vielleicht eines sehr niedrigen Typs. Viele Jahre lang hatte ich dem Problem der Messung der geologischen Zeit besondere Aufmerksamkeit gewidmet, aber auch dem des milden Klimas und der im Allgemeinen einheitlichen Bedingungen, die in allen geologischen Epochen vorherrschten; und als ich die Zahl der gleichzeitigen Ursachen und das empfindliche Gleichgewicht der Bedingungen betrachtete, die zur Aufrechterhaltung einer solchen Einheitlichkeit erforderlich sind, wurde ich noch mehr davon überzeugt, dass die Beweise außerordentlich stark gegen die Wahrscheinlichkeit oder Möglichkeit der Besiedlung eines anderen Planeten waren.

Da ich die meisten Werke, die sich mit der Frage der vermeintlichen *Pluralität der Welten befassen* , seit langem kannte, war mir die sehr oberflächliche Behandlung dieses Themas, selbst in den Händen der fähigsten Schriftsteller, durchaus bewusst, und das machte mich umso mehr bereit, die Gesamtheit der verfügbaren Beweise – astronomische, physikalische und biologische – so darzulegen, dass sowohl das Bewiesene als auch das, was darin nahegelegt wird, deutlich wird.

Das vorliegende Werk ist das Ergebnis, und ich wage zu glauben, dass diejenigen, die es sorgfältig lesen, zugeben werden, dass es sich lohnt, dieses

Buch zu schreiben. Es basiert fast ausschließlich auf den wunderbaren Fakten und Schlussfolgerungen der Neuen Astronomie sowie auf denen moderner Physiker, Chemiker und Biologen. Ihre Neuheit besteht darin, die verschiedenen Ergebnisse dieser verschiedenen Zweige der Wissenschaft zu einem zusammenhängenden Ganzen zu vereinen, um so ihre Bedeutung für ein einziges Problem zu zeigen – ein Problem, das für uns von großem Interesse ist.

Dieses Problem besteht darin, ob die logischen Schlussfolgerungen, die aus den verschiedenen Ergebnissen der modernen Wissenschaft gezogen werden können, die Ansicht stützen, dass unsere Erde der einzige bewohnte Planet ist, nicht nur im Sonnensystem, sondern im gesamten Sternenuniversum. Natürlich ist es ein Punkt, an dem ein absoluter Beweis, auf die eine oder andere Weise, unmöglich ist. Aber da es keine direkten Beweise gibt, ist es offensichtlich rational, nach Wahrscheinlichkeiten zu fragen; und diese Wahrscheinlichkeiten müssen nicht durch unsere Voreingenommenheit für eine bestimmte Ansicht bestimmt werden, sondern durch eine absolut unparteiische und unvoreingenommene Prüfung der Tendenz der Beweise.

Da das Buch für die allgemeine, gebildete Leserschaft geschrieben ist, von der viele möglicherweise mit keinem Aspekt des Themas oder mit dem wunderbaren Fortschritt neuerer Erkenntnisse in diesem Bereich, der oft als „Neue Astronomie" bezeichnet wird, vertraut sind, wurde ein populärer Bericht gegeben aller seiner Zweige, die sich auf das hier besprochene spezielle Thema beziehen. Dieser Teil der Arbeit nimmt die ersten sechs Kapitel ein. Diejenigen, die mit der modernen astronomischen Literatur, wie sie in populären Werken enthalten ist, einigermaßen vertraut sind, können mit meinem siebten Kapitel beginnen, das den Beginn der beträchtlichen Menge an Beweisen und Argumenten markiert, die ich anführen konnte.

Diejenigen meiner Leser, die möglicherweise von der negativen Kritik an meinen Ansichten beeinflusst wurden, wie sie in dem Artikel dargelegt wurde, auf den bereits Bezug genommen wurde, möchte ich noch einmal darauf hinweisen, dass in diesem gesamten Werk weder auf die Fakten noch auf die offensichtlicheren Schlussfolgerungen eingegangen wird Die Angaben zu den Fakten stammen aus eigener Verantwortung, aber immer aus der Feder der besten Astronomen, Mathematiker und anderer Wissenschaftler, zu deren Werken ich Zugang hatte und deren Namen ich im Allgemeinen mit genauen Quellenangaben nenne.

die sie angesammelt haben , zusammengeführt habe ; die Hypothesen dargelegt zu haben, mit denen *sie* sie erklären, oder die Ergebnisse, auf die die Beweise eindeutig hinweisen; zwischen widersprüchlichen Meinungen und Theorien geurteilt zu haben; und schließlich, die Ergebnisse der verschiedenen, weit voneinander entfernten Wissenschaftsbereiche kombiniert zu haben und gezeigt zu haben, wie sie sich auf das große Problem auswirken, das ich hier in gewissem Maße zu erläutern versucht habe.

Da hier eine so große Menge an Fakten und Argumenten aus unterschiedlichen Wissenschaften zusammengetragen wurde, habe ich eine ziemlich vollständige Zusammenfassung des gesamten Arguments gegeben und meine abschließenden Schlussfolgerungen in sechs kurzen Sätzen dargelegt. Anschließend diskutiere ich kurz die beiden Aspekte des gesamten Problems – den materialistischen und den spiritistischen Gesichtspunkt; und ich schließe mit ein paar allgemeinen Beobachtungen zu den fast undenkbaren Problemen, die durch Ideen der Unendlichkeit aufgeworfen werden – Probleme, von denen einige meiner Kritiker dachten, ich hätte versucht, sie in gewissem Maße zu bewältigen, die aber, wie ich hier hervorhebe, insgesamt über das hinausgehen Fragen, die ich besprochen habe, und die gleichermaßen über die höchsten Kräfte des menschlichen Intellekts hinausgehen.

BROADSTONE, DORSET ,

September 1903.

„Der wildere Geist ist tost und verloren, O Meer, in deiner ewigen Flut; Das schwankende Gehirn versucht vergebens, O Sterne, um die Weite weit zu erfassen! Der schreckliche, gewaltige Plan Das schimmert in jedem flüchtigen Licht, O Nacht, oh Sterne, zu grobe Gläser Das Endliche mit dem Unendlichen!'

JH DELL .

KAPITEL I

FRÜHE IDEEN ZUM UNIVERSUM UND SEINEM BEZIEHUNG ZUM MENSCH

ALS die Menschen zu ausreichender Intelligenz gelangten, um Spekulationen über ihre eigene Natur und die der Erde, auf der sie lebten, anstellen zu können, müssen sie von dem nächtlichen Schauspiel des Sternenhimmels zutiefst beeindruckt gewesen sein. Der intensive funkelnde Glanz von Sirius und Wega, die massereichere und gleichmäßigere Leuchtkraft von Jupiter und Venus, die seltsame Gruppierung der helleren Sterne in Sternbildern, für die fantastische Namen, die auf ihre Ähnlichkeit mit verschiedenen Tieren oder irdischen Objekten hinweisen, angemessen schienen und bald allgemein übernommen wurden, Zusammen mit den scheinbar unzähligen Sternen von immer geringerem Glanz, die über den Himmel verstreut waren und von denen viele nur in den klarsten Nächten und mit dem schärfsten Sehvermögen sichtbar waren, bildete sich insgesamt ein Bild von wunderbarer und beeindruckender Pracht, das fast unmöglich zu erreichen schien kein echtes Wissen, das aber der Fantasie des Beobachters ein endloses Feld bot.

Die Beziehung der Sterne zur Sonne und zum Mond in ihren jeweiligen Bewegungen war eines der frühesten Probleme für den Astronomen und konnte nur durch sorgfältige und kontinuierliche Beobachtung gelöst werden, die zeigte, dass die Unsichtbarkeit der Sterne während des Tages ausschließlich darauf zurückzuführen war der Glanz des Lichts, und dies soll schon früh durch die beobachtete Tatsache bewiesen worden sein, dass man vom Boden sehr tiefer Brunnen aus Sterne sehen kann, während die Sonne scheint. Während totaler Sonnenfinsternisse werden auch die helleren Sterne sichtbar, und in Verbindung mit der festen Position des Polarsterns und dem Lauf jener zirkumpolaren Sterne, die in den Breiten Griechenlands, Ägyptens und Chaldäas nie untergehen, Es wurde bald möglich, eine einfache Hypothese aufzustellen, die davon ausging, dass die Erde im Weltraum schwebte, während sich in unbekannter Entfernung von ihr eine Kristallkugel um eine durch den Polarstern angezeigte Achse drehte und die ganze Schar der Himmelskörper mit sich führte . Dies war die Theorie von Anaximander (540 V. CHR.), und sie diente als Ausgangspunkt für die komplexere Theorie, die in verschiedenen Formen und mit endlosen Modifikationen bis zum Ende des 16. Jahrhunderts beibehalten wurde.

Es wird angenommen, dass die frühen Griechen einige Kenntnisse der Astronomie von den Chaldäern erhielten, die offenbar die ersten systematischen Beobachter der Himmelskörper mittels Instrumenten waren und den Zyklus von achtzehn Jahren und zehn Tagen danach entdeckt haben sollen bei dem Sonne und Mond von der Erde aus gesehen in die gleichen relativen Positionen zurückkehren. Die Ägypter haben ihr Wissen möglicherweise aus derselben Quelle abgeleitet, aber es gibt keinen Beweis dafür, dass sie große Beobachter waren, und die genaue Ausrichtung, Proportionen und Winkel der Großen Pyramide und ihrer inneren Gänge könnten möglicherweise auf einen chaldäischen Architekten hinweisen.

Die sehr offensichtliche Abhängigkeit des gesamten Lebens auf der Erde von der Sonne als Wärme- und Lichtspender erklärt hinreichend den Ursprung des Glaubens, dass letztere lediglich ein Apanage der ersteren sei; und da der Mond auch die Nacht erleuchtet, geben auch die Sterne als Ganzes eine sehr wahrnehmbare Menge Licht ab, besonders im trockenen Klima und der klaren Atmosphäre des Ostens und im Vergleich zur pechschwarzen Dunkelheit bewölkter Nächte, wenn der Mond scheint Unter dem Horizont schien es klar zu sein, dass die Gesamtheit dieser großen Leuchten – Sonne, Mond, Sterne und Planeten – nur Teile des Erdsystems waren und ausschließlich zum Wohle seiner Bewohner existierten.

Empedokles (444 v . CHR.) soll der Erste gewesen sein, der die Planeten von den Fixsternen trennte, indem er ihre ganz besonderen Bewegungen beobachtete, während Pythagoras und seine Anhänger die Reihenfolge ihrer Abfolge vom Merkur zum Saturn richtig bestimmten. Erst ein Jahrhundert später wurde versucht, diese Bewegungen zu erklären, als Eudoxos von Knidos, ein Zeitgenosse von Platon und Aristoteles, einige Zeit in Ägypten weilte, wo er ein geschickter Astronom wurde. Er war der Erste, der die verschiedenen Bewegungen der Himmelskörper systematisch auf der Grundlage der Theorie der kreisförmigen und gleichmäßigen Bewegung um die Erde als Zentrum herausarbeitete und erklärte, und zwar mithilfe einer Reihe konzentrischer Kugeln, die sich jeweils mit einer anderen Geschwindigkeit und auf einer bestimmten Geschwindigkeit drehten verschiedene Achsen, aber so vereint, dass alle an der Bewegung um die Polachse teilnahmen. Der Mond zum Beispiel sollte von drei Kugeln getragen werden, wobei die erste sich parallel zum Äquator drehte und für die tägliche Bewegung – den Auf- und Untergang – des Mondes verantwortlich war; ein anderer bewegte sich parallel zur Ekliptik und erklärte die monatlichen Veränderungen des Mondes; während sich der dritte mit der gleichen Geschwindigkeit, aber schräger drehte, und die Neigung der Mondbahn zur Erdbahn erklärte. Ebenso hatte jeder der fünf Planeten vier Kugeln, von denen sich zwei wie die ersten beiden des Mondes bewegten, eine weitere, die sich ebenfalls in der Ekliptik bewegte, war erforderlich, um die rückläufige Bewegung der Planeten zu erklären, während eine vierte schräg zur Ekliptik erforderlich war um die divergierenden Bewegungen zu erklären, die auf die unterschiedliche Neigung der Umlaufbahn jedes Planeten gegenüber der der Erde zurückzuführen sind. Dies war das berühmte ptolemäische System in der einfachsten Form, die zur Erklärung der offensichtlicheren Bewegungen der Himmelskörper benötigt wurde. Aber im Laufe der Jahrhunderte entdeckten die griechischen und arabischen astronomischen Beobachter kleine Abweichungen aufgrund der unterschiedlichen Exzentrizität der Umlaufbahnen des Mondes und der Planeten und der daraus resultierenden unterschiedlichen Bewegungsgeschwindigkeiten; und um diese zu erklären, wurden andere Kugeln hinzugefügt, zusammen mit kleineren Kreisen, die sich manchmal exzentrisch drehten, so dass insgesamt etwa sechzig dieser Kugeln, Epizykel und Exzentriker erforderlich waren, um die verschiedenen Bewegungen zu erklären, die mit den groben Instrumenten beobachtet wurden, und die Bewegungsgeschwindigkeiten zu bestimmen von den sehr unvollkommenen Zeitmessern jener frühen Zeitalter. Und obwohl einige große Philosophen zu unterschiedlichen Zeiten dieses umständliche System abgelehnt und sich bemüht hatten, korrektere Ideen zu verbreiten, hatten ihre Ansichten selbst unter Astronomen und Mathematikern keinen Einfluss auf die öffentliche Meinung, und das ptolemäische System hatte bis zur Zeit von Kopernikus die volle Macht , und wurde erst endgültig aufgegeben, als Keplers *Gesetze* und Galileis *Dialoge* die Annahme einfacherer und verständlicherer Theorien erzwangen.

Wir sind mittlerweile so sehr daran gewöhnt, die wichtigsten Fakten der Astronomie als reines Elementarwissen zu betrachten, dass es für uns schwierig ist, uns den Zustand fast völliger Unwissenheit vorzustellen, der selbst unter den zivilisiertesten Nationen während der Antike und des Mittelalters herrschte. Die Rundheit der Erde wurde schon sehr früh von einigen wenigen angenommen und war in der späteren klassischen Zeit ziemlich gut etabliert. Die grobe Bestimmung der Größe unseres Globus folgte bald darauf; und als die instrumentellen Beobachtungen perfekter wurden, wurden Entfernung und Größe des Mondes mit ausreichender Genauigkeit gemessen, um zu zeigen, dass er sehr viel kleiner als die Erde war. Dies war jedoch die äußerste Grenze der Bestimmung astronomischer Größen und Entfernungen vor der Entdeckung des Teleskops. Über die tatsächliche Entfernung und Größe der Sonne war nichts bekannt, außer dass sie viel weiter von uns entfernt und viel größer als der Mond war; Aber schon im Jahrhundert vor Beginn der christlichen Ära bestimmte Posidonius den Erdumfang auf 240.000 Stadien, was etwa 28.600 Meilen entspricht, eine wunderbar genaue Annäherung, wenn man die sehr unvollkommenen Daten bedenkt, über die er verfügte. Er soll auch die Entfernung der Sonne berechnet haben und sie nur um ein Drittel kleiner als die tatsächliche Größe machen, aber das muss ein Zufall gewesen sein, da er keine Möglichkeit hatte, Winkel genauer als auf ein Grad zu messen, wohingegen in der Zur Bestimmung des Sonnenabstandes sind Instrumente erforderlich, die auf eine Bogensekunde genau messen.

Vor der Entdeckung des Teleskops war die Größe der Planeten völlig unbekannt, während über die Sterne höchstens festgestellt werden konnte, dass sie sich in sehr großer Entfernung von uns befanden. Angesichts dieses Umfangs des Wissens der Alten über die tatsächlichen Dimensionen und die Beschaffenheit des sichtbaren Universums, dessen Zentrum, wie man bedenkt, die Erde war, können wir uns nicht über den fast universellen Glauben wundern, dass dieses Universum existiert existierte ausschließlich für die Erde und ihre Bewohner. In der klassischen Zeit galt es als Wohnort der Götter und gleichzeitig als ihr Geschenk an die Menschen, während sich dieser Glaube im christlichen Zeitalter, wenn überhaupt, nur geringfügig änderte; und in beiden Fällen wäre es als gottlos angesehen worden zu behaupten, dass die Planeten und Sterne nicht nur zum Dienst und zur Freude der Menschheit existierten, sondern aller Wahrscheinlichkeit nach ihre eigenen Bewohner hätten, die in manchen Fällen dem Menschen selbst intellektuell sogar überlegen sein könnten. Aber offenbar wagte es während der gesamten Zeitspanne, die wir jetzt behandeln, niemand, auch nur anzunehmen, dass es andere Welten mit anderen Bewohnern gäbe, und das lag zweifellos an der Vorstellung, dass wir *die* Welt, ihr Zentrum, bewohnten des gesamten umgebenden Universums, das nur für uns existierte, dass die Entdeckungen von Kopernikus, Tycho Brahé, Kepler und Galilei so viel Feindseligkeit erregten und für gottlos und völlig unglaubwürdig gehalten wurden. Sie schienen die gesamte akzeptierte Ordnung der Natur durcheinander zu bringen und den Menschen zu degradieren, indem sie seinen Wohnort, die Erde, aus der vorherrschenden zentralen Position entfernten, die er immer eingenommen hatte.

KAPITEL II

Moderne Vorstellungen über die Beziehung des Menschen zum Universum

DER Glaube an die untergeordnete Stellung von Sonne, Mond und Sternen im Verhältnis zur Erde, der bis zur Zeit von Kopernikus nahezu allgemein verbreitet war, begann zu schwinden, als die Entdeckungen von Kepler und die Offenbarungen des Teleskops zeigten, dass unsere Die Erde unterschied sich von den anderen Planeten nicht besonders durch eine Überlegenheit in Größe oder Position. Es kam sofort die Idee auf, dass die anderen Planeten bewohnt sein könnten; und als die rasch zunehmende Leistung des Teleskops und der astronomischen Instrumente im Allgemeinen die Wunder des Sonnensystems und die ständig wachsende Zahl der Fixsterne enthüllte, wurde der Glaube an andere bewohnte Welten ebenso allgemein, wie es der gegenteilige Glaube gewesen war aller vorangehenden Zeitalter und wird in abgewandelter Form bis heute beibehalten.

Aber man kann mit Recht sagen, dass der spätere wie der frühere Glaube mehr auf religiösen Ideen als auf einer wissenschaftlichen und sorgfältigen Untersuchung der Gesamtheit der astronomischen, physikalischen und biologischen Fakten beruht, und wir müssen dem verstorbenen Dr. Whewell zustimmen , dass der Glaube, dass andere Planeten bewohnt sind, allgemein vertreten wurde, nicht aus physikalischen Gründen, sondern trotz dieser. Und er fügt hinzu: „Man ging davon aus, dass Venus oder Saturn bewohnt waren, und zwar nicht, weil irgendjemand mit einiger Wahrscheinlichkeit eine organisierte Struktur erfinden konnte, die für die Existenz von Tieren auf der Oberfläche dieser Planeten geeignet wäre; sondern weil angenommen wurde, dass die Größe oder Güte des Schöpfers oder seine Weisheit oder einige andere seiner Eigenschaften offensichtlich unvollkommen wären, wenn diese Planeten nicht von Lebewesen bewohnt würden. Diejenigen, die nur gehört haben, dass viele herausragende Astronomen bis in unsere Tage den Glauben an eine „Vielzahl von Welten" vertreten haben, werden natürlich annehmen, dass es einige sehr überzeugende Argumente dafür geben muss und dass er von einer beträchtlichen Zahl gestützt werden muss Sammlung mehr oder weniger schlüssiger Fakten. Sie werden daher wahrscheinlich überrascht sein zu hören, dass jegliche direkten Beweise, die diese Ansicht stützen könnten, fast völlig fehlen und dass die meisten Argumente äußerst schwach und fadenscheinig sind.

Zwar haben in den letzten Jahren einige Autoren den Mut gehabt, darauf hinzuweisen, wie viele Schwierigkeiten es bei der Annahme des Glaubens gibt, aber selbst diese haben die Frage nie unter den verschiedenen

Gesichtspunkten untersucht, die für eine ordnungsgemäße Betrachtung wesentlich sind davon; während es, soweit es noch aufrechterhalten wird, für ausreichend gehalten wird, zu zeigen, dass es im Falle einiger Planeten solche Bedingungen zu geben scheint, die Leben ermöglichen. Es wird für unglaubwürdig gehalten, dass es unter den Millionen von Planetensystemen, die es angeblich gibt, nicht viele gibt, die so gut geeignet sind, von Tieren aller Grade bewohnt zu werden, darunter auch solche so hoch wie der Mensch oder noch höher, und dass wir deshalb glaube, dass sie so bewohnt sind. Da ich in der vorliegenden Arbeit zeigen möchte, dass die Wahrscheinlichkeiten und das Gewicht direkter Beweise zu einer genau entgegengesetzten Schlussfolgerung tendieren, wäre es gut, kurz auf die verschiedenen Autoren zu diesem Thema einzugehen und einige Hinweise auf die Argumente zu geben die sie verwendet haben, und die Fakten, die sie dargelegt haben. Für die früheren Verfechter der Theorie bin ich Dr. Whewell zu Dank verpflichtet, der sich in seinem *Dialogue on the Plurality of Worlds* – einer Ergänzung zu seinem bekannten Band zu diesem Thema – auf alle ihm bekannten bedeutenden Autoren bezieht.

Die frühesten sind die großen Astronomen Kepler und Huygens sowie der gelehrte Bischof Wilkins, die alle glaubten, dass der Mond bewohnt sei oder wahrscheinlich bewohnt sein könnte; und von diesen ist Whewell der Ansicht, dass Wilkins seine Ansichten mit Abstand am nachdenklichsten und ernsthaftesten vertreten hat. Dann haben wir Sir Isaac Newton selbst, der ausführlich argumentierte, dass die Sonne wahrscheinlich bewohnt sei. Das erste reguläre Werk zu diesem Thema scheint jedoch von M. Fontenelle, Sekretär der Akademie der Wissenschaften in Paris, verfasst worden zu sein, der 1686 seine *Gespräche über die Pluralität der Welten veröffentlichte* . Das Buch bestand aus fünf Kapiteln, von denen das erste die kopernikanische Theorie erläuterte; der zweite behauptet, der Mond sei eine bewohnbare Welt; der dritte gibt Einzelheiten zum Mond und argumentiert, dass auch die anderen Planeten bewohnt seien; der vierte enthält Einzelheiten zu den Welten der fünf Planeten; während der fünfte erklärt, dass die Fixsterne Sonnen sind und dass jeder eine Welt erleuchtet. Dieses Werk war so gut geschrieben und das Thema erwies sich als so attraktiv, dass es in alle wichtigen europäischen Sprachen übersetzt wurde, während der Astronom Lalande eine der französischen Ausgaben herausgab. Drei englische Übersetzungen wurden veröffentlicht, und eine davon erlebte bis zum Jahr 1737 sechs Auflagen. Der Einfluss dieses Werks war sehr groß und führte zweifellos zu dieser allgemeinen Akzeptanz der Theorie durch Männer wie Sir William Herschel und Sir John Herschel , Dr. Chalmers, Dr. Dick, Dr. Isaac Taylor und M. Arago, obwohl es völlig auf reiner Spekulation beruhte und es auf der einen oder anderen Seite nichts gab, was man als Beweis bezeichnen könnte.

Dies war der Zustand der öffentlichen Meinung, als (1853) ein anonymes Werk unter dem etwas irreführenden Titel „ *Die Pluralität der Welten: Ein Essay* " erschien . Dies wurde, wie bereits erwähnt, von Dr. Whewell verfasst, der es zum ersten Mal wagte, an der allgemein anerkannten Theorie zu zweifeln, und zeigte, dass alle uns zur Verfügung stehenden Beweise zu der Schlussfolgerung führten, dass einige der Planeten sicherlich *nicht* bewohnbar seien , dass dies bei anderen *wahrscheinlich* nicht der Fall war, während bei keinem eine enge Übereinstimmung mit den irdischen Bedingungen bestand, die für ihre Bewohnbarkeit durch höhere Tiere oder den Menschen wesentlich zu sein schien. Das Buch war gekonnt geschrieben und zeigte beträchtliche Kenntnisse der Wissenschaft der damaligen Zeit, war jedoch sehr unklar und der größte Teil davon war dem Nachweis gewidmet, dass seine Ansichten in keiner Weise im Widerspruch zur Religion standen. Eines seiner besten Argumente stützte sich auf die These, dass „ *die Erdumlaufbahn die gemäßigte Zone des Sonnensystems ist* ", dass es nur solche moderaten Variationen von Hitze und Kälte, Trockenheit und Feuchtigkeit gibt, die für Tiere geeignet sind Leben. Er vermutete, dass die äußeren Planeten des Systems hauptsächlich aus Wasser, Gasen und Dampf bestanden, was durch ihr geringes spezifisches Gewicht angezeigt wurde, und daher für irdisches Leben völlig ungeeignet waren; während diejenigen in der Nähe der Sonne ebenso ungeeignet waren, da auf ihrer Oberfläche aufgrund der großen Menge an Sonnenwärme kein Wasser existieren konnte. Er widmet dem Beweis, dass es auf dem Mond kein tierisches Leben gibt, viel Raum und nutzt ihn als Gegenargument gegen die andere Seite. Sie weisen stets darauf hin, dass wir, da die Erde bewohnt sei, annehmen müssten, dass auch die anderen Planeten bewohnt seien; Darauf antwortet er: „Wir wissen, dass der Mond nicht bewohnt ist, obwohl er alle Vorteile der Nähe zur Sonne hat, die die Erde hat; Warum sollten dann andere Planeten nicht ebenso unbewohnt sein?

Dann kommt er zum Mars und gibt zu, dass dieser Planet, soweit wir es beurteilen können, der Erde sehr ähnlich ist und dass er daher möglicherweise bewohnt ist oder, wie der Autor es ausdrückt, „von seinem Schöpfer für würdig befunden wurde, Bewohner zu sein". Aber er betont die geringe Größe des Mars, seine Kälte aufgrund der Entfernung von der Sonne und die Tatsache, dass das jährliche Abschmelzen seiner polaren Eiskappen ihn den ganzen Sommer über kalt halten wird. Wenn es Tiere gibt, handelt es sich wahrscheinlich um niedere Arten wie die Echsen und Leguane unserer Meere während der Wealden-Epoche; Aber, so argumentiert er, da selbst auf unserer Erde der lange Prozess der Vorbereitung auf den Menschen unzählige Millionen Jahre lang andauerte, brauchen wir nicht darüber zu diskutieren, ob es intelligente Wesen auf dem Mars gibt, bis wir einen besseren Beweis dafür haben, dass es dort überhaupt Lebewesen gibt alle.

Mehrere der ersten Kapitel sind dem Versuch gewidmet, die Schwierigkeiten jener religiösen Menschen zu minimieren, die sich durch die Unermesslichkeit und Komplexität des materiellen Universums, wie sie die moderne Astronomie offenbart, unterdrückt fühlen; und durch die nahezu unendliche Bedeutungslosigkeit des Menschen und seines Wohnortes, der Erde, im Vergleich dazu, eine Bedeutungslosigkeit, die noch enorm zunimmt, wenn nicht nur die Planeten des Sonnensystems, sondern auch diejenigen, die die Myriaden von Sonnen umkreisen, ebenfalls Theater sind des Lebens. Und diese Personen sind noch mehr beunruhigt, weil dieselben Tatsachen von Skeptikern verschiedener Art für ihre Angriffe auf das Christentum herangezogen werden. Solche Autoren weisen auf die Irrationalität und Absurdität der Annahme hin, dass der Schöpfer all dieser unvorstellbaren Weiten von Sonnen und Systemen, die, soweit wir wissen, den endlosen Raum ausfüllt, besonderes *Interesse* an einem so gemeinen und erbärmlichen Geschöpf wie dem Menschen, dem unvollkommen entwickelten Bewohner, haben sollte von einer der kleineren Welten, die mit einer zweit- oder drittklassigen Sonne verbunden sind, einem Wesen, dessen gesamte Geschichte von Krieg und Blutvergießen, von Tyrannei, Folter und Tod geprägt ist; dessen schreckliche Geschichte er selbst in Büchern wie „ Die *Geschichte der Juden" von Josephus* , „Der *Niedergang und Untergang des Römischen Reiches" schildert* und noch eindringlicher in dem schrecklichen Bild menschlicher Boshaftigkeit und des Elends *„Das Martyrium des Menschen" zusammenfasst* ; während ihr Charakter von einem der freundlichsten und einfachsten ihrer Dichter in den zurückhaltenden, aber ausdrucksstarken Zeilen angedeutet wird:

„Die Unmenschlichkeit des Menschen gegenüber dem Menschen." Lässt unzählige Tausende trauern.'

Für ein solches Wesen, so sagen sie, hätte Gott seinen Willen vor einigen tausend Jahren besonders offenbaren sollen, und als er feststellte, dass seine Befehle nicht befolgt und sein Wille nicht erfüllt wurden, hätte er dennoch zu ihrem Nutzen das notwendigerweise einzigartige Opfer anordnen sollen Seinen Sohn, um einen kleinen Teil dieser „elenden Sünder" vor den natürlichen und wohlverdienten Folgen ihrer gewaltigen Torheiten und unvorstellbaren Verbrechen zu retten? Ein solcher Glaube, den sie vertreten, ist zu absurd, zu unglaublich, als dass er von einem vernünftigen Wesen vertreten werden könnte, und er wird noch weniger glaubwürdig und weniger rational, wenn wir behaupten, dass es unzählige andere bewohnte Welten gibt.

Für den religiösen Menschen ist es sehr schwierig, auf einen solchen Angriff wie diesen angemessen zu antworten, und als Folge davon empfanden viele ihre Position als unhaltbar und verloren dementsprechend jeglichen Glauben an die besonderen Dogmen des orthodoxen

Christentums. Sie fühlen sich tatsächlich in einem Dilemma gefangen. Wenn es unzählige andere Welten gibt, erscheint es unglaublich, dass sie jeweils Gegenstand einer besonderen Offenbarung und eines besonderen Opfers sein sollten. Wenn wir andererseits die einzigen intelligenten Wesen sind, die im materiellen Universum existieren, und wirklich das höchste kreative Produkt eines Wesens von unendlicher Weisheit und Macht sind, müssen sie sich über das enorme scheinbare Missverhältnis zwischen dem Schöpfer und dem Schöpfer wundern geschaffen und werden manchmal aus der Hoffnungslosigkeit, ein so gemeines und kleinliches Ergebnis als das einzige Ergebnis unendlicher Macht zu begreifen, zum Atheismus getrieben.

Whewell erzählt uns, dass der große Prediger Dr. Chalmers in seinen „Astronomical Discourses" versucht hat, auf diese Schwierigkeiten zu antworten, seiner Meinung nach jedoch nicht sehr erfolgreich; und ein großer Teil seiner eigenen Arbeit ist demselben Zweck gewidmet. Sein Hauptargument scheint zu sein, dass wir zu wenig über das Universum wissen, um zu eindeutigen Schlussfolgerungen zu der betreffenden Frage zu gelangen, und dass wir keine Vorstellungen davon haben, welche Absichten der Schöpfer bei der Gestaltung des riesigen Systems, das wir um uns herum sehen, verfolgt hat sind mit an Sicherheit grenzender Wahrscheinlichkeit falsch. Wir müssen uns daher damit begnügen, unwissend zu bleiben, und uns mit dem Glauben zufrieden geben, dass der Schöpfer ein Ziel hatte, obwohl wir noch nicht wissen dürfen, was es war. Und denen, die darauf drängen, dass es in anderen Welten andere Naturgesetze geben könnte, die sie für intelligente Wesen genauso bewohnbar machen könnten, wie unsere Welt für uns, antwortet er: „Wenn wir neue Naturgesetze annehmen müssen, um sie wiederzugeben." Da jeder Planet bewohnbar ist, haben alle rationalen Untersuchungen zu diesem Thema ein Ende, und wir können behaupten und glauben, dass Tiere auf dem Mond ohne Luft oder Wasser und auf der Sonne leben könnten, wenn sie Hitze ausgesetzt sind, die Erden und Metalle verdampfen lässt.

Sein abschließendes Argument, und vielleicht eines seiner stärksten, basiert auf der Würde des Menschen, die dem Planeten, der ihn hervorgebracht hat, eine Vorrangstellung verleiht. „Wenn", sagt er, „der Mensch nicht nur zu Tugend und Pflicht, zu universeller Liebe und Hingabe fähig, sondern auch unsterblich wäre; Wenn sein Wesen von unendlicher Dauer ist, ist seine Seele dazu geschaffen, niemals zu sterben; Dann können wir tatsächlich sagen, dass eine Seele die gesamte unintelligente Schöpfung überwiegt. Und dann wendet er sich an die religiöse Welt und drängt darauf, dass, wenn, wie sie glauben, Gott den Menschen durch das Opfer seines Sohnes erlöst und ihm eine Offenbarung seines Willens *gegeben hat* , dann tatsächlich keine andere Vorstellung möglich ist als die, dass er ist das einzige und höchste Produkt des Universums. „Die Erhebung von Millionen intellektueller, moralischer, religiöser und spiritueller Geschöpfe zu einem so vorbereiteten, vollendeten und entwickelten Schicksal ist keine unwürdige Beschäftigung aller Fähigkeiten von Raum, Zeit und Materie." Dann endet das Buch mit einem Kapitel über „Die Einheit der Welt" und einem über „Die Zukunft", die beide nichts enthalten, was die Aussagekraft seiner Argumentation untermauert.

Auf die Veröffentlichung dieses fähigen, wenn auch eher vagen und diffusen Werks, das die Meinungen der Bevölkerung in Frage stellte, folgte ein Ausbruch empörter Kritik seitens eines Mannes, der auf einigen Gebieten der Physik eine beträchtliche herausragende Stellung einnahm – Sir David Brewster, der aber in beiden Bereichen sehr minderwertig war in allgemeinen wissenschaftlichen Kenntnissen und in literarischen Fähigkeiten dem Schriftsteller, dessen Ansichten er ablehnte. Der Sinn des Buches, in dem er seine Einwände darlegte, wird durch seinen Titel angedeutet: „ *Mehr Welten als eine, das Glaubensbekenntnis des Philosophen und die Hoffnung des Christen* " . Obwohl es mit großer Kraft und Überzeugung geschrieben wurde, appelliert es hauptsächlich an religiöse Vorurteile und geht durchgehend davon aus, dass jeder Planet und Stern eine besondere Schöpfung ist und dass die Besonderheiten jedes einzelnen für einen besonderen Zweck geschaffen wurden. „Wenn der Mond", sagt er, „nur dazu bestimmt gewesen wäre, eine Lampe für unsere Erde zu sein, gäbe es keinen Anlass, seine Oberfläche mit hohen Bergen und erloschenen Vulkanen zu bemalen und sie mit großen Materieflecken zu bedecken, die unterschiedliche Mengen an Materie widerspiegeln." Licht und verleihen seiner Oberfläche das Aussehen von Kontinenten und Meeren. „Es wäre eine bessere Lampe gewesen, wenn es ein glattes Stück Kalk oder Kreide gewesen wäre." Es ist daher seiner Meinung nach für die Bewohner vorbereitet; und dann argumentiert er, dass auch alle anderen Satelliten bewohnt seien. Wiederum sagt er: „Als sich herausstellte, dass die Venus ungefähr die gleiche Größe wie die Erde hatte, mit Bergen und Tälern, Tagen und Nächten und Jahren, die unseren eigenen analog waren, war es *absurd* zu glauben, dass sie keine Bewohner hatte, wenn es keine andere vernünftige Möglichkeit gab." Der Zweck, der ihrer Erschaffung zugeschrieben werden konnte, wurde in gewisser Weise zu einem Argument dafür, dass sie wie die Erde der Sitz tierischen und pflanzlichen Lebens war. Als sich dann herausstellte, dass Jupiter so riesig war, „dass er vier Monde benötigte, um Licht zu spenden", wurde auch das Argument der Analogie, dass *er* bewohnt sei, stärker, weil es sich auf *zwei* Planeten erstreckte. Und so wird jeder nachfolgende Planet, der gewisse Analogien zu den anderen aufweist, zu einem zusätzlichen Argument; Wenn wir also alle Planeten mit Atmosphäre, Wolken, arktischem Schnee und Passatwinden berücksichtigen, wird das Argument der Analogie, wie er betont, sehr aussagekräftig – und die Absurdität der gegenteiligen Meinung, dass es Planeten gibt Monde und keine Bewohner haben sollten,

Atmosphären ohne Lebewesen zum Atmen und Luftströme ohne Leben, das angefacht werden könnte, wurden zu einem gewaltigen Argument, dem, wenn überhaupt, nur wenige Geister widerstehen konnten.

Das Werk ist voll von solch schwacher und trügerischer Rhetorik und wenn möglich sogar noch schwächer. Nachdem er Doppelsterne beschrieben hat, fügt er hinzu: „Aber niemand kann glauben, dass zwei Sonnen zu keinem anderen Zweck am Himmel platziert werden könnten, als um ihren gemeinsamen Schwerpunkt zu drehen." und er schließt sein Kapitel über die Sterne wie folgt ab: „Wo immer Materie ist, muss auch Leben sein; „Physisches Leben, um seine Schönheiten zu genießen – moralisches Leben, um seinen Schöpfer zu verehren, und geistiges Leben, um seine Weisheit und seine Macht zu verkünden." Und noch einmal: „Ein Haus ohne Mieter, eine Stadt ohne Bürger stellt für uns die gleiche Vorstellung dar wie ein Planet ohne Leben und ein Universum ohne Bewohner." „Warum das Haus gebaut wurde, warum die Stadt gegründet wurde, warum der Planet entstand und warum das Universum entstand, lässt sich kaum vermuten." Argumente dieser Art, die in fast allen Fällen die Frage aufwerfen, um die es geht, werden *bis zum Überdruss wiederholt* . Aber er beruft sich auch auf das Alte Testament, um seine Ansichten zu untermauern, indem er die schöne Passage in den Psalmen zitiert: „Wenn ich deine Himmel als das Werk deiner Finger betrachte, den Mond und die Sterne, die du bestimmt hast; Was ist der Mensch, dass Du an ihn denkst? Dazu bemerkt er: „Wir können nicht daran zweifeln, dass die Inspiration ihm [David] die Größe, die Entfernungen und die endgültige Ursache der herrlichen Sphären offenbarte, die seine Bewunderung erregten." Und nachdem er verschiedene andere Passagen aus den Propheten zitiert hat, die seiner Meinung nach alle dieselbe Ansicht stützen, führt er als bestätigendes Argument die außergewöhnliche Idee an, dass die Planeten oder einige von ihnen der zukünftige Wohnsitz des Menschen sein sollen. Denn er sagt: „Der Mensch in seinem zukünftigen Daseinszustand soll, wie auch in der Gegenwart, aus einer geistigen Natur bestehen, die in einem körperlichen Rahmen ruht." Er muss daher auf einem materiellen Planeten leben und allen Gesetzen der Materie unterliegen. Und er kommt zu dem Schluss: „Wenn auf unserem Globus kein Platz für die Millionen und Abermillionen von Lebewesen ist, die auf seiner Oberfläche gelebt und gestorben sind, können wir kaum daran zweifeln, dass ihr zukünftiger Aufenthaltsort auf einem der primären oder primären Planeten sein muss." „Sekundärplaneten des Sonnensystems, deren Bewohner nicht mehr existieren, oder auf Planeten, die, wie unsere Erde, seit langem auf die Entstehung geistigen Lebens vorbereitet sind."

Es ist angenehm, sich von solch schwachen und trivialen Argumenten den einzigen anderen modernen Werken zuzuwenden, die sich ausführlich mit diesem Thema befassen, dem verstorbenen Richard A. Proctor mit „ *Andere*

Welten als unsere" und einem Band, der fünf Jahre später unter dem Titel „Unser Ort"
veröffentlicht wurde *Unter Unendlichkeiten* . Da diese Bücher von einem der
versiertesten Astronomen seiner Zeit verfasst wurden, der gleichermaßen
durch die Scharfsinnigkeit seiner Argumentation und die Klarheit seines Stils
bemerkenswert ist, sind wir stets interessiert und belehrt, auch wenn wir
seinen Schlussfolgerungen nicht zustimmen können. In der ersten oben
erwähnten Arbeit geht er, wie Sir David Brewster, von der ursprünglichen
Wahrscheinlichkeit aus, dass die Planeten bewohnt sind, und zwar auf
weitgehend denselben theologischen Gründen. Er empfindet dies so stark,
dass er immer wieder davon spricht, dass die Planeten bewohnt sein *müssen* ,
es sei denn, wir können einen sehr guten Grund dafür nachweisen, dass dies
nicht der Fall sein kann, und so die Last des Negativbeweises seinen Gegnern
aufbürden, während er nicht versucht, dies zu beweisen positive Behauptung,
dass sie bewohnt sind, außer durch rein hypothetische Überlegungen
hinsichtlich der Absicht des Schöpfers, sie ins Leben zu rufen.

Aber ausgehend von diesem Punkt versucht er zu zeigen, wie Whewells
verschiedene Schwierigkeiten überwunden werden können, und dabei beruft
er sich immer auf astronomische oder physikalische Tatsachen und
argumentiert gut darauf. Aber er ist ganz ehrlich; und als er zu dem Schluss
kommt, dass Jupiter und Saturn, Uranus und Neptun nicht bewohnbar sein
können, führt er die Beweise an und stellt das Ergebnis klar dar. Aber dann
denkt er, dass die Satelliten von Jupiter und Saturn bewohnbar sein *könnten* ,
und wenn ja, dann kommt er zu dem Schluss, dass sie es *sein müssen* . Ein
großes Versehen in seiner gesamten Argumentation besteht darin, dass er
sich damit begnügt, die Möglichkeit aufzuzeigen, dass Leben jetzt existieren
könnte, sich aber nie mit der Frage beschäftigt, ob sich das Leben von seinen
frühesten Anfängen bis zur Produktion der höheren Wirbeltiere und des
Menschen hätte entwickeln können ; und das ist, wie ich später zeigen werde,
der *Kern* des ganzen Problems.

Was die anderen Planeten betrifft, so kommt er nach einer sorgfältigen
Untersuchung aller über sie bekannten Erkenntnisse zu dem Schluss, dass
Merkur, wenn er von einer wolkenbeladenen Atmosphäre besonderer Art
geschützt wird, möglicherweise, aber nicht wahrscheinlich, hohe Planeten
beherbergt des tierischen Lebens. Aber im Fall von Venus und Mars findet
er so viele Ähnlichkeiten und Analogien mit unserer Erde, dass er zu dem
Schluss kommt, dass dies mit ziemlicher Sicherheit der Fall ist.

Was die Fixsterne betrifft, so argumentiert Herr Proctor, nachdem wir
durch spektroskopische Beobachtungen wissen, dass es sich um echte
Sonnen handelt, von denen viele unserer Sonne sehr ähneln und wie er Licht
und Wärme abgeben, dass „die riesigen Vorräte an Wärme." Die auf diese
Weise von den Sternen emittierten Strahlungen legen nicht nur den Schluss
nahe, dass es Welten um diese Kugeln herum geben muss, für die diese

Wärmeversorgung bestimmt ist, sondern weisen auch auf die Existenz verschiedener Kraftformen hin, in die Wärme umgewandelt werden kann. Wir wissen, dass die auf unsere Erde strömende Sonnenwärme in pflanzlichen und tierischen Lebensformen gespeichert wird; ist in allen Naturphänomenen vorhanden – in Winden und Wolken und Regen, in Donner und Blitz, Sturm und Hagel; und dass sogar die Werke des Menschen dank der solaren Wärmeversorgung verrichtet werden. Die Tatsache, dass die Sterne Wärme an die Welten senden, die sie umkreisen, legt daher sofort den Gedanken nahe, dass es auf diesen Welten tierische und pflanzliche Lebensformen geben muss. Wir können bemerken, dass im ersten Teil dieser Passage die Anwesenheit von Welten oder Planeten „vorgeschlagen" wird, während später von „den Welten, die sie umkreisen" gesprochen wird, als ob es sich um eine bewiesene Tatsache handelte, aus der die Anwesenheit von Pflanzen und Planeten hervorgeht Tierleben kann abgeleitet werden. Ein Vorschlag, der auf einem vorhergehenden Vorschlag basiert, ist keine sehr solide Grundlage für eine so umfassende und weitreichende Schlussfolgerung.

Im zweiten Werk, auf das oben Bezug genommen wurde, gibt es ein Kapitel mit dem Titel „Eine neue Theorie des Lebens in anderen Welten", in dem der Autor seine ausgereifteren Ansichten zu dieser Frage darlegt, die im Vorwort kurz wie folgt formuliert werden: „Dass das Gewicht von Beweise sprechen für meine Theorie des (relativen) Mangels an Welten.' Seine Ansichten basieren weitgehend auf der Wahrscheinlichkeitstheorie, mit der er sich besonders beschäftigt hat. Er nimmt zunächst unsere Erde und zeigt, dass die Zeitspanne, in der Leben auf ihr existierte, sehr kurz ist im Vergleich zu der Zeit, in der sie sich langsam gebildet und abgekühlt hat und sich ihre Atmosphäre verdichtet hat, um auf ihrer Oberfläche Land und Wasser zu bilden. Und wenn wir die Zeit betrachten, die die Erde vom Menschen bewohnt wurde, ist das ein sehr kleiner Teil, vielleicht nicht der tausendste Teil, der Zeitspanne, in der sie als Planet existiert hat. Daraus folgt, dass, selbst wenn wir nur die Planeten betrachten, deren physischer Zustand uns so erscheint, dass sie in der Lage sind, Leben zu beherbergen, die Wahrscheinlichkeit, dass sie sich in dem bestimmten Stadium befinden, in dem sich Leben zu entwickeln begonnen hat, vielleicht hundert zu eins beträgt wenn es begonnen hat, hat es eine so hohe Entwicklung erreicht wie auf unserer Erde.

Im Hinblick auf die Sterne ist das Argument noch stärker, da die für ihre Entstehung erforderlichen Epochen völlig unbekannt sind, während wir über die Bedingungen, die für die Entstehung der sie umgebenden Planetensysteme erforderlich sind, völlig unwissend sind. Ich möchte hinzufügen, dass wir ebenso wenig über die Wahrscheinlichkeit oder gar Möglichkeit wissen, dass viele dieser Sonnen Planeten hervorbringen, die aufgrund ihrer Position, Größe, Atmosphäre oder anderen physikalischen Bedingungen möglicherweise zu lebensproduzierenden Welten werden können. Und wie wir später sehen werden, wurde dieser Punkt von allen Autoren, einschließlich Mr. Proctor selbst, übersehen. Seine Schlussfolgerung ist also, dass die Welten, die überhaupt Leben besitzen, das dem Leben auf unserer Erde annähernd an die Zahl unserer Erde herankommt, zwar zahlenmäßig relativ gering sein mögen, dass sie aber in Wirklichkeit sehr zahlreich sein könnten, wenn man bedenkt, dass das Universum praktisch unendlich groß ist.

Es war notwendig, in dieser Skizze die Ansichten derjenigen zu skizzieren, die speziell über die Frage der Pluralität der Welten geschrieben haben, da die genannten Werke sehr viel gelesen wurden und die gebildete Meinung auf der ganzen Welt beeinflusst haben. Darüber hinaus spricht Herr Proctor in seiner letzten Arbeit zu diesem Thema davon, dass die Theorie „mit der modernen Astronomie identifiziert" wird; und tatsächlich diskutieren populäre Werke immer noch darüber. Aber alle diese folgen der gleichen allgemeinen Argumentationslinie wie die bereits erwähnten, und das Merkwürdige ist, dass sie, während sie viele der wesentlichsten Bedingungen außer Acht lassen, oft andere einführen, die keineswegs wesentlich sind – wie zum Beispiel, dass die Atmosphäre muss haben den gleichen Sauerstoffanteil wie wir. Sie scheinen zu glauben, dass, wenn einer unserer Vierbeiner oder Vögel, die auf einen anderen Planeten gebracht werden, dort nicht leben könnte, kein Tier von gleich hoher Organisation ihn bewohnen könnte; völlig außer Acht gelassen wird die sehr offensichtliche Tatsache, dass, wenn man annimmt, dass Sauerstoff zum Leben notwendig ist, was auch immer in bestimmten Grenzen vorhanden ist, die entstehenden Lebensformen notwendigerweise in Anpassung an dieses Verhältnis organisiert sein müssten, die erheblich geringer oder größer sein könnte als auf der Erde.

Der vorliegende Band wird zeigen, wie äußerst unzureichend die Behandlung dieser Frage war, die eine Reihe wichtiger Überlegungen beinhaltet, die bisher völlig übersehen wurden. Diese sind äußerst zahlreich und in ihrem Charakter sehr unterschiedlich, und die Tatsache, dass sie alle auf eine Schlussfolgerung hinweisen – eine Schlussfolgerung, zu der meines Wissens kein früherer Autor gelangt ist –, macht sie zumindest einer sorgfältigen Prüfung durch alle unvoreingenommenen Denker würdig . Für das ganze Thema gibt es keine direkten Beweise, aber ich wage zu glauben, dass die Konvergenz so vieler Wahrscheinlichkeiten und Hinweise auf eine einzige eindeutige Theorie, die eng mit der Natur und dem Schicksal des Menschen selbst verbunden ist, diese Theorie zu einem besonderen Punkt macht Dies ist ein sehr viel höheres Maß an Wahrscheinlichkeit als die vagen Möglichkeiten und theologischen Vorschläge, die das Äußerste sind und von früheren Autoren angeführt wurden.

Um jeden Schritt meiner Argumentation für alle gebildeten Leser klar verständlich zu machen, wird es notwendig sein, ständig auf die wunderbare Erweiterung unseres Wissens über das Universum hinzuweisen, die wir im letzten halben Jahrhundert erworben haben und die die sogenannte Neue Astronomie darstellt. Das nächste Kapitel wird daher einer populären Darstellung der neuen Forschungsmethoden gewidmet sein, damit die erzielten Ergebnisse, auf die in den folgenden Kapiteln Bezug genommen werden muss, nicht nur akzeptiert, sondern klar verstanden werden.

KAPITEL III

DIE NEUE ASTRONOMIE

IN der zweiten Hälfte des 19. Jahrhunderts wurden Entdeckungen gemacht, die die Möglichkeiten der astronomischen Forschung in völlig neue und unerwartete Bereiche erweiterten, vergleichbar mit denen, die durch die Entdeckung des Teleskops mehr als zwei Jahrhunderte zuvor eröffnet wurden. Die ältere Astronomie war mehr als zweitausend Jahre lang rein mechanisch und mathematisch und beschränkte sich auf die Beobachtung und Messung der scheinbaren Bewegungen der Himmelskörper und auf den Versuch, aus diesen scheinbaren Bewegungen ihre tatsächlichen Bewegungen abzuleiten und so die tatsächlichen zu bestimmen Struktur des Sonnensystems. Dies geschah zum ersten Mal, als Kepler seine drei berühmten Gesetze aufstellte, und später, als Newton zeigte, dass diese Gesetze notwendige Konsequenzen des einen Gravitationsgesetzes waren, und als nachfolgende Beobachter und Mathematiker bewiesen, dass jede neue Unregelmäßigkeit in den Bewegungen der Planeten erklärbar war Durch eine gründlichere und genauere Anwendung derselben Gesetze erreichte dieser Zweig der Astronomie seinen höchsten Grad an Effizienz und ließ kaum noch Wünsche offen.

Als das Teleskop dann immer weiter verbessert wurde, verlagerte sich der Schwerpunkt des Interesses auf die Oberflächen der Planeten und ihrer Satelliten, die mit größter Sorgfalt beobachtet und untersucht wurden, um nach Möglichkeit ein gewisses Maß an Wissen über ihre physische Beschaffenheit und Vergangenheit zu erlangen Geschichte. Eine ähnliche sorgfältige Prüfung wurde den Sternen und Nebeln, ihrer Verteilung und Gruppierung gewidmet, und der gesamte Himmel wurde kartiert und ausführliche Kataloge von begeisterten Astronomen in allen Teilen der Welt erstellt. Andere widmeten sich dem äußerst schwierigen Problem, die Entfernungen der Sterne zu bestimmen, und bis zur Mitte des Jahrhunderts waren einige solcher Entfernungen zufriedenstellend gemessen worden.

Daher schien es bis zur Mitte des 19. Jahrhunderts wahrscheinlich, dass die Zukunft der Astronomie fast ausschließlich auf der Verbesserung des Teleskops und der verschiedenen Messinstrumente beruhen würde, mit denen genauere Entfernungsbestimmungen erzielt werden könnten. Tatsächlich war sich Auguste Comte, der Autor der „Positiven Philosophie", dessen so sicher, dass er jegliche weitere Aufmerksamkeit für die Sterne als reine Zeitverschwendung ablehnte, die niemals zu einem nützlichen oder interessanten Ergebnis führen könne. In seiner 1844 veröffentlichten *philosophischen Abhandlung über die populäre Astronomie äußerte er sich sehr deutlich zu diesem Punkt.* Er sagt uns dort, dass die Sterne, da sie für uns nur durch das

Sehen zugänglich sind, immer nur sehr unvollkommen bekannt bleiben müssen. Wir können kaum mehr wissen als ihre bloße Existenz. Auch wenn es sich um ein so einfaches Phänomen wie die Temperatur handelt, muss dieses für eine rein visuelle Untersuchung immer unerkennbar sein. Unser Wissen über die Sterne ist größtenteils rein negativ, das heißt, wir können nur feststellen, dass sie *nicht* zu unserem System gehören. Außerhalb dieses Systems herrscht in der Astronomie aus Mangel an unverzichtbaren Fakten nur Dunkelheit und Verwirrung; und er kommt zu dem Schluss: „Es ist also vergeblich, dass man sich ein halbes Jahrhundert lang bemüht hat, zwei Astronomien zu unterscheiden, die eine solare und die andere siderische." In den Augen derjenigen, für die die Wissenschaft aus echten Gesetzen und nicht aus zusammenhangslosen Tatsachen besteht, existiert die zweite nur dem Namen nach, und die erste allein stellt eine wahre Astronomie dar; und ich habe keine Angst zu behaupten, dass es immer so sein wird.' Und er fügt hinzu: „Alle Bemühungen, die sich ein halbes Jahrhundert lang mit diesem Thema beschäftigt haben, haben lediglich eine Ansammlung inkohärenter empirischer Fakten hervorgebracht, die nur eine irrationale Neugier interessieren können."

Selten hat eine zuversichtliche Behauptung der Endgültigkeit der Wissenschaft eine so vernichtende Antwort erhalten wie die Entdeckung der Methode der Spektrumanalyse im Jahr 1860 (nur drei Jahre nach seinem Tod) auf die obigen Aussagen von Comte, die in ihrer Anwendung auf die Sterne, hat die Astronomie revolutioniert und es uns ermöglicht, genau die Art von Wissen zu erlangen, von der er erklärte, dass sie für immer außerhalb unserer Reichweite liegen müsse. Dadurch haben wir genaue Informationen über die Physik und Chemie der Sterne und Nebel erhalten, so dass wir jetzt wirklich mehr über die Natur, Beschaffenheit und Temperatur der enorm weit entfernten Sonnen wissen, die wir mit dem allgemeinen Begriff „Sterne" unterscheiden als wir tun dies bei den meisten Planeten unseres eigenen Systems. Es hat uns auch ermöglicht, die Existenz zahlreicher unsichtbarer Sterne festzustellen und ihre Umlaufbahnen, ihre Bewegungsgeschwindigkeit und sogar annähernd ihre Masse zu bestimmen. Die verachtete Sternastronomie der ersten Hälfte des Jahrhunderts gilt heute als die interessanteste Abteilung dieser großen Wissenschaft und als Zweig, der die größten Aussichten auf zukünftige Entdeckungen bietet. Da oft auf die mit diesem leistungsstarken Instrument erzielten Ergebnisse Bezug genommen wird, muss hier ein kurzer Überblick über seine Natur und die Prinzipien gegeben werden, auf denen es beruht.

Das Sonnenspektrum ist das Band aus farbigem Licht, das man im Regenbogen und teilweise auch im Tautropfen sieht, aber noch umfassender, wenn ein Sonnenstrahl durch ein Prisma fällt – ein Stück Glas mit dreieckigem Querschnitt. Das Ergebnis ist, dass wir anstelle eines weißen

Lichtflecks ein schmales Band leuchtender Farben haben, die in regelmäßiger Reihenfolge aufeinanderfolgen, von Violett an einem Ende über Blau, Grün und Gelb bis Rot am anderen Ende. Wir sehen also, dass Licht keine einfache und gleichmäßige Strahlung der Sonne ist, sondern aus einer großen Anzahl einzelner Strahlen besteht, von denen jeder in unseren Augen den Eindruck einer bestimmten Farbe hervorruft. Heute wird erklärt, dass Licht auf Schwingungen des Äthers zurückzuführen ist, dieser geheimnisvollen Substanz, die nicht nur alle Materie durchdringt, sondern den Raum zumindest bis zu den entferntesten sichtbaren Sternen und Nebeln ausfüllt. Die äußerst winzigen Wellen oder Schwingungen des Äthers erzeugen alle Phänomene von Wärme, Licht und Farbe sowie jene chemischen Vorgänge, denen die Fotografie ihre wunderbaren Kräfte verdankt. Durch raffinierte Experimente wurde die Größe und Schwingungsgeschwindigkeit dieser Wellen gemessen, und es wurde festgestellt, dass sie erheblich variieren, wobei diejenigen, die das rote Licht bilden, das am wenigsten gebrochen wird, eine Wellenlänge von etwa 1/326000 $_{\text{Zoll}}$ ^{haben} . während die violetten Strahlen am anderen Ende des Spektrums nur etwa die Hälfte dieser Länge oder $^{1}/_{630.000}$ Zoll haben. Die Geschwindigkeit, mit der die Schwingungen aufeinander folgen, reicht von 302 Millionen Millionen pro Sekunde für die extrem roten Strahlen bis zu 737 Millionen Millionen pro Sekunde für diejenigen am violetten Ende des Spektrums. Diese Zahlen sollen die wunderbare Kleinheit und Schnelligkeit dieser Wärme- und Lichtwellen zeigen, von denen das gesamte Leben der Welt und unser gesamtes Wissen über andere Welten und andere Sonnen direkt abhängt.

Aber die bloßen Farben des Spektrums sind nicht der wichtigste Teil davon. Sehr früh im 19. Jahrhundert zeigte eine genaue Untersuchung, dass es überall von schwarzen Linien unterschiedlicher Stärke durchzogen war, manchmal einzelne, manchmal gruppierte. Viele Beobachter untersuchten sie und fertigten genaue Zeichnungen oder Karten an, die ihre Positionen und Dicken zeigten, und durch die Kombination mehrerer Prismen, so dass der Sonnenstrahl nacheinander durch sie hindurchgehen musste, konnte ein Spektrum von mehreren Fuß Länge erzeugt werden, davon mehr als 3000 Fuß Darin wurden dunkle Linien gezählt. Aber was sie waren und wie sie verursacht wurden, blieb ein Rätsel, bis im Jahr 1860 der deutsche Physiker Kirchhoff das Geheimnis entdeckte und Chemikern und Astronomen einen neuen und völlig unerwarteten Forschungsmotor schenkte.

Es war bereits beobachtet worden, dass die chemischen Elemente und verschiedenen Verbindungen, wenn sie zum Glühen erhitzt werden, Spektren erzeugen, die aus farbigen Linien oder Bändern bestehen, die für jedes Element konstant sind, so dass die Elemente sofort an ihren charakteristischen Spektren erkannt werden können; und es war auch bemerkt worden, dass einige dieser Banden, insbesondere das durch Natrium erzeugte gelbe Band, in ihrer Position mit bestimmten schwarzen Linien im Sonnenspektrum übereinstimmten. Kirchhoffs Entdeckung bestand darin, zu zeigen, dass, wenn das Licht eines glühenden Körpers durch dieselbe Substanz im Dampf- oder Gaszustand geht, so viel Licht absorbiert wird, dass die farbigen Linien oder Bänder schwarz werden. Damit wurde das Geheimnis von mehr als einem halben Jahrhundert gelöst; und es wurde gezeigt, dass die Tausenden von schwarzen Linien im Sonnenspektrum dadurch verursacht werden, dass das Licht der glühenden Materie der Sonnenoberfläche durch die erhitzten Gase oder Dämpfe unmittelbar darüber geht und dadurch die hellen farbigen Linien ihrer Spektren verändert Absorption, zu vergleichsweiser Schwärze.

Chemiker und Physiker machten sich sofort an die Arbeit, die Spektren der Elemente zu untersuchen, die Position der verschiedenen farbigen Linien oder Bänder durch genaue Messungen zu bestimmen und sie mit den dunklen Linien des Sonnenspektrums zu vergleichen. Die Ergebnisse waren im höchsten Maße zufriedenstellend. Bei einem großen Teil der Elemente entsprachen die farbigen Bänder genau einer Gruppe dunkler Linien im Spektrum der Sonne, in denen also die Existenz derselben terrestrischen Elemente nachgewiesen wurde. Zu den erstmals auf diese Weise nachgewiesenen Elementen gehörten Wasserstoff, Natrium, Eisen, Kupfer, Magnesium, Zink, Kalzium und viele andere. Mittlerweile wurden fast vierzig dieser Elemente in der Sonne gefunden, und es scheint sehr wahrscheinlich, dass alle unsere Elemente tatsächlich dort existieren. Da einige jedoch sehr selten sind und in sehr geringen Mengen vorhanden sind, können sie nicht nachgewiesen werden. Es stellte sich heraus, dass einige der dunklen Linien in der Sonne keinem bekannten Element entsprachen, und da man annahm, dass dies auf ein der Sonne eigentümliches Element hinweist, wurde es Helium genannt; aber erst kürzlich wurde es in einem seltenen Mineral entdeckt. Viele Elemente werden durch eine große Anzahl von Linien dargestellt, andere durch sehr wenige. So hat Eisen mehr als 2000, während Blei und Kalium jeweils nur eines haben.

Der Wert des Spektroskops ist sowohl für den Chemiker bei der Entdeckung neuer Elemente als auch für den Astronomen bei der Bestimmung der Beschaffenheit der Himmelskörper so groß, dass es von größter Bedeutung war, die Position aller dunklen Linien im Sonnenspektrum zu kennen , sowie die hellen Linien aller Elemente, mit äußerster Genauigkeit bestimmt, um genaue Vergleiche zwischen verschiedenen Spektren durchführen zu können. Dies geschah zunächst durch sehr großformatige Zeichnungen, die die genaue Position jeder dunklen oder hellen Linie zeigten. Dies erwies sich jedoch sowohl als unpraktisch als auch als nicht genau genug; und man kam daher überein, die natürliche Skala der Wellenlängen der verschiedenen Teile des Spektrums zu übernehmen, die nun mit Hilfe sogenannter Beugungsgitter mit großer Genauigkeit gemessen werden können. Beugungsgitter bestehen aus einer polierten Oberfläche aus Hartmetall, die mit übermäßig feinen Linien, manchmal bis zu 20.000 bis 1 Zoll, überzogen ist. Wenn Sonnenlicht auf eines dieser Gitter fällt, wird es reflektiert und durch die Interferenz der Strahlen aus den Zwischenräumen zwischen den feinen Rillen wird es in ein schönes und wohldefiniertes Spektrum ausgebreitet, das, wenn die Linien sehr nahe beieinander liegen, mehrere ist Meter lang. In diesen Beugungsspektren sind viele dunkle Linien zu sehen, die auf keine andere Weise dargestellt werden können, und sie ergeben auch ein Spektrum, das weitaus gleichmäßiger ist als das, das von Glasprismen erzeugt wird, bei denen geringfügige Unterschiede in der Zusammensetzung des Glases dazu führen, dass einige Strahlen entstehen stärker und andere weniger gebrochen als normal.

Die durch Beugungsgitter erzeugten Spektren sind doppelt; das heißt, sie sind auf beiden Seiten der Mittellinie des Strahls ausgebreitet, die weiß bleibt, und die verschiedenen farbigen oder dunklen Linien sind so klar definiert, dass sie in beträchtlicher Entfernung auf einen Schirm geworfen werden können, was ihm eine große Länge verleiht Das Spektrum. Die Daten zur Ermittlung der Wellenlängen sind der Abstand der Linien, der Abstand des Bildschirms und der Abstand des ersten Paares dunkler Linien auf jeder Seite der zentralen hellen Linie. All dies kann mit Hilfe von Teleskopen mit Mikrometern und anderen Vorrichtungen mit äußerster Genauigkeit gemessen werden, und das Ergebnis ist eine Genauigkeit der Bestimmung von Wellenlängen, die wahrscheinlich bei keiner anderen Art von Messung erreicht werden kann.

Da die Wellenlängen so überaus klein sind, hat es sich als zweckmäßig erwiesen, sich auf eine noch kleinere Maßeinheit festzulegen, und da der Millimeter die kleinste Einheit des metrischen Systems ist, wird das Zehnmillionstel eines Millimeters (in der Fachsprache „Zehntel" genannt) verwendet Meter') ist die Einheit zur Messung von Wellenlängen, die etwa dem 250 Millionstel Zoll entspricht. Somit betragen die Wellenlängen der für Wasserstoff charakteristischen roten und blauen Linien 6563,07 bzw. 4861,51. Diese übermäßig kleine Wellenlängenskala ist, sobald sie durch die raffinierteste Messung bestimmt wurde, von sehr großer Bedeutung. Nachdem die Wellenlängen zweier beliebiger Linien eines Spektrums auf diese Weise bestimmt wurden, kann der Raum zwischen ihnen in einem Diagramm beliebiger Länge dargestellt werden, und alle Linien, die in jedem anderen Spektrum zwischen diesen beiden Linien auftreten, können genau markiert werden relative Positionen. Da das sichtbare Spektrum nun aus etwa 300.000 Lichtstrahlen besteht, von denen jeder eine unterschiedliche Wellenlänge und daher eine unterschiedliche Brechbarkeit aufweist, wenn es auf einer solchen Skala angelegt wird, dass es jeweils eine Länge von 3000 Zoll (250 Fuß) hat Die Wellenlänge wird $1/100$ Zoll lang sein, ein Raum, der mit bloßem Auge leicht sichtbar ist.

Der Besitz eines Instruments von solch wunderbarer Feinheit und mit Kräften, die es ermöglichen, in die innere Beschaffenheit der entlegensten Himmelskörper einzudringen, ermöglichte es, innerhalb des nächsten Vierteljahrhunderts eine praktisch neue Wissenschaft zu etablieren – Astrophysik – im Volksmund oft als die Neue Astronomie bezeichnet. Es soll nun ein kurzer Überblick über die wichtigsten Errungenschaften dieser Wissenschaft gegeben werden.

Die erste große Entdeckung, die die Spektrumanalyse nach der Interpretation des Sonnenspektrums machte, war die wahre Natur der Fixsterne. Zwar hielten Astronomen sie schon lange für Sonnen, aber das war nur eine Meinung über deren Richtigkeit, für deren Richtigkeit sich offenbar kein Beweis erbringen ließ. Die Meinung basierte auf zwei Tatsachen: ihrer enormen Entfernung von uns, die so groß war, dass der gesamte Durchmesser der Erdumlaufbahn zu keiner erkennbaren Änderung ihrer relativen Positionen führte, und ihrer intensiven Brillanz, die bei solchen Entfernungen nur auf eine ... zurückzuführen sein konnte tatsächliche Größe und Pracht vergleichbar mit unserer Sonne. Das Spektroskop bewies sofort die Richtigkeit dieser Meinung. Als man sie nacheinander untersuchte, stellte man fest, dass sie Spektren desselben allgemeinen Typs wie das der Sonne aufwiesen – ein Farbband, das von dunklen Linien durchzogen war. Die allerersten von Sir William Huggins untersuchten Sterne zeigten die Existenz von neun oder zehn unserer Elemente. Sehr bald wurden alle Hauptsterne des Himmels spektroskopisch untersucht und es wurde festgestellt, dass sie in drei oder vier Gruppen eingeteilt werden konnten. Die erste und größte Gruppe umfasst mehr als die Hälfte der sichtbaren Sterne und einen noch größeren Anteil der leuchtendsten Sterne wie Sirius, Wega, Regulus und Alpha Crucis in der südlichen Hemisphäre. Sie zeichnen sich durch ein weißes oder bläuliches Licht aus, das reich an ultravioletten Strahlen ist, und ihre Spektren zeichnen sich durch die Breite und Intensität der vier dunklen Bänder aufgrund der Absorption von Wasserstoff aus, während die verschiedenen schwarzen Linien auf metallische Dämpfe hinweisen vergleichsweise wenige, obwohl Hunderte von ihnen durch sorgfältige Untersuchung entdeckt werden können.

Die nächste Gruppe, zu der Capella und Arcturus gehören, ist ebenfalls sehr zahlreich und bildet den Sonnentyp der Sterne. Ihr Licht ist von gelblicher Farbe, und ihre Spektren sind durchgehend von unzähligen feinen dunklen Linien durchzogen, die mehr oder weniger denen im Sonnenspektrum entsprechen.

Die dritte Gruppe besteht aus roten und veränderlichen Sternen, die sich durch geriffelte Spektren auszeichnen. Solche Spektren erscheinen in der Perspektive wie eine Reihe dorischer Säulen, wobei die rote Seite am stärksten beleuchtet ist.

Die letzte Gruppe, bestehend aus wenigen und vergleichsweise kleinen Sternen, weist ebenfalls geriffelte Spektren auf, aber das Licht scheint aus der entgegengesetzten Richtung zu kommen.

Diese Gruppen wurden 1867 von Pater Secchi, dem römischen Astronomen, gegründet und mit einigen Modifikationen von Vogel vom Astrophysikalischen Observatorium in Potsdam übernommen. Die genaue Interpretation dieser unterschiedlichen Spektren ist etwas ungewiss, aber es besteht kaum ein Zweifel daran, dass sie hauptsächlich mit Temperaturunterschieden und entsprechenden Unterschieden in der Zusammensetzung und Ausdehnung der absorbierenden Atmosphären zusammenfallen. Sterne mit geriffelten Spektren weisen auf das Vorhandensein von Dämpfen von Metalloiden oder zusammengesetzten Substanzen hin, während die umgekehrten Riffelungen auf das Vorhandensein von Kohlenstoff hinweisen. Zu diesen Schlussfolgerungen gelangt man durch sorgfältige Laborexperimente, die heute gleichzeitig mit der Spektraluntersuchung der Sterne und anderer Himmelskörper durchgeführt werden, so dass jede Besonderheit ihrer Spektren, so rätselhaft und scheinbar bedeutungslos sie auch sein mag, üblicherweise durch erklärt wird Es wird gezeigt, dass sie bestimmte Zustände der chemischen Konstitution oder der Temperatur anzeigen.

Aber wie schwierig es auch sein mag, Einzelheiten zu erklären, es besteht kein Zweifel an der grundlegenden Tatsache, dass alle Sterne echte Sonnen sind, die sich zweifellos in ihrer Größe und ihrem Entwicklungsstadium unterscheiden, das durch die Farbe oder Intensität ihres Lichts oder ihrer Wärme angezeigt wird , aber alle besitzen gleichermaßen eine Photosphäre oder lichtemittierende Oberfläche und absorbierende Atmosphären unterschiedlicher Qualität und Dichte.

Unzählige andere Details, wie die oft kontrastierenden Farben von Doppelsternen, die gelegentliche Variabilität ihrer Spektren, ihre Beziehungen zu den Nebeln, die verschiedenen Stadien ihrer Entwicklung und andere Probleme von gleichem Interesse, haben die anhaltende Aufmerksamkeit von Astronomen, Spektroskopikern und Wissenschaftlern beschäftigt. und Chemiker; aber ein weiterer Hinweis auf diese schwierigen Fragen wäre hier fehl am Platz. Die vorliegende Skizze der Natur der auf die Sterne angewandten Spektralanalyse dient dem Zweck, ihr Prinzip und ihre Beobachtungsmethode jedem gebildeten Leser verständlich zu machen und die wunderbare Präzision und Genauigkeit der damit erzielten Ergebnisse zu veranschaulichen. Astronomen sind von dieser Genauigkeit so überzeugt, dass nichts weniger als eine *perfekte Übereinstimmung* der verschiedenen hellen Linien im Spektrum eines Elements im Labor mit den dunklen Linien im Spektrum der Sonne oder eines Sterns erforderlich ist, bevor das Vorhandensein dieses Elements festgestellt werden kann als bewiesen akzeptiert. Wie Miss Clerke es lapidar ausdrückt: „Spektroskopische Zufälle lassen keine Kompromisse zu." Entweder sind sie absolut oder sie sind wertlos.'

MESSUNG DER BEWEGUNG IN DER SICHTLINIE

Wir müssen nun eine andere und ganz besondere Anwendung des Spektroskops beschreiben, die noch wunderbarer ist als die bereits beschriebene. Dabei handelt es sich um die Methode zur Messung der Bewegungsgeschwindigkeit eines beliebigen sichtbaren Himmelskörpers in einer Richtung, die entweder direkt auf uns zu oder direkt von uns weg verläuft und technisch als „Radialbewegung" oder mit dem Ausdruck „in der Sichtlinie" beschrieben wird .' Und das Außergewöhnliche ist, dass diese Messleistung völlig unabhängig von der Entfernung ist, so dass die Bewegungsgeschwindigkeit in Meilen pro Sekunde des entferntesten Fixsterns mit ebenso großer Sicherheit gemessen werden kann, sofern er hell genug ist, um ein deutliches Spektrum zu zeigen und Genauigkeit wie im Fall eines viel näheren Sterns oder Planeten.

Um zu verstehen, wie dies möglich ist, müssen wir erneut auf die Wellentheorie des Lichts zurückgreifen; und die Analogie anderer Wellenbewegungen wird es uns ermöglichen, das Prinzip, auf dem diese Berechnungen beruhen, besser zu verstehen. Wenn wir an einem nahezu ruhigen Tag die Wellen zählen, die jede Minute an einem vor Anker liegenden Dampfschiff vorbeiziehen, und uns dann in die Richtung bewegen, aus der die Wellen kommen, werden wir feststellen, dass in derselben Zeit eine größere Anzahl an uns vorbeizieht. Wenn wir wiederum in der Nähe einer Eisenbahn stehen und eine Lokomotive pfeifend auf uns zukommt, werden wir bemerken, dass sie ihren Ton ändert, wenn sie an uns vorbeifährt. und wenn es sich entfernt, wird das Geräusch in einer tieferen Tonart sein, obwohl sich die Lokomotive möglicherweise genau in der gleichen Entfernung von uns befindet wie bei ihrer Annäherung. Dennoch verändert sich das Geräusch für das Ohr des Lokführers nicht. Der Grund für die Veränderung liegt darin, dass die Schallwellen uns schneller erreichen, wenn sich die Wellenquelle uns nähert, als wenn sie sich von uns entfernt. So wie nun die Tonhöhe einer Note von der Geschwindigkeit abhängt, mit der die aufeinanderfolgenden Luftschwingungen unser Ohr erreichen, so hängt die Farbe eines bestimmten Teils des Spektrums von der Geschwindigkeit ab, mit der die ätherischen Wellen, die Farbe erzeugen, unsere Augen erreichen ; und da diese Geschwindigkeit größer ist, wenn sich die Lichtquelle nähert,

- 26 -

als wenn sie sich von uns entfernt, wird eine leichte Verschiebung der Position der farbigen Bänder und damit der dunklen Linien im Vergleich zu ihrer Position in der Lichtquelle auftreten Spektrum der Sonne oder einer stationären Lichtquelle, wenn es zu einer ausreichenden Bewegung kommt, um eine wahrnehmbare Verschiebung hervorzurufen.

Professor Doppler aus Prag wies 1842 darauf hin, dass ein solcher Farbwechsel stattfinden würde, und wird daher üblicherweise als „Doppler-Prinzip" bezeichnet. Da die Farbveränderungen jedoch so gering waren, dass sie nicht gemessen werden konnten, hatten sie zu dieser Zeit keine praktische Bedeutung für die Astronomie. Aber als die dunklen Linien im Spektrum sorgfältig kartiert und ihre Positionen mit höchster Genauigkeit bestimmt wurden, stellte sich heraus, dass es eine Möglichkeit gab, die durch Bewegung in der Sichtlinie hervorgerufenen Veränderungen zu messen, da die Position jeder dunklen oder farbigen Linie bestimmt werden konnte Linien in den Spektren der Himmelskörper könnten mit denen der entsprechenden, im Labor künstlich erzeugten Linien verglichen werden. Dies wurde erstmals 1868 von Sir William Huggins durchgeführt, der mithilfe eines sehr leistungsstarken Spektroskops, das für diesen Zweck konstruiert wurde, feststellte, dass eine solche Änderung tatsächlich bei vielen Sternen auftrat und dass sich ihre Bewegungsgeschwindigkeit auf uns zu oder von uns weg änderte von uns – die Radialbewegung – berechnet werden. Da die tatsächliche Entfernung einiger dieser Sterne gemessen und ihre jährliche Positionsänderung (ihre Eigenbewegung) bestimmt worden war, vervollständigte der zusätzliche Faktor des Ausmaßes der Bewegung in Richtung unserer Sichtlinie die Daten, die zur Bestimmung ihrer wahren Größe erforderlich waren Bewegungslinie zwischen den anderen Sternen. Die Genauigkeit dieser Methode ist unter günstigen Bedingungen und mit den besten Instrumenten sehr groß, wie die Fälle beweisen, in denen wir über unabhängige Mittel zur Berechnung der tatsächlichen Bewegung verfügen. Die Bewegung der Venus auf uns zu oder von uns weg kann für jeden Zeitraum mit großer Genauigkeit berechnet werden, da sie ein Ergebnis der kombinierten Bewegungen des Planeten und unserer Erde in ihren jeweiligen Umlaufbahnen ist. Die radialen Bewegungen der Venus wurden im August und September 1890 am Lick-Observatorium durch spektroskopische Beobachtungen und auch durch Berechnungen wie folgt bestimmt:

		By Observation.	By Calculation.
Aug.	16th.	7.3 miles per second.	8.1 miles per second.
"	22nd.	8.9 " " "	8.2 " " "
"	30th.	7.3 " " "	8.3 " " "
Sep.	3rd.	8.3 " " "	8.3 " " "
"	4th.	8.2 " " "	8.3 " " "

Dies zeigt, dass der maximale Fehler nur eine Meile pro Sekunde betrug, während der mittlere Fehler etwa eine Viertelmeile betrug. Im Fall der Sterne wurde die Genauigkeit der Methode durch Beobachtungen desselben Sterns zu Zeiten getestet, in denen die Bewegung der Erde in ihrer Umlaufbahn auf den Stern zu oder von ihm weg erfolgt, dessen scheinbare Radialgeschwindigkeit daher um a erhöht oder verringert wird bekannte Menge. Beobachtungen dieser Art wurden von Dr. Vogel, Direktor des Astrophysikalischen Observatoriums in Potsdam, gemacht und zeigten im Fall von drei Sternen, von denen zehn Beobachtungen gemacht wurden, einen mittleren Fehler von etwa zwei Meilen pro Sekunde; Da aber die Sternbewegungen schneller sind als die der Planeten, ist der proportionale Fehler nicht größer als im oben gegebenen Beispiel.

Die große Bedeutung dieser Methode zur Bestimmung der tatsächlichen Bewegung der Sterne besteht darin, dass sie uns Aufschluss über die Größenordnung gibt, in der solche Bewegungen fortschreiten. und wenn wir im Laufe der Zeit herausfinden, ob einer ihrer Wege geradlinig oder gekrümmt ist, werden wir in der Lage sein, etwas über die Natur der stattfindenden Veränderungen und die Gesetze, von denen sie abhängen, zu erfahren.

UNSICHTBARE STERNE UND NICHT WAHRNEHMBARE BEWEGUNGEN

Aber es gibt noch ein anderes Ergebnis dieser Fähigkeit, die Radialbewegung zu bestimmen, das noch unerwarteter und wunderbarer ist und unser Wissen über die Sterne in eine ganz neue Richtung erweitert hat. Mit seiner Hilfe ist es möglich, die Existenz unsichtbarer Sterne zu bestimmen und die Geschwindigkeit ansonsten nicht wahrnehmbarer Bewegungen zu messen; Das gilt für Sterne, die in den leistungsstärksten modernen Teleskopen unsichtbar sind und deren Bewegungen eine so begrenzte Reichweite haben, dass kein Teleskop sie erkennen kann.

Doppel- oder Doppelsterne, die Systeme bilden, die sich um ihren gemeinsamen Schwerpunkt drehen, wurden von Sir William Herschel entdeckt, und es sind sehr viele davon bekannt; aber in den meisten Fällen sind ihre Revolutionsperioden lang, die kürzeste beträgt etwa zwölf Jahre, während sich viele auf mehrere hundert Jahre erstrecken. Dabei handelt es sich natürlich alles um sichtbare Doppelsterne, aber inzwischen sind viele bekannt, bei denen nur ein Stern sichtbar ist, während der andere entweder nicht leuchtet oder seinem Begleiter so nahe ist, dass sie in den leistungsstärksten Teleskopen als einzelner Stern erscheinen. Viele der veränderlichen Sterne gehören zur ersteren Klasse, ein gutes Beispiel dafür ist Algol im Sternbild Perseus, der in etwa viereinhalb Stunden von der zweiten zur vierten Größe wechselt und in etwa viereinhalb Stunden wieder zurückkommt seine Brillanz bis zu seiner nächsten Verdunkelungsperiode, die regelmäßig alle zwei Tage und einundzwanzig Stunden auftritt. Der Name Algol stammt vom arabischen *Al Ghoul* , dem bekannten „Ghul" aus Tausendundeiner Nacht, der aufgrund seines seltsamen und unheimlichen Verhaltens auch „Der Dämon" genannt wird.

Lange wurde vermutet, dass diese Verdunkelung auf einen dunklen Begleiter zurückzuführen sei, der den hellen Stern bei jeder Umdrehung teilweise verdunkelte, was zeigte, dass die Bahnebene des Paares fast genau auf uns gerichtet war. Die Anwendung des Spektroskops machte diese Vermutung zur Gewissheit. Zur gleichen Zeit vor und nach der Verdunkelung wurde eine Bewegung in der Sichtlinie mit einer Geschwindigkeit von 26 Meilen pro Sekunde auf uns zu und von uns weg beobachtet. Aus diesen spärlichen Daten und den Gravitationsgesetzen, die die Umlaufperiode von Planeten in verschiedenen Entfernungen von ihren Umlaufzentren bestimmen, konnte Professor Pickering vom Harvard Observatory zu den folgenden Zahlen gelangen, die als höchst wahrscheinlich gelten, und sie können auch als solche angesehen werden sicherlich nicht weit von der Wahrheit entfernt sein.

Durchmesser von Algol,	1.061.000		Meilen .
Durchmesser des dunklen Begleiters,	830.000		"
Abstand zwischen ihren Mittelpunkten,	3.230.000		"

Umlaufgeschwin digkeit von Algol,	26.3	Meilen pro Sekun de.
Umlaufgeschwin digkeit des Begleiters,	55.4	" " "
Masse von Algol,	$^4/_9$	Masse unsere r Sonne.
Masse des Begleiters,	$^2/_9$	" " "

Wenn man bedenkt, dass sich diese Zahlen auf ein Sternenpaar beziehen, von dem nur einer jemals gesehen wurde, dass die Umlaufbewegung nicht einmal des sichtbaren Sterns mit den stärksten Teleskopen erfasst werden kann, wenn wir darüber hinaus die enorme Größe berücksichtigen Je weiter diese Objekte von uns entfernt sind, desto besser werden die großartigen Ergebnisse der spektroskopischen Beobachtung zu erkennen sein.

Aber abgesehen von dem Wunder einer solchen Entdeckung mit so einfachen Mitteln sind die entdeckten Tatsachen selbst in höchstem Maße wunderbar. Alles, was wir durch Teleskopbeobachtungen über die Sterne wussten, deutete darauf hin, dass sie sehr weit voneinander entfernt waren, so dicht sie auch am Himmel verstreut erscheinen mögen. Dies ist aufgrund ihrer enormen Entfernung von uns selbst bei nahen Teleskopdoppelsternen der Fall. Man schätzt heute, dass selbst Sterne der ersten Größenordnung im allgemeinen Durchschnitt etwa 80 Millionen Meilen entfernt sind; während die nächsten Doppelsterne, die mit großen Teleskopen deutlich getrennt werden können, etwa eine halbe Sekunde voneinander entfernt sind. Wenn sie sich in der oben genannten Entfernung befinden, werden sie etwa 1.500 Millionen Meilen voneinander entfernt sein. Aber im Fall von Algol und seinem Begleiter haben wir zwei Körper, die beide größer als unsere Sonne sind, deren Oberflächen jedoch nur 2 1/4 Millionen Meilen voneinander entfernt sind , _{was} ^{nicht} viel größer ist als ihre gemeinsamen Durchmesser. Wir hätten nicht damit gerechnet, dass solch riesige Körper so nah beieinander kreisen könnten, und da wir jetzt wissen, dass die Umgebung unserer Sonne – und wahrscheinlich aller Sonnen – voller Meteor- und Kometenmaterie ist, erscheint es wahrscheinlich, dass in der Wenn zwei Sonnen so nahe beieinander lägen, wäre die Menge dieser Materie sehr groß und würde wahrscheinlich durch fortgesetzte Kollisionen zu einer Vergrößerung ihrer Masse und möglicherweise zu ihrer endgültigen Verschmelzung zu einer einzigen riesigen Kugel führen. Es heißt, dass ein persischer Astronom im zehnten Jahrhundert Algol einen roten Stern nannte, während er heute weiß oder etwas gelblich ist. Dies würde einen durch Kollisionen oder Reibung verursachten Temperaturanstieg und eine zunehmende Nähe des Sternpaares bedeuten.

Mit dem Spektroskop wurde eine beträchtliche Anzahl von Doppelsternen mit dunklen Begleitern entdeckt, deren Bewegung jedoch nicht direkt in der Sichtlinie verläuft und daher keine Verdunklung vorliegt. Um solche Paare zu entdecken, werden jede Nacht und über längere Zeiträume – ein Jahr oder mehrere Jahre lang – die Spektren einer großen Anzahl von Sternen auf Fotoplatten aufgenommen. Diese Platten werden dann sorgfältig mit starker Vergrößerung untersucht, um etwaige periodische Verschiebungen der Linien zu entdecken, und es ist erstaunlich, in wie vielen Fällen diese festgestellt und die Umlaufperiode des Paares bestimmt wurde.

Aber neben der Entdeckung von Doppelsternen, von denen einer dunkel und einer hell ist, wurden auf die gleiche Weise auch viele Paare heller Sterne entdeckt. Die Methode ist in diesem Fall etwas anders. Da jeder einzelne Stern leuchtend ist, wird er ein eigenes Spektrum abgeben, und die besten Spektroskope sind so leistungsstark, dass sie diese Spektren trennen, wenn die Sterne ihre maximale Entfernung erreicht haben, obwohl kein existierendes oder wahrscheinlich jemals gebautes Teleskop dies trennen kann Komponentensterne. Die Trennung der Spektren wird normalerweise dadurch angezeigt, dass die markantesten Linien doppelt und dann nach einiger Zeit einfach werden, was darauf hindeutet, dass die Rotationsebene mehr oder weniger schräg zu uns verläuft, sodass die beiden Sterne, wenn sie sichtbar wären, sich dann zu öffnen scheinen Mit jeder Revolution kommen wir einander näher. Wenn sich dann jeder Stern abwechselnd nähert und von uns entfernt, kann die Radialgeschwindigkeit jedes einzelnen bestimmt werden, und daraus ergibt sich die relative Masse. Auf diese Weise wurden nicht nur Doppelsysteme, sondern auch Dreifach- und Mehrfachsysteme entdeckt. Die mit diesen beiden Methoden als Doppelsterne nachgewiesenen sind so zahlreich, dass einer der besten Beobachter schätzte, dass etwa jeder dreizehnte Stern eine Ungleichheit in seiner radialen Bewegung aufweist und daher tatsächlich ein Doppelstern ist.

DIE NEBEL

Ein weiteres großartiges Ergebnis der Spektralanalyse, und in mancher Hinsicht vielleicht das großartigste, ist der Nachweis der Tatsache, dass echte Nebel existieren und dass sie nicht alle Sternhaufen sind, die so weit entfernt sind, dass sie unauflösbar sind, wie früher angenommen wurde. Es wird gezeigt, dass sie gasförmige Spektren oder manchmal kombinierte gasförmige und stellare Spektren aufweisen, und dies macht es in Verbindung mit der Tatsache, dass Nebel häufig um nebulöse Sterne oder Gruppen von Sternen angesammelt werden, sicher, dass die Nebel in keiner Weise im Raum getrennt sind von den Sternen, sondern dass sie wesentliche Teile eines riesigen Sternenuniversums darstellen. Es gibt in der Tat gute Gründe zu der Annahme, dass sie tatsächlich das Material sind, aus dem Sterne bestehen, und dass wir in ihren Formen, Aggregationen und Verdichtungen den eigentlichen Entwicklungsprozess von Sternen und Sonnen verfolgen können.

FOTOGRAFISCHE ASTRONOMIE

Aber es gibt noch einen weiteren mächtigen Forschungsmotor, über den die neue Astronomie verfügt und der entweder allein oder in Kombination mit dem Spektroskop ein Ausmaß an Wissen über das Sternenuniversum hervorgebracht hat und auch in Zukunft hervorbringen wird, das niemals erreicht werden könnte irgendein anderes Mittel. Es wurde bereits dargelegt, wie die Entdeckung neuer veränderlicher Sterne und Doppelsterne durch die Erhaltung der fotografischen Platten ermöglicht wurde, auf denen die Spektren Nacht für Nacht selbst aufgezeichnet werden, wobei jede Linie, ob dunkel oder farbig, in der wahren Position ist , um einer Vergrößerung standzuhalten und im Vergleich mit anderen der Serie die Erkennung kleinster Änderungen und deren genaue Messung zu ermöglichen. Ohne die Bewahrung vergleichbarer Aufzeichnungen, die auf keine andere Weise möglich ist, wäre der weitaus größte Teil der spektroskopischen Entdeckungen nie möglich gewesen.

Aber es gibt noch zwei andere Verwendungszwecke der Fotografie ganz unterschiedlicher Art, die gleichwertig sind und im Endergebnis vielleicht weitaus wichtiger sind. Die erste besteht darin, dass mithilfe der Fotoplatte die exakten Positionen von Dutzenden, Hunderten oder sogar Tausenden von Sternen gleichzeitig mit äußerster Genauigkeit selbst kartiert werden können, während von diesen Sternkarten beliebig viele Kopien angefertigt werden können. Dadurch entfällt völlig die Notwendigkeit der alten Methode, die Position jedes Sterns durch wiederholte Messung mit sehr aufwendigen Instrumenten zu bestimmen und sie in mühsame und teure Kataloge einzutragen. Dies wird heute als so wichtig angesehen, dass speziell konstruierte Kameras für die Sternfotografie hergestellt und mithilfe der besten Arten der äquatorialen Montierung dazu gebracht werden, sich langsam zu drehen, sodass das Bild jedes Sterns mehrere Stunden lang stationär auf der Platte bleibt.

Mittlerweile sind zwischen allen großen Observatorien der Welt Vereinbarungen getroffen worden, eine fotografische Untersuchung des

Himmels mit identischen Instrumenten durchzuführen, um Karten des gesamten Sternensystems im gleichen Maßstab zu erstellen. Diese dienen als feste Daten für zukünftige Astronomen, die so in der Lage sein werden, die Bewegungen von Sternen aller Größenordnungen mit einer bisher unerreichten Sicherheit und Genauigkeit zu bestimmen.

Der andere wichtige Nutzen der Fotografie beruht auf der Tatsache, dass wir mit einer längeren Belichtung innerhalb gewisser Grenzen die Lichtsammelkraft erhöhen. Es wird viele Menschen überraschen, wenn sie erfahren, dass eine gewöhnliche gute Porträtkamera mit einem Objektiv von drei oder vier Zoll Durchmesser, wenn sie richtig montiert ist, so dass eine Belichtung von mehreren Stunden möglich ist, Sterne zeigt, die so winzig sind, dass sie sogar im Dunkeln unsichtbar sind tolles Lick-Teleskop. Auf diese Weise macht die Kamera häufig Doppelsterne oder kleine Gruppen sichtbar, die auf andere Weise nicht sichtbar gemacht werden können.

Solche Fotografien der Sterne werden heutzutage ständig in Werken über Astronomie und in populären Zeitschriftenartikeln reproduziert, und obwohl einige von ihnen sehr auffällig sind, sind viele Menschen von ihnen enttäuscht und können ihren großen Wert nicht verstehen, weil jeder Stern durch ein Weiß dargestellt wird Kreise, oft von beträchtlicher Größe und mit etwas undefiniertem Umriss, nicht durch einen winzigen Lichtpunkt, wie Sterne in einem guten Teleskop erscheinen. Aber das Wesentliche bei all diesen Fotografien ist nicht so sehr die Kleinheit, sondern die Rundheit der Sternbilder, denn dies beweist die extreme Präzision, mit der das Bild jedes Sterns durch die Uhrwerkbewegung des Instruments auf dem Bild gehalten wurde Derselbe Punkt der Platte während der gesamten Belichtung. Auf dem schönen Foto des Großen Nebels in Andromeda, das am 29. Dezember 1888 von Dr. Isaac Roberts mit einer Belichtungszeit von vier Stunden aufgenommen wurde, sind beispielsweise wahrscheinlich über tausend große und kleine Sterne zu sehen, die alle durch dargestellt werden ein fast genau kreisförmiger weißer Punkt, dessen Größe von der Größe des Sterns abhängt. Diese runden Punkte können durch das Fadenkreuz eines Mikrometers mit sehr großer Genauigkeit halbiert werden, und so kann der Abstand zwischen den Mittelpunkten jedes der Paare sowie die Richtung der Linie, die ihre Mittelpunkte verbindet, so genau bestimmt werden, als ob jedes wurde nur durch einen Punkt repräsentiert. Da jedoch ein winziger weißer Fleck auf den Karten fast unsichtbar wäre und keine Informationen über die ungefähre Größe des Sterns liefern würde, würden Fehler viel leichter passieren, und es würde sich wahrscheinlich als notwendig erweisen, jeden Stern mit einem Kreis zu umgeben um seine Größe anzuzeigen und es leicht erkennbar zu machen. Es ist daher wahrscheinlich, dass es sich bei dem vermeintlichen Mangel tatsächlich um einen wichtigen Vorteil handelt. Das oben erwähnte Foto ist wunderschön in Proctors *Old and New Astronomy* *wiedergegeben* , das nach seinem zutiefst beklagten Tod veröffentlicht wurde.

Aber abgesehen von der Menge völlig neuer Erkenntnisse, die durch die hier kurz erläuterten Forschungsmethoden gewonnen wurden, wurde von a. eine Menge Licht auf die Verteilung der Sterne als Ganzes und damit auf die Natur und Ausdehnung des Sternenuniversums geworfen sorgfältiges Studium der mit den alten Methoden gewonnenen Materialien und durch Anwendung der Wahrscheinlichkeitslehre auf die beobachteten Tatsachen. Allein auf diese Weise wurden einige sehr bemerkenswerte Ergebnisse erzielt, die durch die neueren Methoden und auch durch den Einsatz neuer Instrumente bei der Messung von Sternentfernungen unterstützt und verstärkt wurden. Einige dieser Ergebnisse hängen so eng und direkt mit dem speziellen Thema des vorliegenden Bandes zusammen, dass unser nächstes Kapitel ihrer Betrachtung gewidmet werden muss.

KAPITEL IV

DIE VERTEILUNG DER STERNE

WENN wir in einer klaren, mondlosen Winternacht in den Himmel blicken und von einer Position aus, die den gesamten Horizont umfasst, ist die Szene unbeschreiblich großartig. Der intensive funkelnde Glanz von Sirius, Capella, Vega und anderen Sternen der ersten Größenordnung; ihre auffällige Anordnung in Konstellationen oder Gruppen, für die Orion, der Große Bär, Cassiopeiæ und die Plejaden bekannte Beispiele sind; und das Auffüllen zwischen diesen durch immer weniger leuchtende Punkte bis zur Grenze des Sehvermögens, so dass der ganze Himmel mit einem funkelnden Muster aus winzigen Lichtpunkten bedeckt wird, vermitteln zusammen eine Vorstellung von solch verwirrter Zerstreuung und so enormer Zahl, dass es scheint unmöglich, sie zu zählen oder in eine systematische Ordnung zu bringen. Doch Hipparchos hat dies 134 V. CHR. für alle außer den schwächsten Sternen getan , indem er die Positionen von mehr als 1000 Sternen katalogisierte und festlegte, und dies entspricht in etwa der Zahl, die auf dem Breitengrad Griechenlands bis zur fünften Größe sichtbar ist. Der amerikanische Astronom Pickering hat kürzlich eine Aufzählung aller Sterne erstellt, die mit bloßem Auge unter den günstigsten Bedingungen und bei bestem Sehvermögen sichtbar sind. Seine Zahlen betragen für die nördliche Hemisphäre 2509 und für die südliche Hemisphäre 2824, was einen etwas größeren Reichtum auf der südlichen Himmelshalbkugel zeigt. Da dieser Unterschied jedoch ausschließlich auf das Überwiegen von Sternen zwischen den Größen 5 1/2 und 6 zurückzuführen ist , d . Professor Newcomb ist der Meinung, dass es in einer Hemisphäre keine wirkliche Überlegenheit der Anzahl sichtbarer Sterne gegenüber der anderen gibt. Auch hier beträgt die Gesamtzahl der sichtbaren Sterne gemäß der obigen Aufzählung 5333. Dies umfasst jedoch Sterne bis zur Stärke 6,2, während allgemein davon ausgegangen wird, dass die Stärke 6 die Grenze der Sichtbarkeit darstellt. Bei einer erneuten Untersuchung aller Materialien kommt der italienische Astronom Schiaparelli zu dem Schluss, dass die Gesamtzahl der Sterne bis zur sechsten Größe 4303 beträgt; und sie scheinen ungefähr zu gleichen Teilen zwischen dem nördlichen und dem südlichen Himmel verteilt zu sein.

DIE MILCHSTRASSE

Aber neben den Sternen selbst ist sowohl auf der Nord- als auch auf der Südhalbkugel der wundervolle unregelmäßige Gürtel aus schwach diffusem Licht, der als Milchstraße oder Galaxie bezeichnet wird, ein besonders auffälliges Objekt. Dies bildet einen prächtigen Bogen über dem Himmel, der in unseren Breitengraden am besten in den Herbstmonaten zu sehen ist. Dieser Bogen folgt zwar dem allgemeinen Verlauf eines großen Kreises um den Himmel, ist jedoch im Detail äußerst unregelmäßig, manchmal einfach, manchmal doppelt, von gelegentlichen Zweigen oder Ablegern ausgehend, und enthält in seiner Mitte auch dunkle Risse, Flecken oder Flecken , durch den der schwarze Hintergrund eines fast sternenlosen Himmels zu sehen ist. Bei der Betrachtung durch ein Opernglas oder ein kleines Teleskop sieht man auf dem leuchtenden Hintergrund eine Menge Sterne, und mit jeder Vergrößerung und Vergrößerung des Teleskops werden mehr und mehr Sterne sichtbar, bis mit den größten und besten modernen Instrumenten die ganze Welt sichtbar wird Die Galaxie scheint dicht mit ihnen gefüllt zu sein, obwohl sie immer noch voller Unregelmäßigkeiten, wellenförmiger Sternströme und dunkler Risse und Flecken ist, aber immer einen schwachen nebulösen Hintergrund zeigt, als ob es noch andere Myriaden von Sternen gäbe, die eine noch höhere optische Leistung offenbaren würde.

Die Beziehungen dieses großen Gürtels aus Teleskopsternen zum Rest des Sternensystems interessieren Astronomen seit langem, und viele haben versucht, eine Lösung zu finden. Sir William Herschel unternahm als erster einen systematischen Versuch, die Form des Sternuniversums zu bestimmen, indem er alle Sterne zählte, die in einer bestimmten Zeit über das Feld seines Teleskops zogen, und zwar mithilfe eines Messsystems. Aus der Tatsache, dass die Anzahl der Sterne schnell zunahm, wenn man sich der Milchstraße aus welcher Richtung auch immer näherte, während sich in der Galaxie selbst die sichtbaren Zahlen auf einmal mehr als verdoppelten, gelangte er zu der Idee, dass die Form des gesamten Systems die von sein müsse eine stark komprimierte, sehr breite Masse oder ein Ring, der zum Zentrum hin, in dem sich unsere Sonne befand, eher weniger dicht ist. Grob gesagt wurde die Form mit einer flachen Scheibe oder einem Schleifstein verglichen, allerdings von unregelmäßiger Dicke und auf einer Seite zweigeteilt, wo sie doppelt zu sein schien. Die enorme Menge an Sternen, aus denen es entstand, war vermutlich auf die Tatsache zurückzuführen, dass wir es von der Seite durch eine riesige Sternentiefe betrachteten; während wir im rechten Winkel zu seiner Richtung, wenn wir auf den sogenannten Pol der Galaxie blicken, und auch in geringerem Maße, wenn wir schräg schauen, durch eine viel dünnere Schicht von Sternen in den Weltraum blicken, die daher im Durchschnitt so zu sein scheinen sehr viel weiter auseinander.

Aber im letzten Teil seines Lebens erkannte Sir William Herschel, dass dies nicht die wahre Erklärung für die Merkmale der Galaxis war. Die leuchtenden Flecken und Flecken darin, die dunklen Risse und Öffnungen, die schmalen Lichtströme, die oft von ebenso schmalen Strömen oder Rissen der Dunkelheit begrenzt werden, machen es völlig unmöglich, sich vorzustellen, dass dieser komplexe leuchtende Ring die Form einer komprimierten Scheibe hat, die sich hinein erstreckt die Richtung, in der wir es aus einer Entfernung sehen, die um ein Vielfaches größer ist als seine

Dicke. In einem sehr leuchtenden Sternhaufen glaubte Herschel, sein Teleskop sei in zwanzigmal weiter entfernte Regionen vorgedrungen als die leuchtenderen Sterne, die die näheren Teile desselben Objekts bilden. Im Fall der Magellanschen Wolken, bei denen es sich um zwei große rundliche Nebelflecken in einiger Entfernung von der Milchstraße auf der Südhalbkugel handelt, die wie abgetrennte Teile davon aussehen, hat Sir John Herschel selbst gezeigt, dass eine solche Interpretation ihrer Form möglich ist ist unmöglich; denn wir müssen annehmen, dass wir in beiden Fällen keine runden Massen von annähernd kugelförmiger Form sehen, sondern immens lange Kegel oder Zylinder, die in einer solchen Richtung angeordnet sind, dass wir nur deren Enden sehen. Er bemerkt, dass ein solches Objekt ein außergewöhnlicher Zufall wäre , aber dass es zwei oder viele solcher Objekte gäbe, käme überhaupt nicht in Frage. Aber in der Milchstraße gibt es Hunderte oder sogar Tausende solcher Flecken oder Massen von außergewöhnlicher Helligkeit oder außergewöhnlicher Dunkelheit; und wenn die Form der Galaxie die einer Scheibe ist, die um ein Vielfaches breiter als dick ist und die wir von der Kante aus sehen, dann muss jeder dieser Flecken und Cluster und alle schmalen, gewundenen Ströme aus hellem Licht oder intensiver Schwärze wirklich so sein übermäßig lange Zylinder oder Tunnel oder tief gekrümmte Schichten oder schmale Risse. Und jedes einzelne davon, das in jedem Teil dieses riesigen Lichtkreises zu finden ist, muss so angeordnet sein, dass es genau unserer Sonne zugewandt ist. Das Gewicht dieses Arguments, das der verstorbene Herr RA Proctor in seinem sehr lehrreichen Buch „ *Our Place among Infinities“ am eindringlichsten und deutlichsten dargelegt hat* , wird heute allgemein von Astronomen anerkannt, und die natürliche Schlussfolgerung ist, dass die Form des Die Milchstraße besteht aus einem riesigen unregelmäßigen Ring, dessen Querschnitt an jedem Teil, grob gesagt, kreisförmig ist; während die vielen schmalen Risse oder Gassen oder Öffnungen, durch die wir anscheinend vollständig in die Dunkelheit des dahinter liegenden Weltraums sehen können, es wahrscheinlich machen, dass seine Dicke in diesen Richtungen geringer statt größer ist als seine scheinbare Breite, d. h. dass wir eher die breite Seite als den schmalen Rand davon sehen.

Bevor wir uns mit der Betrachtung der Beziehungen befassen, die die Masse der Sterne, die wir über das gesamte Himmelsgewölbe verstreut sehen, zu diesem großen Gürtel teleskopischer Sterne aufweist, wird es ratsam sein, eine einigermaßen ausführliche Beschreibung der Galaxie selbst zu geben, sowohl weil sie als auch weil sie eine Rolle spielt wird auf Sternenkarten oft nicht mit ausreichender Genauigkeit dargestellt, um seine wunderbaren Feinheiten der Struktur zu zeigen, und auch, weil es das grundlegende Phänomen darstellt, auf dem die in diesem Band dargelegte Argumentation in erster Linie beruht. Zu diesem Zweck werde ich die Beschreibung verwenden, die Sir John Herschel in seinen „ *Outlines of Astronomy“ gegeben* hat, da er von allen Astronomen des letzten Jahrhunderts sie sowohl auf der nördlichen als auch auf der südlichen Hemisphäre am gründlichsten untersucht hatte Augenbeobachtung und mit Hilfe von Teleskopen von großer Leistung und bewundernswerter Qualität; und auch, weil sein lehrreicher Band inmitten der Vielzahl moderner Werke und aufregender Neuheiten der letzten dreißig Jahre vergleichsweise wenig bekannt ist. Diese präzise und sorgfältige Beschreibung wird auch jedem meiner Leser von Nutzen sein, der eine nähere persönliche Bekanntschaft mit diesem großartigen und äußerst interessanten Objekt machen möchte, indem er seine Besonderheiten der Form und Schönheit der Struktur entweder mit bloßem Auge oder mit bloßem Auge untersucht mit Hilfe eines guten Opernglases oder mit einem kleinen Teleskop mit guter Definitionsleistung.

EINE BESCHREIBUNG DER MILCHSTRASSE

Sir John Herschels Beschreibung lautet wie folgt: „Der Verlauf der Milchstraße, wie er mit bloßem Auge durch den Himmel verfolgt wird, wenn man gelegentliche Abweichungen vernachlässigt und der Linie ihrer größten Helligkeit sowie ihrer unterschiedlichen Breite und Intensität folgt, wird es ermöglichen, sich anzupassen, so weit, wie es die Unbestimmtheit seiner Grenze zulässt, es auf die eines Großkreises festzulegen, der in einem Winkel von etwa 63° zum Äquinoktial geneigt ist und diesen Kreis in Rektaszension 6h schneidet. 47m. und 18 Uhr. 47 m, so dass sich sein Nord- und Südpol jeweils in Rektaszension 12 Uhr befinden. 47m., Nordpolarentfernung 63° und RA 0h. 47 Mio., NPD. 117°. In der gesamten Region, in der er so bemerkenswert unterteilt ist, nimmt dieser große Kreis eine Zwischenstellung zwischen den beiden großen Strömen ein; mit einer näheren Annäherung jedoch an den helleren und kontinuierlichen Strom als an den schwächeren und unterbrochenen. Wenn wir seinen Weg in der Reihenfolge des rechten Aufstiegs verfolgen, finden wir, dass er das Sternbild Cassiopeiæ durchquert, wobei sein hellster Teil etwa zwei Grad nördlich des Sterndeltas dieses Sternbildes verläuft. Wenn er von dort zwischen Gamma und Epsilon Cassiopeiæ verläuft, sendet er einen Zweig zur südlich vorgelagerten Seite aus, in Richtung Alpha Persei, der bis zu diesem Stern sehr auffällig ist, sich schwach in Richtung Eta derselben Konstellation verlängert und möglicherweise auf die Hyaden und Plejaden zurückzuführen ist entfernte Ausreißer. Der Hauptstrom jedoch (der hier sehr schwach ist) fließt weiter durch Auriga, über die drei bemerkenswerten Sterne Epsilon, Zeta, Eta dieser Konstellation namens Hædi, die Capella vorausgeht, zwischen den Füßen der Zwillinge und den Hörnern der Bull (wo es die Ekliptik fast in der Sonnenwende schneidet) und von dort über die Keule des Orion bis zum Hals des Monoceros, wo es die Äquinoktiallinie in RA 6h schneidet. 54m. Bis zu diesem Punkt, vom Offset in Perseus an, ist sein Licht schwach und unbestimmt, aber von da an nimmt es allmählich an Helligkeit zu, und wo es durch die Schulter von Monoceros und über den Kopf von Canis Major geht, präsentiert es ein breites, mäßiges Licht heller, sehr gleichmäßiger und für das bloße Auge sternenloser Strom bis zu dem Punkt, an dem er in den Bug des Schiffes Argo mündet, fast am südlichen Wendekreis. Hier teilt er sich erneut (um den Stern m Puppis herum) und sendet auf der vorhergehenden Seite einen schmalen und gewundenen Zweig bis nach Gamma Argûs aus, wo er abrupt endet. Der Hauptstrom setzt seinen Lauf nach Süden bis zum 123. Breitengrad des NPD fort, wo er sich weit ausbreitet und sich erneut teilt, wobei er sich in eine weite, fächerartige Fläche von fast 20° Breite öffnet, die aus ineinander verschlungenen Zweigen besteht, die alle abrupt enden. in einer Linie, die fast durch Lambda und Gamma Argûs verläuft.

„An dieser Stelle wird die Kontinuität der Milchstraße durch eine große Lücke unterbrochen, und wo sie auf der gegenüberliegenden Seite wieder beginnt, geschieht dies durch eine etwa ähnliche fächerförmige Ansammlung von Zweigen, die auf den hellen Stern Eta Argûs zulaufen." Von dort kreuzt es die Hinterfüße des Zentauren, bildet eine merkwürdige und scharf abgegrenzte halbkreisförmige Höhlung mit kleinem Radius und gelangt durch einen sehr hellen Hals oder Isthmus von nicht mehr als drei oder vier Grad Breite in das Kreuz, da er der engste Teil davon ist Die Milchstraße. Danach dehnt es sich sofort zu einer breiten und hellen Masse aus, die die Sterne Alpha und Beta Crucis sowie Beta Centauri umschließt und sich fast bis zum Sternbild Alpha im letztgenannten Sternbild erstreckt. Inmitten dieser hellen Masse, die auf allen Seiten von ihr umgeben ist und etwa die Hälfte ihrer Breite einnimmt, befindet sich eine einzigartige, dunkle, birnenförmige Lücke, die so auffällig und bemerkenswert ist, dass sie die Aufmerksamkeit des oberflächlichsten Betrachters auf sich zieht und sich unter ihnen erworben hat die frühen südlichen Seefahrer die unhöfliche, aber ausdrucksstarke Bezeichnung des *Kohlensacks* . In dieser Lücke, die etwa 8° lang und 5° breit ist, kommt nur ein sehr kleiner, mit bloßem Auge sichtbarer Stern vor, obwohl er keineswegs frei von Teleskopsternen ist, so dass seine auffällige Schwärze einfach auf die Wirkung von zurückzuführen ist Kontrast zu dem glänzenden Boden, von dem es von allen Seiten umgeben ist. Dies ist der Ort der größten Annäherung der Milchstraße an den Südpol. Überall in dieser Region ist seine Helligkeit sehr auffallend, und wenn man ihn mit der seines nördlicheren Verlaufs vergleicht, der bereits verfolgt wurde, erweckt er stark den Eindruck größerer Nähe und würde fast zu der Annahme führen, dass unsere Situation als Zuschauer auf allen Seiten durch a getrennt ist beträchtlicher Abstand vom dichten Sternenkörper, aus dem die Galaxie besteht, der aus dieser Sicht des Themas als flacher Ring oder eine andere wiedereintretende Form von immenser und unregelmäßiger Breite und Dicke betrachtet werden würde, innerhalb derer wir uns exzentrisch befinden. näher am südlichen als am nördlichen Teil seines Kreises.

„Bei Alpha Centauri teilt sich die Milchstraße erneut und sendet einen großen Zweig von fast der Hälfte ihrer Breite aus, der jedoch schnell dünner wird, in einem Winkel von etwa 20° mit seiner allgemeinen Richtung zu Eta und *d* Lupi, jenseits dessen er sich verliert ein schmaler und schwacher Bach. Der Hauptstrom breitet sich weiter nach Gamma Normæ aus, wo er einen abrupten Bogen macht und sich wieder in einen Hauptstrom von sehr unregelmäßiger Breite und Helligkeit und ein kompliziertes System ineinander verschlungener Streifen und Massen teilt, das den Schwanz des Skorpions bedeckt , und endet in einem ausgedehnten und schwachen Erguss über der gesamten ausgedehnten Region, die vom vorhergehenden Schenkel des Ophiuchus eingenommen wird, und erstreckt sich nach Norden bis zum Breitenkreis von 103° NPD., über den hinaus kann er nicht verfolgt werden; ein weites Intervall von 14°, frei von jeglichem Anschein nebulösen Lichts, das es von dem großen Ast auf der Nordseite des Äquinoktials trennt, als dessen Fortsetzung es gewöhnlich dargestellt wird.

„Kehren wir zum Punkt zurück, an dem sich dieser große Zweig vom Hauptstrom trennte, und verfolgen wir nun den Verlauf des letzteren." Er macht eine abrupte Biegung zur nächsten Seite und passiert die Sterne Iota Aræ, Theta und Iota Scorpii sowie Gamma Tubi zu Gamma Sagittarii, wo er sich plötzlich zu einer lebhaften ovalen Masse von etwa 6° Länge und 4° Breite sammelt so reich an Sternen, dass ihre Zahl bei einer sehr moderaten Berechnung 100.000 übersteigt. Nördlich dieser Masse kreuzt dieser Strom die Ekliptik auf einem Längengrad von etwa 276°, und wenn er entlang des Bogens des Sagittarius nach Antinous weiterläuft, wird sein Lauf von drei tiefen Konkavitäten gewellt, die durch bemerkenswerte Ausstülpungen voneinander getrennt sind, von denen die größere und hellere die Form hat auffälligster Fleck im südlichen Teil der Milchstraße, der in unseren Breiten sichtbar ist.

„Er überquert die Tag- und Nachtgleiche in der 19. Stunde von RA und fließt als nächstes in einem unregelmäßigen, fleckigen und gewundenen Strom durch Aquila, Sagitta und Vulpecula bis nach Cygnus; Bei Epsilon, dessen Konstellation seine Kontinuität unterbrochen ist, beginnt eine sehr verworrene und unregelmäßige Region, die durch eine breite dunkle Leere gekennzeichnet ist, die dem südlichen „Kohlensack" nicht unähnlich ist und den Raum zwischen Epsilon, Alpha und Gamma Cygni einnimmt, der dient als eine Art Zentrum für die Divergenz dreier großer Ströme; eine, die wir bereits verfolgt haben; eine zweite, die Fortsetzung der ersten (quer durch das Intervall) von Alpha nach Norden, zwischen Lacerta und dem Kopf des Kepheus, bis zu dem Punkt in Cassiopeiæ, von wo aus wir aufbrachen, und eine dritte, die von Gamma Cygni abzweigt, sehr deutlich und auffällig verläuft in südlicher Richtung durch Beta Cygni und *s* Aquilæ fast bis zum Äquinoktial, wo es sich in einer Region verliert, die dünn mit Sternen übersät ist, wo auf einigen Karten das moderne Sternbild Stier Poniatowski eingezeichnet ist. Dies ist der Zweig, von dem man annehmen könnte, dass er sich, wenn er über das Äquinoktial fortgeführt wird, mit dem großen südlichen Erguss in Ophiuchus vereinigt, der bereits erwähnt wurde. Ein beträchtlicher Versatz oder hervorstehender Anhang wird auch durch den nördlichen Strom vom Kopf des Kepheus direkt in Richtung des Pols abgeworfen und nimmt den größten Teil des Quartils ein, das von Alpha, Beta, Iota und Delta dieser Konstellation gebildet wird.

Um diese sorgfältige, detaillierte Beschreibung der Milchstraße zu vervollständigen, ist es sinnvoll, einige Passagen aus demselben Werk hinzuzufügen, die sich mit ihrem teleskopischen Aussehen und ihrer Struktur befassen.

„Wenn man sie mit leistungsstarken Teleskopen untersucht, stellt man fest, dass die Beschaffenheit dieser wundervollen Zone nicht weniger vielfältig ist, als dass ihr Aussehen für das bloße Auge unregelmäßig ist." In einigen Regionen sind die Sterne, aus denen es besteht, mit bemerkenswerter Gleichmäßigkeit über riesige Gebiete verstreut, während in anderen die Unregelmäßigkeit ihrer Verteilung ebenso auffallend ist und eine schnelle Abfolge dicht aneinander liegender, reicher Flecken aufweist, die durch verhältnismäßig geringe Intervalle getrennt sind, und zwar in In einigen Fällen waren die Räume absolut dunkel *und völlig frei von Sternen* , selbst von der kleinsten Teleskopgröße. An manchen Orten kommen durchschnittlich nicht mehr als 40 oder 50 Sterne in einem Messfeld von 15 Fuß vor, während an anderen ein ähnlicher Durchschnitt ein Ergebnis von 400 oder 500 ergibt. Auch im Charakter der verschiedenen Regionen ist keine geringere Vielfalt zu beobachten in Bezug auf die Größen der Sterne, die sie aufweisen, und die proportionalen Zahlen der größeren und kleineren Größen, die miteinander verbunden sind, als in Bezug auf ihre Gesamtzahlen. In einigen zum Beispiel kommen extrem kleine Sterne in so geringer Zahl vor, dass wir unweigerlich zu dem Schluss kommen müssen, dass wir in diesen Regionen *einigermaßen durch* die Sternenschicht sehen, da es sonst unmöglich ist, dass die Zahl der kleineren Größen nicht ansteigt kontinuierlich bis ins Unendliche zunehmen. Darüber hinaus ist in solchen Fällen der Himmelsboden größtenteils völlig dunkel, was wiederum nicht der Fall wäre, wenn dahinter unzählige Sterne existieren würden, die zu klein sind, um einzeln erkennbar zu sein. In anderen Regionen werden wir mit dem Phänomen eines nahezu gleichmäßigen Helligkeitsgrades der einzelnen Sterne konfrontiert, begleitet von einer sehr gleichmäßigen Verteilung derselben über den Himmelsgrund, wobei sowohl die größeren als auch die kleineren Helligkeiten auffallend mangelhaft sind. In solchen Fällen ist es ebenso unmöglich, nicht zu bemerken, dass wir *durch* eine Sternenschicht blicken, die fast so groß und nicht besonders dick ist im Vergleich zu der Entfernung, die sie von uns trennt. Wäre es anders, würden wir gezwungen sein, anzunehmen, dass die weiter entfernten Sterne einheitlich die größeren sind, um durch ihre größere intrinsische Helligkeit ihre größere Entfernung zu kompensieren, eine Annahme, die aller Wahrscheinlichkeit widerspricht ...

„Über den weitaus größeren Teil der Ausdehnung der Milchstraße in beiden Hemisphären herrscht die allgemeine Schwärze des Himmelsbodens, auf den ihre Sterne projiziert werden, und das Fehlen dieser unzähligen Vielzahl und übermäßigen Ansammlung der kleinsten sichtbaren Größen, und von Blendung, die durch das Gesamtlicht einer Vielzahl erzeugt wird, die zu klein ist, um das Auge einzeln zu beeinflussen, müssen unserer Meinung nach als eindeutige Anzeichen dafür angesehen werden, dass ihre Dimensionen in *Richtungen, in denen diese Bedingungen gelten* , nicht nur nicht unendlich sind, sondern auch, dass die raumdurchdringende Kraft von „Unsere Teleskope reichen völlig aus, um hindurch und darüber hinaus zu blicken."

In der oben zitierten Passage sind die Kursivschrift die von Sir John Herschel selbst, und wir sehen, dass er aus den von ihm beschriebenen Tatsachen genau die gleichen Schlussfolgerungen gezogen hat und aus weitgehend den gleichen Gründen, die Herr Proctor aus den Beobachtungen von Sir gezogen hat William Herschel; und wie wir sehen werden, sind die besten Astronomen von heute aufgrund der ihnen zur Verfügung stehenden zusätzlichen Fakten und in einigen Fällen aufgrund neuer Argumentationslinien zu einem ähnlichen Ergebnis gelangt.

DIE STERNE IM ZUSAMMENHANG MIT DER
MILCHSTRAßE

Sir John Herschel war von der Form, Struktur und Unermesslichkeit des Galaktischen Kreises, wie er ihn manchmal nennt, so beeindruckt, dass er (in einer Fußnote, S. 575, 10. Aufl.) sagt: „Dieser Kreis ist zu siderisch, was das Unveränderliche ist." „Ekliptik ist für die Planetenastronomie eine Ebene der ultimativen Referenz, die Grundebene des Sternsystems." Wir müssen nun überlegen, welche Beziehungen der gesamte Sternenkörper zu diesem Galaktischen Kreis hat – dieser ultimativen Bezugsebene für das gesamte Sternenuniversum.

Wenn wir in einer sternenklaren Nacht den Himmel betrachten, scheint das gesamte Gewölbe dicht mit Sternen unterschiedlicher Helligkeit übersät zu sein, so dass wir kaum sagen können, dass es eine ausgedehnte Region gibt – den Norden, Osten, Süden oder Westen oder die Teil vertikal über uns – ist zahlenmäßig sehr auffällig mangelhaft oder überlegen. In jedem Teil gibt es eine beträchtliche Anzahl von Sternen der ersten zwei oder drei

Größenordnungen, während dort, wo diese mangelhaft erscheinen, eine Menge kleinerer Sterne an ihre Stelle tritt.

Eine genaue Untersuchung der sichtbaren Sterne zeigt jedoch, dass ihre Verteilung sehr unregelmäßig ist und dass alle Größen in der Milchstraße oder in deren Nähe tatsächlich zahlreicher sind als in deren Entfernung, wenn auch nicht in so großem Maße dass sie mit bloßem Auge sehr auffällig sind. Die Fläche der gesamten Milchstraße kann auf nicht mehr als ein Siebtel der gesamten Kugel geschätzt werden, während einige Astronomen sie auf nur ein Zehntel schätzen. Wenn Sterne einer bestimmten Größe gleichmäßig verteilt wären, müsste sich höchstens ein Siebtel der Gesamtzahl innerhalb ihrer Grenzen befinden. Aber Mr. Gore hat herausgefunden, dass von 32 Sternen, die heller als die zweite Größe sind, 12 in der Milchstraße liegen, also deutlich mehr als doppelt so viele, wie es bei gleichmäßiger Verteilung geben müsste. Und von den 99 Sternen, die heller als die dritte Größe sind, liegen 33 auf der Milchstraße, also ein Drittel statt eines Siebtels. Herr Gore hat auch alle Sterne in Heis' Atlas gezählt, die auf der Milchstraße liegen, und stellt fest, dass es 1186 von insgesamt 5356 sind, ein Anteil zwischen einem Viertel und einem Fünftel statt einem Siebtel.

mit einem Durchmesser von zwei Fuß alle Sterne bis zur Helligkeit von 9 1/2 ein , die in Agrelanders vierzig großen Karten der auf der Nordhalbkugel sichtbaren Sterne angegeben sind. Ihre Zahl betrug 324.198, und sie zeigten durch ihre größere Dichte deutlich nicht nur den gesamten Verlauf der Milchstraße, sondern auch ihre leuchtenderen Teile und viele der merkwürdigen dunklen Risse und Hohlräume, die von diesen Sternen fast vollständig vermieden werden.

Später untersuchte Professor Seeliger aus München die Beziehung von mehr als 135.000 Sternen bis zur neunten Größe zur Milchstraße, indem er den gesamten Himmel in neun Regionen einteilte, wobei eins und neun Kreise mit einer Breite von 20° (entsprechend …) waren 40° Durchmesser) an den beiden Polen der Galaxie; Die mittlere Region, fünf, ist eine 20° breite Zone, einschließlich der Milchstraße selbst, und die anderen sechs Zwischenzonen sind jeweils 20° breit. Die folgende Tabelle zeigt die Ergebnisse von Professor Newcomb, der in der letzten Spalte von „Density of Stars" einige Änderungen vorgenommen hat, um Unterschiede in der Schätzung der Helligkeiten durch die verschiedenen Autoritäten zu korrigieren.

Regionen.	Fläche in Grad.	Anzahl der Sterne.	Dichte.
ICH.	1.398,7	4.277	2,78

II.	3.146,9	10.185	3.03
III.	5.126,6	19.488	3,54
IV.	4.589,8	24.492	5.32
V.	4.519,5	33.267	8.17
VI.	3.971,5	23.580	6.07
VII.	2.954,4	11.790	3,71
VIII.	1.796,6	6.375	3.21
IX.	468,2	1.644	3.14

NB : Die Ungleichheit der N.- und S.-Gebiete ist darauf zurückzuführen, dass die Zählung der Sterne nur bis zum 24° S. Decl. reichte und daher nur einen Teil der Regionen VII UMFASSTE. , VIII. , und IX.

Diagramm der Sternendichte

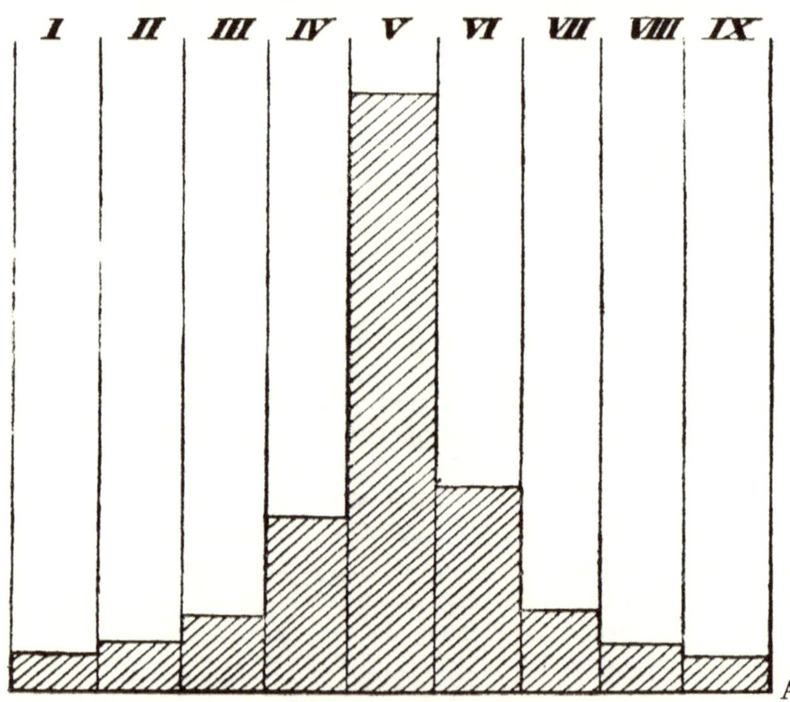

Herschels Messgeräten
(wie von Professor Newcomb, S. 251).

Zu dieser Dichtetabelle bemerkt Professor Newcomb Folgendes: „Die Sternendichte in den verschiedenen Regionen nimmt von jedem Pol

(Regionen I und IX) bis zur Galaxie selbst (Region V) kontinuierlich zu.“ Wenn es sich bei letzterem um einen einfachen Ring aus Sternen handeln würde, der ein kugelförmiges Sternensystem umgibt, wäre die Sterndichte in den Regionen I. , II. UNGEFÄHR GLEICH. und III. , und auch in VII. , VIII. , und IX. , würde aber in IV PLÖTZLICH ANSTEIGEN. und VI. als man sich der Ringgrenze näherte. Statt dass dies der Fall ist, zeigen die Zahlen 2,78, 3,03 und 3,54 im Norden und 3,14, 3,21 und 3,71 im Süden einen progressiven Anstieg vom galaktischen Pol bis zur Galaxie selbst. Die daraus zu ziehende Schlussfolgerung ist grundsätzlich. Das Universum, oder zumindest der dichtere Teil davon, ist zwischen den galaktischen Polen tatsächlich abgeflacht, wie von Herschel und Struve angenommen.

Aber wenn ich mir die Reihe der Zahlen in der Tabelle ansehe und noch einmal die von Professor Newcomb zitierte, dann scheinen sie mir in gewissem Maße zu zeigen, was sie seiner Meinung nach nicht zeigen. Ich habe daher das obige Diagramm aus den Zahlen der Tabelle entnommen und es zeigt durchaus, dass die Dichte in den Regionen I. , II. und III. und in den Regionen VII. , VIII. , und IX. Man kann sagen, dass sie „ungefähr gleich“ sind, das heißt, dass sie sehr langsam ansteigen und dass sie in IV „plötzlich ansteigen “. und VI. wenn man sich der Grenze der Galaxis nähert. Dies kann entweder durch eine Abflachung in Richtung der Pole der Galaxie oder durch die Ausdünnung der Sterne in dieser Richtung erklärt werden.

Um den enormen Unterschied in der Sterndichte in der Galaxie und an den galaktischen Polen zu zeigen, gibt Professor Newcomb die folgende Tabelle der Herscheschen Messgeräte an, in der er nur anmerkt, dass sie aufgrund der enorm erhöhten Dichte in der galaktischen Region zeigen Herschels hat dort so viel mehr Sterne gezählt als jeder andere Beobachter.

Region, .	I.	II.	III.	IV.	V.	VI.	VII.	VIII.	IX.
Density, .	107	154	281	560	2,019	672	261	154	111

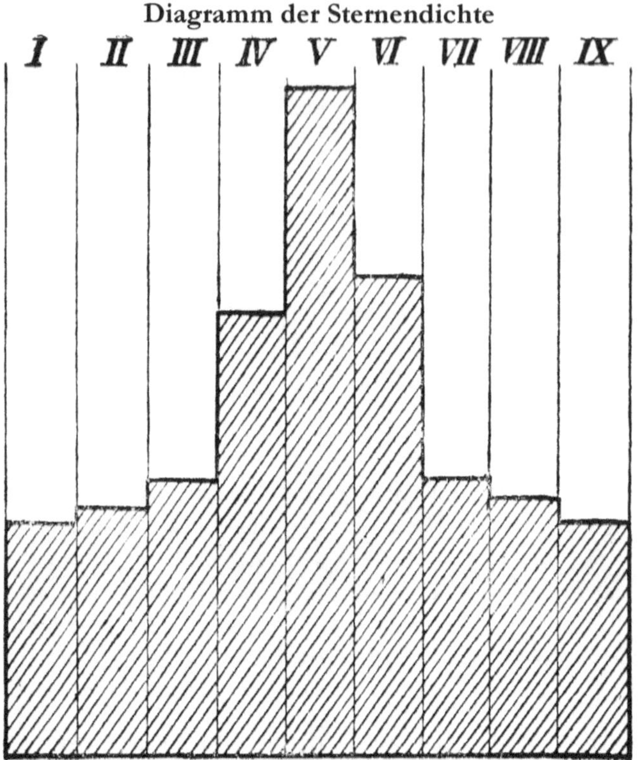

Aus einer Tabelle in The Stars (S. 249).

Ein wichtiges Merkmal dieser Figuren ist jedoch, dass die Herschels allein den gesamten Himmel vom Nord- bis zum Südpol untersuchten, dass sie dies mit Instrumenten gleicher Größe und Qualität taten und dass sie dabei fast lebenslang Erfahrung hatten Bei ihrer besonderen Arbeit waren sie unübertroffen in ihrer Fähigkeit, die Sterne, die über jedes Sichtfeld ihrer Teleskope wanderten, schnell und genau zu zählen. Daher muss davon ausgegangen werden, dass ihre Ergebnisse einen Vergleichswert haben, der weit über denen aller anderen Beobachter oder Beobachterkombinationen liegt. Ich habe es daher für ratsam gehalten, aus ihren Zahlen ein Diagramm zu zeichnen, und man wird sehen, wie auffallend es mit dem früheren Diagramm übereinstimmt, und zwar in der sehr langsamen Zunahme des Sternenreichtums in den ersten drei Regionen im Norden und Süden, der plötzlichen Zunahme der Regionen IV. und VI. Während wir uns der Galaxie nähern, besteht der einzige deutliche Unterschied im enorm größeren Reichtum der Galaxie selbst, der zweifellos ein reales Phänomen ist und hier durch die unübertroffene Beobachtungskraft der beiden größten Astronomen dieser Spezialabteilung zum Vorschein kommt jemals gelebt.

Wir werden später feststellen, dass Professor Newcomb selbst als Ergebnis einer ganz anderen Untersuchung zu einem Ergebnis gemäß diesen Diagrammen gelangt, auf das dann noch einmal Bezug genommen wird. Da es sich hierbei um ein sehr interessantes Thema handelt, ist es sinnvoll, ein weiteres Diagramm aus zwei Sternendichtetabellen in dem bereits zitierten Band von Sir John Herschel zu geben. Die Tabellen lauten wie folgt:

Galaktische Zonen	Durchschnittliche Anzahl an Sternen
Nordpolarentfernung.	pro Feld von 15'.
0° bis 15°	4.32
>15° bis 30°	5.42
30° bis 45°	8.21
45° bis 60°	13.61
60° bis 75°	24.09
75° bis 90°	53,43

Galaktische Zonen	Durchschnittliche Anzahl an Sternen
Südpolarentfernung.	pro Feld von 15'.
0° bis 15°	6.05
15° bis 30°	6.62
30° bis 45°	9.08
45° bis 60°	13.49
60° bis 75°	26.29
75° bis 90°	59.06

In diesen Tabellen wird davon ausgegangen, dass die Milchstraße selbst zwei Zonen von jeweils 15° einnimmt, statt einer von 20° wie in den Tabellen von Professor Newcomb, so dass der Überschuss in der Anzahl der Sterne gegenüber den anderen Zonen nicht so groß ist. Sie zeigen auch ein leichtes

Übergewicht in allen Zonen der südlichen Hemisphäre, aber das ist nicht groß und kann wahrscheinlich auf die klarere Atmosphäre des Kaps der Guten Hoffnung im Vergleich zu der Englands zurückzuführen sein.

Diagramm der Sternendichte.

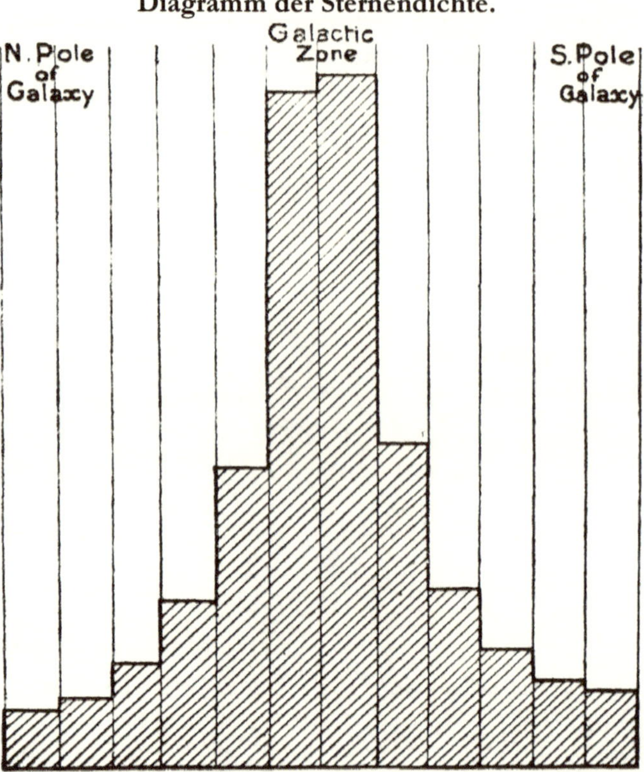

Aus der Tabelle in Sir J. Herschels Outlines of Astronomy (10. Auflage, S. 577-578).

An dieser Stelle muss nur angemerkt werden, dass dieses Diagramm die gleichen allgemeinen Merkmale wie die bereits dargestellten zeigt, nämlich eine kontinuierliche Zunahme der Sternendichte von den Polen der Galaxie aus, jedoch schneller, je mehr man sich der Galaxie selbst nähert. Diese Tatsache muss daher als unbestreitbar akzeptiert werden.

STERNHAUFEN UND NEBEL IM VERHÄLTNIS ZUR
GALAXIE

Ein wichtiger Faktor in der Struktur des Himmels ist die Verteilung der beiden Klassen von Objekten, die als Sternhaufen und Nebel bekannt sind. Obwohl wir eine fast kontinuierliche Reihe von Doppelsternen bilden können, die um ihren gemeinsamen Schwerpunkt kreisen, über Dreifach- und Vierfachsterne bis hin zu Gruppen und Ansammlungen von unbestimmter Ausdehnung – wofür die Plejaden ein gutes Beispiel darstellen, da die sechs Sterne für uns sichtbar sind Mit bloßem Auge werden sie durch hohe Teleskopstärken auf Hunderte vergrößert, während Fotos mit einer Belichtungszeit von drei Stunden mehr als 2000 Sterne zeigen – doch keiner von ihnen entspricht der großen Klasse, die als Sternhaufen bekannt ist, ob kugelförmig oder unregelmäßig, die mit etwa 600 sehr zahlreich sind wurde vor mehr als fünfzig Jahren von Sir John Herschel aufgenommen. Viele davon gehören selbst mit einem sehr kleinen Teleskop oder einem guten Opernglas zu den schönsten und auffälligsten Objekten am Himmel. Dies ist der leuchtende Fleck namens Praesepe oder Bienenstock im Sternbild Krebs und ein weiterer im Schwertgriff von Perseus.

Auf der Südhalbkugel gibt es einen verschwommenen Stern etwa der vierten Größe, Omega Centauri, der sich mit einem guten Teleskop als wirklich prächtiger Sternhaufen von fast zwei Dritteln des Monddurchmessers erkennen lässt und von Sir John Herschel als sehr allmählich beschrieben wurde Zur Mitte hin nimmt die Helligkeit zu und er besteht aus unzähligen Sternen der dreizehnten und fünfzehnten Größe und bildet das reichste und größte Objekt seiner Art am Himmel. Er beschreibt es als Ringe, die wie Spitzen aus größeren Sternen geformt sind. Tatsächlich gibt es auf einem guten Foto mehr als 6.000 Sterne, während andere Beobachter davon ausgehen, dass es mindestens 10.000 sind. Auf der Nordhalbkugel befindet sich einer der schönsten Sternbilder im Sternbild Herkules, bekannt als 13 Messier. Mit bloßem Auge oder mit einem Opernglas ist er gerade noch als verschwommener Stern der sechsten Größe sichtbar, aber ein gutes Teleskop zeigt, dass es sich um einen Kugelsternhaufen handelt, und das große Lick-Teleskop zerlegt sogar den dichtesten zentralen Teil in einzelne Sterne Sir John Herschel ging davon aus, dass es viele Tausende waren. Diese beiden schönen Sternhaufen sind in vielen modernen populärwissenschaftlichen Werken zur Astronomie abgebildet und bieten einen ausgezeichneten Überblick über diese schönen und bemerkenswerten Objekte, die bei gründlicherer Untersuchung wahrscheinlich dazu beitragen werden, einige der unklaren Probleme im Zusammenhang mit der Konstitution aufzuklären und Entwicklung des Sternenuniversums.

Aber für den Zweck dieser Arbeit ist die interessanteste Tatsache im Zusammenhang mit Sternhaufen ihre bemerkenswerte Verteilung am Himmel. Ihre besondere Häufigkeit in und in der Nähe der Milchstraße war oft bemerkt worden, aber die volle Bedeutung dieser Tatsache konnte erst erkannt werden, als Herr Proctor und später Herr Sidney Waters auf Karten der beiden Hemisphären den gesamten Stern einzeichneten -Haufen und Nebel in den besten Katalogen. Das Ergebnis ist höchst interessant. Man sieht, dass die Sternhaufen über den gesamten Verlauf der Milchstraße und entlang ihrer Ränder dicht verstreut sind, während sie in allen anderen Teilen des Himmels in sehr weit entfernten Abständen dünn verstreut sind, mit Ausnahme der Magellanschen Wolken im Süden Hemisphäre, wo sie wiederum dicht gruppiert sind; und wenn irgendetwas nötig wäre, um die physikalische Verbindung dieser Sternhaufen mit der Galaxie zu beweisen, dann ihr Vorkommen in diesen ausgedehnten Nebelflecken, die wie abgelegene Teile der Milchstraße selbst erscheinen. Mit diesen beiden Ausnahmen findet man wahrscheinlich nicht ein Zwanzigstel aller Sternhaufen in irgendeinem von der Milchstraße entfernten Teil des Himmels.

Nebel wurden lange Zeit mit Sternhaufen verwechselt, weil man glaubte, dass sie mit ausreichender Teleskopleistung alle in Sterne aufgelöst werden könnten, wie im Fall der Milchstraße selbst. Aber als das Spektroskop zeigte, dass viele der Nebel ganz oder hauptsächlich aus leuchtenden Gasen bestanden, gaben weder die höchsten Vergrößerungen der besten Teleskope noch die noch größeren Vergrößerungen der fotografischen Platte irgendwelche Hinweise auf eine Auflösung, obwohl dies bei einigen wenigen Sternen oft der Fall war Da sie sozusagen in sie verwickelt waren und offensichtlich einen Teil von ihnen bildeten, stellte sich heraus, dass sie ein eigenständiges Sternphänomen darstellten, eine Ansicht, die durch ihre ganz einzigartige Art der Verteilung bestätigt und bestätigt wurde. Einige der größeren und unregelmäßigen Typen, wie im Fall des mit bloßem Auge sichtbaren großen Orionnebels, des großen Spiralnebels in Andromeda und des wunderbaren Schlüssellochnebels um Eta Argûs, befinden sich in oder in der Nähe der Milchstraße; aber mit diesen und einigen anderen Ausnahmen scheint die überwältigende Mehrheit der kleineren unauflöslichen Nebel ihn zu meiden, da es entlang seiner Grenzen sowohl auf der nördlichen als auch auf der südlichen Hemisphäre einen Raum gibt, der fast völlig frei von Nebeln ist; während die große Mehrheit über den Himmel verteilt ist, weit davon entfernt auf der Südhalbkugel und im Norden in sehr ausgeprägtem Maße um den galaktischen Pol gruppiert. Die Verteilung der Nebel ist somit genau das Gegenteil von der der Sternhaufen, während beide so deutlich mit der Position der Milchstraße – der Grundebene des Sternsystems, wie Sir John Herschel es nannte – zusammenhängen. dass wir gezwungen sind, sie alle als verbundene Teile eines großen und bis zu einem gewissen Grad symmetrischen Universums einzubeziehen, dessen bemerkenswerte und gegensätzliche Art der Verteilung über den Himmel wahrscheinlich einen Hinweis auf die Art und Weise der Entwicklung dieses Universums und auf die Veränderungen liefern könnte die auch jetzt noch darin stattfinden. Die oben genannten Karten sind von so großer Bedeutung und für ein klares Verständnis der Natur und Beschaffenheit des riesigen Sternsystems, das uns umgibt, so wichtig, dass ich sie mit Genehmigung der Royal Astronomical Society hier wiedergegeben habe. (Siehe Ende des Bandes.)

Eine sorgfältige Untersuchung derselben wird eine klarere Vorstellung von den sehr bemerkenswerten Tatsachen der Verteilung von Sternhaufen und Nebeln vermitteln, als dies durch jede noch so umfangreiche Beschreibung oder numerische Angaben möglich wäre.

Die Formen vieler Nebel sind sehr merkwürdig. Einige sind ziemlich unregelmäßig, wie der Orionnebel, der Schlüssellochnebel auf der Südhalbkugel und viele andere. Einige zeigen eine deutlich spiralförmige Form, wie die bei Andromeda und Canes Venatici; andere wiederum sind ringförmig oder ringförmig, wie die in Lyra und Cygnus, während eine beträchtliche Anzahl als planetarische Nebel bezeichnet wird, weil sie eine schwache kreisförmige Scheibe wie die eines Planeten aufweisen. Bei vielen handelt es sich offensichtlich um Sterne oder Sterngruppen, die einen Teil davon bilden, und dies ist insbesondere bei den größten Exemplaren der Fall. Aber all diese sind verhältnismäßig selten in ihrer Anzahl und mehr oder weniger außergewöhnlich in ihrer Art; die große Mehrheit sind winzige Wolkenflecken, die nur mit guten Teleskopen sichtbar sind und so schwach, dass viele Zweifel an ihrer genauen Form und Natur bestehen. Sir John Herschel katalogisierte 1864 5000, und bis 1890 wurden mehr als 8000 entdeckt; Während der Einsatz der Kamera die Zahlen so stark erhöht hat, dass man davon ausgeht, dass es tatsächlich viele Hunderttausende davon gibt.

Das Spektroskop zeigt, dass die größeren unregelmäßigen Nebel gasförmig sind, ebenso wie die ringförmigen und planetarischen Nebel sowie viele sehr strahlend weiße Sterne; und alle diese Objekte kommen am häufigsten in oder in der Nähe der Milchstraße vor. Ihre Spektren zeigen eine grüne Linie, die von keinem terrestrischen Element erzeugt wird. Mit dem großen Lick-Teleskop wurde festgestellt, dass mehrere der planetarischen Nebel unregelmäßig sind und manchmal aus zusammengedrückten oder geschlungenen Ringen und anderen merkwürdigen Formen bestehen.

Viele der kleineren Nebel sind Doppel- oder Dreifachnebel, aber ob sie tatsächlich rotierende Systeme bilden, ist noch nicht bekannt. Die große Masse der kleinen Nebel, die weite, von der Galaxie entfernte Teile des Himmels einnehmen, wird oft als unauflösbare Nebel bezeichnet, weil die höchsten Vergrößerungen der größten Teleskope keinen Hinweis darauf geben, dass es sich um Sternhaufen handelt, während sie zu schwach sind, um solche zu liefern Eindeutige Hinweise auf die Struktur im Spektroskop. Aber viele von ihnen ähneln in ihrer Form Kometen, und es wird nicht für ausgeschlossen gehalten, dass sie in ihrer Konstitution nicht sehr unähnlich sind.

Wir haben nun einen Überblick über die Hauptmerkmale gegeben, die uns am Himmel außerhalb des Sonnensystems präsentiert werden, und zwar in Bezug auf die Anzahl und Verteilung der klaren Sterne (die mit bloßem Auge sichtbar sind) sowie derjenigen, die durch das Teleskop sichtbar gemacht werden ; die Form und Hauptmerkmale der Milchstraße oder Galaxie; und schließlich die Anzahl und Verteilung dieser interessanten Objekte – Sternhaufen und Nebel in ihren besonderen Beziehungen zur Milchstraße. Diese Untersuchung hat uns die Einheit des gesamten sichtbaren Universums deutlich vor Augen geführt; dass alles, was wir mit den Mitteln moderner gigantischer Teleskope, der fotografischen Platte und des noch wunderbareren Spektroskops sehen oder worüber wir etwas erfahren können, Teile eines riesigen Systems bildet, das kurz und treffend als das Sternuniversum bezeichnet werden kann .

In unserem nächsten Kapitel werden wir die Untersuchung einen Schritt weiterführen, indem wir in groben Zügen skizzieren, was über die Bewegungen und Entfernungen der Sterne bekannt ist, und so einige wichtige Informationen erhalten, die sich auf unser spezielles Untersuchungsthema beziehen.

KAPITEL V

ENTFERNUNG DER STERNE – DIE BEWEGUNG DER SONNE

DURCH DEN WELTRAUM

IN frühen Zeiten, bevor man eine ungefähre Vorstellung von der großen Entfernung der Sterne von uns hatte, entstand die einfache Vorstellung einer Kristallkugel, an der diese leuchtenden Punkte befestigt waren und die sich jeden Tag auf einer Achse drehte, in deren Nähe sich unser Polarstern befindet , erfüllte die Forderungen nach einer Erklärung der Phänomene. Doch als Kopernikus die wahre Anordnung der Himmelskörper, der Erde und der Planeten, die sich in Entfernungen von vielen Millionen Meilen um die Sonne drehten, darlegte und dieses Schema durch die Gesetze von Kepler und die teleskopischen Entdeckungen von Galileo durchgesetzt wurde, trat eine Schwierigkeit auf die die Astronomen nicht zufriedenstellend überwinden konnten. Wenn, sagten sie , die Erde sich in einer Entfernung um die Sonne dreht, die nicht kleiner sein kann (nach Keplers Messung der Entfernung des Mars in Opposition) als 13 1/2 Millionen Meilen, wie kommt es dann, dass die näheren Sterne dies nicht tun? beobachtet, dass sie ihre scheinbare Position verschieben, wenn man sie von gegenüberliegenden Seiten dieser enormen Umlaufbahn aus betrachtet? Kopernikus und nach ihm Kepler und Galilei behaupteten energisch, dass die Erdumlaufbahn nur deshalb ein Punkt sei, weil die Sterne so weit von uns entfernt seien. Aber das schien selbst dem großen Beobachter Tycho Brahé völlig unglaublich, und daher wurde die kopernikanische Theorie nicht so allgemein akzeptiert, wie es sonst der Fall gewesen wäre.

Galilei erklärte immer, dass die Messung eines Tages durchgeführt werden würde, und er schlug sogar die Methode zur Durchführung vor, die heute als die vertrauenswürdigste gilt. Allerdings musste die Entfernung der Sonne zunächst mit größerer Genauigkeit gemessen werden, und das gelang erst in der zweiten Hälfte des 18. Jahrhunderts mithilfe von Venustransiten; und durch spätere Beobachtungen mit perfekteren Instrumenten ist es jetzt ziemlich gut auf etwa 92.780.000 Meilen festgelegt, wobei die Fehlergrenzen so bemessen sind, dass 92 3/4 Millionen vielleicht genauso genau sind.

Bei einer so enormen Basislinie wie dem Doppelten dieser Entfernung, die durch Beobachtungen in Abständen von etwa sechs Monaten ermittelt werden kann, wenn sich die Erde an gegenüberliegenden Punkten ihrer Umlaufbahn befindet, schien es sicher, dass eine gewisse Parallaxe oder Verschiebung der näheren Sterne gefunden werden konnte , und viele Astronomen mit den besten Instrumenten widmeten sich der Arbeit. Aber die Schwierigkeiten waren enorm, und bis zur zweiten Hälfte des 19.

Jahrhunderts wurden nur sehr wenige wirklich zufriedenstellende Ergebnisse erzielt. Mittlerweile wurden etwa vierzig Sterne mit erträglicher Sicherheit gemessen, wenn auch natürlich mit einem beträchtlichen Spielraum für mögliche oder wahrscheinliche Fehler; und etwa dreißig weitere, bei denen festgestellt wurde, dass sie eine Parallaxe von einer Zehntelsekunde oder weniger haben, müssen davon ausgegangen werden, dass sie einen sehr großen Unsicherheitsspielraum hinterlassen.

Die beiden nächsten Fixsterne sind Alpha Centauri und 61 Cygni. Ersterer ist einer der hellsten Sterne der südlichen Hemisphäre und etwa 275.000 Mal so weit von uns entfernt wie die Sonne. Das Licht dieses Sterns wird 4 1/4 Jahre brauchen, um uns zu erreichen, und diese „Lichtreise", wie sie genannt wird, wird von Astronomen im Allgemeinen als eine leicht zu merkende Methode zur Aufzeichnung der Entfernungen der Fixsterne, der Entfernung , verwendet in Meilen – in diesem Fall etwa 25 Millionen von Millionen – ist sehr umständlich. Der andere Stern, 61 Cygni, hat nur etwa die fünfte Größe, ist aber mit einer Lichtreise von etwa 7 1/4 Jahren der uns zweitnächste . Wenn wir keine anderen Entfernungsbestimmungen als diese beiden hätten, wären die Tatsachen von größter Bedeutung. Sie lehren uns erstens, dass die Größe oder Helligkeit eines Sterns kein Beweis für die Nähe zu uns ist, eine Tatsache, für die es viele andere Beweise gibt; und zweitens liefern sie uns einen wahrscheinlichen Mindestabstand unabhängiger Sonnen voneinander, der im Verhältnis zu ihrer Größe, von der bekannt ist, dass einige um ein Vielfaches größer sind als unsere Sonne, nicht größer ist, als wir erwarten könnten. Diese Entfernung kann teilweise darauf zurückzuführen sein, dass diejenigen, die einst näher beieinander lagen, unter dem Einfluss der Schwerkraft zusammengewachsen sind.

Da diese Messung der Entfernung der näheren Sterne jedem klar sein sollte, der ein wirkliches Verständnis der Ausmaße dieses riesigen Universums, zu dem wir gehören, erlangen möchte, wird die jetzt angewandte und für am effektivsten befundene Methode folgende sein: kurz erklärt.

Jeder, der mit den Grundlagen der Trigonometrie oder Messung vertraut ist, weiß, dass eine unzugängliche Entfernung genau bestimmt werden kann, wenn wir eine Grundlinie messen können, von deren beiden Enden aus das unzugängliche Objekt sichtbar ist, und wenn wir über ein gutes Instrument verfügen, mit dem wir die Entfernung messen können Winkel messen. Die Genauigkeit hängt hauptsächlich davon ab, dass unsere Basislinie im Vergleich zur zu messenden Entfernung nicht zu kurz ist. Wenn sie nur die Hälfte oder sogar ein Viertel so lang ist, kann die Messung genauso genau sein, als ob sie direkt über dem Boden durchgeführt würde. Wenn sie jedoch nur ein Hundertstel oder ein Tausendstel so lang ist, kann es zu einem sehr kleinen Fehler kommen Die Länge der Basis oder die Größe der Winkel führen zu einem großen Fehler im Ergebnis.

Bei der Messung der Mondentfernung diente der Erddurchmesser oder ein beträchtlicher Teil davon als Basislinie. Entweder können zwei Beobachter in großer Entfernung voneinander oder derselbe Beobachter nach einem Abstand von neun oder zehn Stunden den Mond aus sechs- oder siebentausend Meilen voneinander entfernten Positionen und durch genaue Messungen seines Winkelabstands von einem Stern untersuchen B. der Zeit seines Durchgangs über den Meridian des Ortes, wie er mit einem Transitinstrument beobachtet wird, kann die Winkelverschiebung gefunden und die Entfernung mit sehr großer Genauigkeit bestimmt werden, obwohl diese Entfernung mehr als das Dreißigfache der Länge der Basis beträgt. Die Entfernung des Planeten Mars, wenn er uns am nächsten ist, wurde auf die gleiche Weise ermittelt. Seine Entfernung von uns beträgt, selbst wenn er sich an seinem nächstgelegenen Punkt während der günstigsten Oppositionen befindet, etwa 36 Millionen Meilen oder mehr als das Viertausendfache des Erddurchmessers, so dass es der sorgfältigsten, viele Male wiederholten Beobachtungen und mit den besten Instrumenten bedarf, um einen zu erhalten einigermaßen ungefähres Ergebnis. Wenn dies geschieht, kann durch das Keplersche Gesetz des festen Verhältnisses zwischen den Abständen der Planeten von der Sonne und ihren Umlaufzeiten der proportionale Abstand aller anderen Planeten und der Sonne ermittelt werden. Diese Methode ist jedoch nicht genau genug, um Astronomen zufrieden zu stellen, da die Entfernung jedes anderen Mitglieds des Sonnensystems von der Entfernung zur Sonne abhängt. Glücklicherweise gibt es zwei andere Methoden, mit denen diese wichtige Messung mit viel größerer Sicherheit und Präzision durchgeführt werden kann.

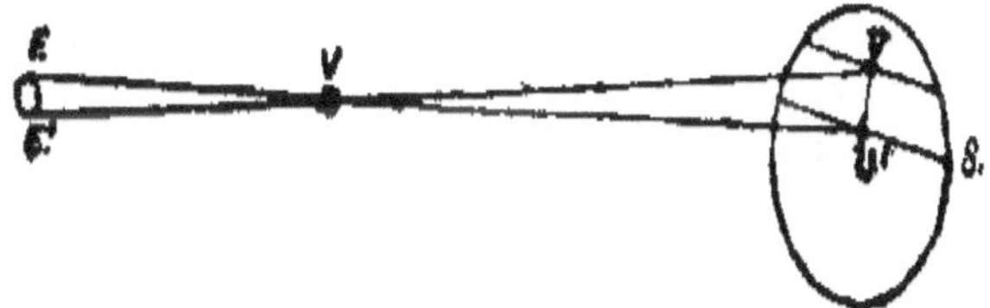

Diagramm zur Veranschaulichung des Venustransits.

Die erste dieser Methoden nutzt die seltenen Gelegenheiten, bei denen der Planet Venus von der Erde aus gesehen die Sonnenscheibe passiert. Dabei werden Beobachtungen des sogenannten Transits an entlegenen Teilen der Erde gemacht, wobei die Entfernung zwischen diesen Orten natürlich leicht aus ihren Breiten- und Längengraden berechnet werden kann. Das hier gegebene Diagramm veranschaulicht die einfachste Methode zur

Bestimmung der Sonnenentfernung durch diese Beobachtung, und die folgende Beschreibung aus Proctors *alter und neuer Astronomie* ist so klar, dass ich sie wörtlich kopiere: „V stellt die Venus dar, die zwischen der Erde O und der Sonne S verläuft." ; und wir sehen, wie ein Beobachter bei E die Venus wie bei v' sehen wird, während ein Beobachter bei E' sie wie bei v sehen wird. Die Messung der Entfernung v v' im Vergleich zum Durchmesser der Sonnenscheibe bestimmt die Winkel v V v' oder EV E'; Daraus lässt sich der Abstand EV aus der bekannten Länge der Grundlinie E E' berechnen. Beispielsweise ist bekannt (aus den bekannten Proportionen des Sonnensystems, wie sie aus den Umlaufzeiten durch das dritte Keplersche Gesetz bestimmt werden), dass EV zu V v das Verhältnis 28 zu 72 oder 7 zu 18 hat; Daher steht E E' zu v v' im gleichen Verhältnis. Nehmen wir nun an, dass die Entfernung zwischen den beiden Stationen bekanntermaßen 7.000 Meilen beträgt, so dass v v' 18.000 Meilen beträgt; und dass v v' durch genaue Messung $1/48$ Teil des Sonnendurchmessers beträgt . Dann beträgt der durch diese Beobachtung bestimmte Durchmesser der Sonne 48 mal 18.000 Meilen oder 864.000 Meilen; Daher ergibt sich aus seiner bekannten scheinbaren Größe , die der eines Globus entspricht, der 107 1/3 mal weiter von uns entfernt ist als sein eigener Durchmesser, seine Entfernung 92.736.000 Meilen.

Da es zwei Beobachter gibt, kann das Verhältnis des Abstands v v' zum Durchmesser der Sonnenscheibe natürlich nicht direkt gemessen werden, aber jeder von ihnen kann den scheinbaren Winkelabstand des Planeten vom oberen und unteren Rand der vorbeiziehenden Sonne messen über die Scheibe, und so kann der Winkelabstand zwischen den beiden Durchgangslinien ermittelt werden. Der Abstand v v' kann auch durch genaues Notieren der Zeiten des oberen und unteren Durchgangs der Venus ermittelt werden, was, da die Durchgangslinie auf dem einen wesentlich kürzer ist als auf dem anderen, durch die bekannten Eigenschaften des Kreises das genaue Verhältnis von ergibt der Abstand zwischen ihnen zum Sonnendurchmesser; und da sich herausstellt, dass dies die genaueste Methode ist, wird sie allgemein angewendet. Zu diesem Zweck werden die Stationen der Beobachter so gewählt, dass die Länge der beiden Sehnen v und v' einen erheblichen Unterschied aufweisen kann, wodurch die Messung einfacher wird.

Die andere Methode zur Bestimmung der Sonnenentfernung ist die direkte Messung der Lichtgeschwindigkeit. Dies gelang erstmals 1849 dem französischen Physiker Fizeau durch die Verwendung schnell rotierender Spiegel, wie in den meisten Werken zur Physik beschrieben. Mittlerweile ist diese Methode so weit fortgeschritten, dass die so ermittelte Sonnenentfernung als ebenso zuverlässig gilt wie die aus den Venustransiten abgeleitete Entfernung. Der Grund dafür, dass die Bestimmung der

Lichtgeschwindigkeit zu einer Bestimmung der Sonnenentfernung führt, liegt darin, dass unabhängig bekannt ist, dass die Zeit, die das Licht benötigt, um von der Sonne zur Erde zu gelangen, 8 Minuten beträgt. 13 ^{1}/$_3$ Sek. Dies wurde bereits 1675 anhand der Verfinsterungen der Jupitermonde entdeckt. Diese Satelliten umkreisen den Planeten in 1 $_{3/4}$ ^{bis} 16 Tagen, und da sie sich nahezu in der Ebene der Ekliptik bewegen und der Schatten des Jupiter so groß ist, werden die drei Satelliten, die dem Planeten am nächsten sind, in den Schatten gestellt jede Revolution. Diese schnelle Rotation der Satelliten und die Häufigkeit der Finsternisse ermöglichten es, die Perioden ihres Wiederauftretens mit äußerster Genauigkeit zu bestimmen, insbesondere nach vielen Jahren sorgfältiger Beobachtung. Es wurde dann festgestellt, dass, wenn Jupiter am weitesten von der Erde entfernt war, die Verfinsterungen der Satelliten etwas mehr als acht Minuten später stattfanden als die Zeit, die aus der mittleren Umlaufperiode berechnet wurde, und dass die Verfinsterungen stattfanden, als der Planet uns am nächsten war ist in gleicher Menge früher aufgetreten. Und als weitere Beobachtungen zeigten, dass es keinen Unterschied zwischen Berechnung und Beobachtung gab, als der Planet sich in seiner mittleren Entfernung von uns befand, und dass der Fehler genau proportional zu unserer unterschiedlichen Entfernung von ihm entstand und zunahm, dann wurde klar, dass dies die einzige Ursache war Um einen solchen Effekt hervorzurufen, reichte es aus, dass das Licht keine unendliche Geschwindigkeit hatte, sondern sich mit einer bestimmten festen Geschwindigkeit ausbreitete. Obwohl dies jedoch eine höchst wahrscheinliche Erklärung war, wurde sie erst fast zwei Jahrhunderte später durch zwei sehr schwierige Messungen absolut bewiesen – die Messung der tatsächlichen Entfernung der Sonne von der Erde und die Messung der tatsächlichen Lichtgeschwindigkeit in Meilen pro Stunde zweite; Letzteres entspricht fast genau der aus den Verfinsternissen der Jupitermonde abgeleiteten Geschwindigkeit und der durch die Venustransite gemessenen Entfernung zur Sonne.

(A) und die letzten beiden Zeilen des nächsten Absatzes sollten ersetzt werden durch: ein Zehntel Zoll lang, und von einem Punkt

(A) 5-3/4 Zoll entfernt (genau 5,72957795 Zoll) zeichnen wir gerade Linien zu B und C. Dann beträgt der Winkel bei A ein Grad.

Aber dieses Problem der Messung der Sonnenentfernung und damit der Abmessungen der Umlaufbahnen aller Planeten unseres Systems versinkt im Vergleich zu den enormen Schwierigkeiten bei der Bestimmung der Entfernung der Sterne in der Bedeutungslosigkeit. Da sehr viele Menschen, vielleicht die Mehrheit der Leser eines populärwissenschaftlichen Buches, nur über geringe Kenntnisse der Mathematik verfügen und nicht erkennen können, was der Winkel einer Minute oder Sekunde wirklich bedeutet, ist eine kleine Erklärung und Veranschaulichung dieser Begriffe nicht angebracht des Ortes. Ein Winkel von einem Grad (1°) ist der 360. Teil eines Kreises (vom Mittelpunkt aus gesehen), der 90. Teil eines rechten Winkels, der 60. Teil eines der Winkel eines gleichseitigen Dreiecks. Um genau zu sehen, wie groß ein Winkel von einem Grad ist, zeichnen wir eine kurze Linie (BC) mit einer Länge von einem Zehntel Zoll und zeichnen von einem Punkt aus gerade Linien nach B und C. Dann beträgt der Winkel bei A ein Grad.

Nun gilt in allen astronomischen Arbeiten ein Grad als ein ziemlich großer Winkel. Schon vor der Erfindung des Teleskops bestimmten die alten Beobachter die Position der Sterne und Planeten auf ein halbes oder ein Viertel Grad genau, während Herr Proctor glaubt, dass Tycho Brahés Positionen der Sterne und Planeten auf etwa ein oder zwei Minuten genau waren Bogen. Aber eine Bogenminute erhält man, indem man die Linie BC in sechzig gleiche Teile teilt und den Abstand zwischen zwei davon mit bloßem Auge vom Punkt A aus betrachtet. Aber als sehr weitsichtige Menschen können sehr kleine Objekte in einer Entfernung von 10 oder 12 Zoll sehen Wenn wir die Entfernung AB verdoppeln, und wenn wir dann die Linie BC auf einen Dreihundertstel Zoll lang machen, erhalten wir den Winkel von einer Minute, den Tycho Brahé vielleicht messen konnte. Wie groß eine Minute für den modernen Astronomen ist, zeigt sich jedoch gut an der Tatsache, dass der maximale Unterschied zwischen der berechneten und der beobachteten Position von Uranus, der Adams und Leverrier dazu veranlasste, nach Neptun zu suchen und ihn zu entdecken, nur 1 ^{1} betrug / $_2$ Minuten, ein Raum, der so klein ist, dass er für das durchschnittliche Auge fast unsichtbar ist, so dass, wenn es zwei Planeten gegeben hätte, einer an der berechneten und der andere an der beobachteten Stelle, sie für das bloße Sehen wie ein einziger erschienen wären.

Um nun zu verstehen, was eine Bogensekunde wirklich bedeutet, schauen wir uns den hier gezeigten Kreis an, der möglichst einen Durchmesser von einem Zehntel Zoll hat – (ein O-Zehntel Zoll). Wenn wir diesen Kreis auf eine Entfernung von 28 Fuß 8 Zoll entfernen, ergibt sich ein Winkel von einer Minute, und wir müssen ihn auf eine Entfernung von fast 1730 Fuß – fast eine Drittelmeile – platzieren, um den Winkel zu verringern eine

Sekunde. Aber der uns am nächsten gelegene Fixstern, Alpha Centauri, hat eine Parallaxe von nur drei Viertelsekunden; Das heißt, die Entfernung der Erde von der Sonne – etwa 92 3/4 ^{Millionen} _{Meilen} – würde vom nächsten Stern aus gesehen nicht größer erscheinen als drei Viertel des oben genannten kleinen Kreises in einer Entfernung von einer Drittelmeile . Um diesen Kreis in dieser Entfernung überhaupt zu sehen, wäre ein sehr gutes Teleskop mit einer Stärke von mindestens 100 erforderlich, während um einen kleinen Teil davon zu sehen und das Verhältnis dieses Teils zum Ganzen zu messen, eine sehr helle Beleuchtung und ein großes Teleskop erforderlich wären und leistungsstarkes astronomisches Teleskop.

WAS IST EINE MILLION?

Aber wenn wir es mit Millionen zu tun haben, und sogar mit Hunderten und Tausenden von Millionen, gibt es eine weitere Schwierigkeit: Nur wenige Menschen können sich eine klare Vorstellung davon machen, was eine Million ist. Es wurde vorgeschlagen, dass in jeder großen Schule die Wände eines Raums oder einer Halle so gestaltet sein sollten, dass sie eine Million auf einen Blick zeigen. Zu diesem Zweck wären hundert große Blätter Papier erforderlich, von denen jedes etwa 4 Fuß 6 Zoll im Quadrat groß ist und in Viertelzoll-Quadraten liniert ist. In jedes zweite Quadrat sollte eine runde schwarze Scheibe oder ein Kreis ein wenig über das Quadrat gelegt werden, so dass zwischen den schwarzen Flecken gleich viel weißer Raum verbleibt. An jedem zehnten Punkt sollte eine doppelte Breite übrig bleiben, um jeweils hundert Punkte (10 × 10) zu trennen. Jedes Blatt würde dann zehntausend Punkte enthalten, die alle von der Mitte eines 20 Fuß breiten Raums aus deutlich sichtbar wären, wobei jede horizontale oder vertikale Reihe tausend Punkte enthalten würde. Einhundert solcher Blätter würden eine Million Flecken enthalten, und sie würden einen Raum von 450 Fuß Länge in einer Reihe oder 90 Fuß Länge in fünf Reihen einnehmen, so dass sie die Wände eines Raumes vollständig bedecken würden, etwa 30 Fuß im Quadrat und 25 Fuß hoch, vom Boden bis zur Decke, so dass Platz für Türen, aber nicht für Fenster bleibt, wobei die Halle oder Galerie von oben beleuchtet wird. Ein solcher Saal wäre in höchstem Maße lehrreich in einem Land, in dem so leichtfertig über Millionen gesprochen und so rücksichtslos verschwendet wird; Während niemand die moderne Wissenschaft wirklich schätzen kann, wenn sie sich mit dem unvorstellbar Großen und Kleinen befasst, es sei denn, er ist in der Lage, durch tatsächliche Vision zu erkennen und zusammenzufassen, welch große Zahl in *einer* dieser Millionen enthalten ist, die in der Moderne enthalten sind Mit Astronomie und Physik muss er sich nicht nur mit einzelnen, sondern mit Hunderten und Tausenden oder sogar mit Millionen befassen. In jeder größeren Stadt sollte auf jeden Fall eine Halle oder Galerie eine *Million* auf den Wänden tragen. Es würde in keiner Weise verhindern, dass die Wände bei Bedarf mit Karten, Zierbehängen oder

Bildern bedeckt würden; aber wenn diese entfernt würden, bliebe die sichtbare und zählbare Million als bleibende Lektion für alle Besucher bestehen; und ich glaube, dass es weitreichende positive Auswirkungen auf fast alle Bereiche des menschlichen Denkens und Handelns haben würde. Im Kleinen kann dies jeder selbst tun, indem er sich hundert Blatt Ingenieurpapier in kleine Quadrate liniert und die Flecken sehr klein macht; und selbst das wäre beeindruckend, aber nicht so sehr wie im größeren Maßstab.

Um es jedem Leser dieses Bandes zu ermöglichen, sich sofort eine Vorstellung von der Anzahl der Einheiten in einer Million zu machen, habe ich die Anzahl der darin enthaltenen *Buchstaben geschätzt und stelle fest, dass sie sich auf etwa 420.000 belaufen – also deutlich weniger* als eine halbe Million. Versuchen Sie sich beim Lesen darüber im Klaren zu sein, dass wir, wenn jeder Buchstabe ein Pfund Sterling wäre, beim Bau eines Schlachtschiffs so viele Pfund verschwenden, wie Buchstaben in *zwei* Bänden vorhanden sind.

Nachdem wir auf diese Weise eine wirkliche Vorstellung von der Unermesslichkeit einer Million gewonnen haben, können wir besser verstehen, was es sein muss, wenn jeder einzelne der oben beschriebenen Punkte oder jeder einzelne Buchstabe in zwei solchen Bänden so verlängert wird, dass er jeder ist eine Meile lang, und selbst dann hätten wir kaum mehr als ein Hundertstel der Entfernung von unserer Erde zur Sonne zurückgelegt. Wenn wir durch sorgfältige Betrachtung dieser Zahlen auch nur teilweise diese enorme Entfernung erkannt haben, können wir den nächsten Schritt unternehmen, nämlich diese Entfernung mit der des nächsten Fixsterns zu vergleichen. Wir haben gesehen, dass die Parallaxe dieses Sterns drei Viertel einer Sekunde beträgt, was bedeutet, dass der Stern 271.400 Mal so weit von uns entfernt ist wie unsere Sonne. Wenn *wir sehen*, was eine Million ist, und wissen, dass die Sonne das $92\,^3/_4$-fache dieser Entfernung in Meilen von uns entfernt ist – eine Entfernung, die für uns an sich fast unvorstellbar ist –, dann feststellen, dass wir diese fast unvorstellbare Entfernung mit dem 271.400-fachen multiplizieren müssen – Mehr als eine Viertelmillion Mal – um den *nächstgelegenen* Fixstern zu erreichen, werden wir beginnen zu erkennen, wie unvollkommen das System der Sonnen um uns herum ist und wie groß das materielle Universum ist, das wir umgeben sehen, so herrlich am Sternenhimmel und in der geheimnisvollen Galaxie dargestellt, ist konstruiert.

Diese etwas längere Vorbesprechung wird als notwendig erachtet, damit sich meine Leser eine Vorstellung von der enormen Schwierigkeit machen können, solche Entfernungen überhaupt zu messen. Ich schlage nun vor, darauf hinzuweisen, was die besonderen Schwierigkeiten sind und wie sie überwunden wurden; und so hoffe ich, sie davon überzeugen zu können, dass die Zahlen, die uns Astronomen über die Entfernungen der Sterne geben, keineswegs bloße Vermutungen oder Wahrscheinlichkeiten sind, sondern reale Messungen, denen man, innerhalb gewisser, nicht sehr großer Fehlergrenzen, vertrauen kann Sie geben uns korrekte Vorstellungen von der Größe des sichtbaren Universums.

Die grundlegende Schwierigkeit dieser Messung besteht natürlich darin, dass die Entfernungen so groß sind, dass die längste verfügbare Basislinie, der Durchmesser der Erdumlaufbahn, für alle nur einen Winkel von kaum mehr als einer Sekunde vom nächsten Stern einschließt der Rest beträgt weniger als eine Sekunde und oft nur einen kleinen Bruchteil davon. Aber diese Schwierigkeit, so groß sie auch ist, wird noch dadurch verschärft, dass es keinen festen Punkt am Himmel gibt, von dem aus man messen kann, da bekannt ist, dass viele Sterne in Bewegung sind, und man glaubt, dass dies auch bei allen der Fall ist in unterschiedlichem Ausmaß, während man inzwischen weiß, dass sich die Sonne selbst zwischen den Sternen mit einer Geschwindigkeit bewegt, die noch nicht genau bestimmt werden kann, aber in einer Richtung, die ziemlich gut bekannt ist. Da die verschiedenen Bewegungen der Erde beim Umlauf um die Sonne zwar äußerst komplex, aber sehr genau bekannt sind, wurde zunächst versucht, die veränderte Position der Sterne durch oft in Abständen von sechs Monaten wiederholte Beobachtungen des Zeitpunkts ihrer Sternbewegung zu bestimmen Durchgang über dem Meridian und deren Abstand vom Zenit; und dann unter Berücksichtigung aller bekannten Bewegungen der Erde, wie Präzession der Tagundnachtgleiche und Nutation der Erdachse, sowie Brechung und Aberration des Lichts, um zu bestimmen, welcher Resteffekt auf den Positionsunterschied zurückzuführen ist von wo aus der Stern betrachtet wurde; und so wurde in mehreren Fällen ein Ergebnis erzielt, wenn auch fast immer ein größeres, als durch spätere Beobachtungen und bessere Methoden gefunden wurde. Diese früheren Beobachtungen sind, so perfekt die Instrumente und wie geschickt der Beobachter auch sein mögen, anfällig für Fehler, die scheinbar unmöglich zu vermeiden sind. Die Instrumente selbst unterliegen in allen ihren Teilen einer Ausdehnung und Kontraktion durch Temperaturänderungen; und wenn diese Änderungen plötzlich auftreten, kann ein Teil des Instruments stärker betroffen sein als ein anderer, und dies führt oft zu winzigen Fehlern, die sich ernsthaft auf die zu messende Menge auswirken können, wenn diese so klein ist. Eine weitere Fehlerquelle ist die atmosphärische Brechung, die sowohl von Stunde zu Stunde als auch zu verschiedenen Jahreszeiten Veränderungen unterliegt. Aber vielleicht am wichtigsten sind die geringfügigen Höhenunterschiede der Fundamente der Instrumente, selbst wenn sie auf festem Fels verankert sind. Sowohl Änderungen der Temperatur als auch der Feuchtigkeit des Bodens führen zu geringfügigen Änderungen des Niveaus; Während Erdbeben und langsame Höhen- oder Tiefenbewegungen bekanntermaßen sehr häufig sind. Aus all diesen Gründen erweisen sich tatsächliche Messungen von Positionsunterschieden zu verschiedenen Jahreszeiten, die sich auf kleine Bruchteile einer Sekunde belaufen, als zu unsicher, um solche winzigen Winkel mit der erforderlichen Genauigkeit zu bestimmen.

Es gibt jedoch eine andere Methode, die fast alle diese Fehlerquellen vermeidet und die heute allgemein für diese Messungen bevorzugt und angewendet wird. Dabei geht es darum, den Abstand zwischen zwei scheinbar sehr nahe beieinander liegenden Sternen zu messen, von denen einer eine große Eigenbewegung aufweist, während der andere keine messbare Eigenbewegung aufweist. Die Eigenbewegung der Sterne wurde erstmals 1717 von Halley vermutet, als er feststellte, dass sich mehrere Sterne, deren Orte Hipparchos 130 V. CHR. ANGEGEBEN HATTE , nicht an den Positionen befanden, an denen sie jetzt sein sollten; und andere Beobachtungen der alten Astronomen, insbesondere die von Sternbedeckungen durch den Mond, führten zu demselben Ergebnis. Seit der Zeit Halleys wurden sehr genaue Beobachtungen der Sterne gemacht, und in vielen Fällen wurde festgestellt, dass sie sich von Jahr zu Jahr merklich bewegen, während andere sich so langsam bewegen, dass die Bewegung erst nach vierzig oder fünfzig Jahren auftreten kann erkannt. Die größten bisher ermittelten Eigenbewegungen betragen zwischen 7 und 8 Zoll pro Jahr, während andere Sterne zwanzig oder sogar fünfzig oder hundert Jahre benötigen, um eine gleich große Verschiebung zu zeigen. Zuerst glaubte man, dass die hellsten Sterne die größte Eigenbewegung hätten, weil man annahm, dass sie uns am nächsten seien, aber bald stellte sich heraus, dass sich viele kleine und recht unauffällige Sterne genauso schnell bewegten wie die hellsten, während viele sogar sehr schnell waren Bei hellen Sternen ist überhaupt keine Eigenbewegung erkennbar. Am schnellsten bewegt sich ein kleiner Stern mit weniger als der sechsten Größe.

Es ist eine allgemeine Beobachtung, dass die Bewegung von Dingen in der Ferne nicht so gut wahrgenommen werden kann wie in der Nähe, auch wenn die Geschwindigkeit gleich sein mag. Wenn ein Mann mehrere Meilen entfernt auf der Spitze eines Hügels gesehen wird, müssen wir ihn einige Zeit lang genau beobachten, bevor wir sicher sein können, ob er geht oder stillsteht. Aber Objekte, die so enorm weit entfernt sind, wie wir heute wissen, dass es sich um Sterne handelt, bewegen sich möglicherweise mit einer Geschwindigkeit von vielen Meilen pro Sekunde und erfordern dennoch jahrelange Beobachtung, um überhaupt eine Bewegung zu erkennen.

Mittlerweile wurde festgestellt, dass die Eigenbewegungen von fast hundert Sternen mehr als eine Bogensekunde pro Jahr betragen, während eine große Anzahl weniger als diese Zahl aufweist und die meisten keine wahrnehmbare Bewegung aufweisen, was vermutlich auf ihre enorme Entfernung von uns zurückzuführen ist. Daher ist es in den meisten Fällen nicht schwierig, einen oder zwei bewegungslose Sterne zu finden, die nahe genug an einem Stern liegen, der eine große Eigenbewegung hat (so nennt man alles, was länger als eine Zehntelsekunde ist), um als feste Messpunkte zu dienen. Es ist dann nur noch erforderlich, den Winkelabstand der sich von den Fixsternen bewegenden Sterne in Abständen von sechs Monaten mit äußerster Genauigkeit zu messen. Die Messungen können jedoch in jeder schönen Nacht durchgeführt werden, wobei jede einzelne in einem Abstand von fast sechs Monaten mit einer anderen verglichen wird. Auf diese Weise können in einem Jahr hundert oder mehr Messungen desselben Sterns durchgeführt werden, und der Mittelwert des Ganzen wird unter Berücksichtigung der Eigenbewegung in dem Intervall ein viel genaueres Ergebnis liefern als jede einzelne Messung. Diese Art der Messung kann mit äußerster Genauigkeit durchgeführt werden, wenn die beiden Sterne gemeinsam im Sichtfeld des Teleskops zu sehen sind; entweder mit einem Mikrometer oder mit einem Instrument namens Heliometer, das heute oft für diesen Zweck konstruiert wird. Dabei handelt es sich um ein ziemlich großes astronomisches Teleskop, dessen Objektglas in der Mitte gerade in zwei Teile geschnitten ist und dessen beiden Hälften mittels einer äußerst feinen und genauen Schraubenbewegung so justiert und getestet werden, dass sie aufeinander gleiten um den Winkelabstand zweier Objekte mit äußerster Genauigkeit zu messen. Dies geschieht durch die Anzahl der Umdrehungen der Schraube, die erforderlich sind, um die beiden Sterne miteinander in Kontakt zu bringen, wobei das Bild jedes Sterns von einer der Hälften des Objektglases geformt wird.

Der größte Vorteil dieser Methode zur Bestimmung der Parallaxe besteht jedoch, wie Sir John Herschell betont, darin, dass sie alle Fehlerquellen beseitigt, die die älteren Methoden so unsicher und ungenau machen. Für Präzession, Nutation oder Aberration sind keine Korrekturen erforderlich, da diese, wie auch bei der Brechung, beide Sterne gleichermaßen betreffen; während Änderungen der Höhe des Instruments keine schädliche Wirkung haben, da die mit dieser Methode durchgeführten Messungen des Winkelabstands von solchen Bewegungen völlig unabhängig sind. Ein Test für die Genauigkeit der Parallaxenbestimmung mit diesem Instrument ist die sehr gute Übereinstimmung verschiedener Beobachter und auch ihre Übereinstimmung mit der neuen und vielleicht sogar überlegenen Methode der Fotografie. Diese Methode wurde zuerst von Professor Pritchard vom Oxford Observatory mit einem feinen Reflektor von 13 Zoll Öffnung übernommen. Sein großer Vorteil besteht darin, dass alle kleinen Sterne in der Nähe des Sterns, dessen Parallaxe gesucht wird, in ihren genauen Positionen auf der Platte angezeigt werden und die Entfernungen aller von ihr sehr genau gemessen und durch Vergleich der Platten gemessen werden können In Abständen von sechs Monaten gibt jeder dieser Sterne eine Bestimmung der Parallaxe an, so dass der Mittelwert des Ganzen zu einem sehr genauen Ergebnis führt. Sollte sich jedoch das Ergebnis eines dieser Sterne erheblich von dem der anderen unterscheiden, ist dies aller Wahrscheinlichkeit nach darauf zurückzuführen, dass dieser Stern eine eigene Eigenbewegung hat, und kann daher verworfen werden. Um den Arbeitsaufwand der Astronomen für dieses schwierige Problem zu veranschaulichen, sei erwähnt, dass für die fotografische Vermessung des Sterns 61 Cygni in den Jahren 1886 bis 1887 330 separate Platten aufgenommen wurden und auf diesen 30.000 Entfernungsmessungen der Paare vorgenommen wurden Sternenbilder entstanden. Das Ergebnis stimmte weitgehend mit der besten früheren Bestimmung von Sir Robert Ball mit dem Mikrometer überein, und die Methode wurde von Astronomen sofort als äußerst wertvoll anerkannt.

Obwohl sich in der Regel Sterne mit großen Eigenbewegungen vergleichsweise nahe bei uns befinden, gibt es kein regelmäßiges Verhältnis zwischen diesen Größen, was darauf hindeutet, dass die Geschwindigkeit der Bewegung der Sterne stark variiert. Unter fünfzig Sternen, deren Entfernungen recht gut bestimmt wurden, schwankt die Geschwindigkeit der tatsächlichen Bewegung zwischen ein oder zwei und mehr als hundert Meilen pro Sekunde. Unter sechs Sternen mit einer jährlichen Eigenbewegung von weniger als einer Zehntelsekunde gibt es einen mit einer Parallaxe von fast einer halben Sekunde und einen anderen von einer Neuntelsekunde, so dass sie uns näher sind als viele Sterne, die sich um mehrere bewegen Sekunden pro Jahr. Dies kann auf die tatsächliche Langsamkeit der Bewegung zurückzuführen sein, wird aber mit ziemlicher Sicherheit zum Teil dadurch verursacht, dass ihre Bewegung entweder auf uns zu oder von uns weg erfolgt und daher nur mit dem Spektroskop messbar ist; und dies war noch nicht geschehen, als die Listen der Parallaxen und Eigenanträge veröffentlicht wurden, denen diese Tatsachen entnommen sind. Es ist offensichtlich, dass die tatsächliche Richtung und Geschwindigkeit der Bewegung eines Sterns nicht bekannt sein kann, bis diese radiale Bewegung, wie sie genannt wird – das heißt auf uns zu oder von uns weg – gemessen wurde; Da dieses Element jedoch immer dazu neigt, die visuell beobachtete Bewegungsgeschwindigkeit zu erhöhen, können wir aufgrund seines Fehlens die tatsächlichen Bewegungen der Sterne nicht übertreiben.

DIE BEWEGUNG DER SONNE DURCH DEN WELTRAUM

Aber es gibt noch einen weiteren wichtigen Faktor, der die scheinbaren Bewegungen aller Sterne beeinflusst – die Bewegung unserer Sonne, die, da sie selbst ein Stern ist, eine eigene Eigenbewegung hat. Diese Bewegung wurde vor einem Jahrhundert von Sir William Herschel vermutet und gesucht, und er bestimmte tatsächlich die Richtung ihrer Bewegung zu einem Punkt im Sternbild Herkules, der nicht sehr weit von dem entfernt war, der als Durchschnitt der besten seither gemachten Beobachtungen galt. Die Methode zur Bestimmung dieser Bewegung ist sehr einfach, aber gleichzeitig auch sehr schwierig. Wenn wir in einem Eisenbahnwaggon unterwegs sind, verschwinden nahe Objekte schnell hinter uns, während weiter von uns entfernte Objekte länger im Blickfeld bleiben und sehr entfernte Objekte für längere Zeit fast stationär erscheinen. Wenn sich unsere Sonne aus dem gleichen Grund in irgendeine Richtung durch den Raum bewegt, scheinen sich die näheren Sterne in entgegengesetzter Richtung zu unserer Bewegung zu bewegen, während die weiter entfernten Sterne ziemlich stationär bleiben. Diese Bewegung der nächstgelegenen Sterne wird durch eine Untersuchung und einen Vergleich ihrer Eigenbewegungen festgestellt, wobei sich herausstellt, dass in einem Teil des Himmels ein Übergewicht der Eigenbewegungen in einer Richtung und ein Mangel in der entgegengesetzten Richtung vorliegt in den dazu senkrechten Richtungen sind die Eigenbewegungen in der einen Richtung im Durchschnitt nicht größer als in der entgegengesetzten. Aber da die Eigenbewegungen der Sterne selbst so winzig und auch so unregelmäßig sind, kann die Richtung der Sonnenbewegung nur durch eine äußerst ausführliche mathematische Untersuchung der Bewegungen von Hunderten oder sogar Tausenden von Sternen bestimmt werden. Bis vor Kurzem waren sich die Astronomen darüber einig, dass die Bewegung auf einen Punkt im Herkules in der Nähe des ausgestreckten Arms in der Figur dieses Sternbildes zusteuerte. Aber die neuesten Untersuchungen zu diesem Problem, die den Vergleich der Bewegungen mehrerer tausend Sterne in allen Teilen des Himmels beinhalten, haben zu dem Schluss geführt, dass die wahrscheinlichste Richtung des „Sonnenscheitels“ (als der Punkt, auf den sich die Sonne konzentriert) ist sich bewegend genannt wird) liegt im angrenzenden Sternbild Leier und nicht weit vom strahlenden Stern Wega entfernt. Dies ist die Position, die Professor Newcomb aus Washington für am wahrscheinlichsten hält, obwohl noch Raum für weitere Untersuchungen besteht. Die Geschwindigkeit der Bewegung zu bestimmen ist sehr viel schwieriger, als ihre Richtung festzulegen, weil die Entfernungen von so wenigen Sternen bestimmt wurden und nur sehr wenige von ihnen tatsächlich in den Richtungen liegen, die am besten geeignet sind, genaue Ergebnisse zu liefern. Die besten Messungen bis 1890 führten zu einer Bewegung von etwa 15 Meilen pro Sekunde. Aber in jüngerer Zeit hat der amerikanische Astronom Campbell mit dem Spektroskop die Bewegung einer beträchtlichen Anzahl von Sternen in der Sichtlinie zum Sonnenscheitel hin und von diesem weg bestimmt und durch Vergleich des Durchschnitts dieser Bewegungen eine Bewegung für den Stern abgeleitet

Sonnengeschwindigkeit von etwa 12 $^{1/2}$ Meilen pro Sekunde, und das ist wahrscheinlich so nah wie möglich an die wahre Größe heranzukommen .

EINIGE NUMERISCHE ERGEBNISSE DES OBEN GESAGTEN

MESSUNGEN

Die Messungen der Entfernungen und Eigenbewegungen einer beträchtlichen Anzahl von Sternen, der Bewegung unserer Sonne im Raum (ihrer Eigenbewegung), zusammen mit genauen Bestimmungen der vergleichenden Helligkeit der hellsten Sterne im Vergleich zu unserer Sonne und untereinander haben zu einigen sehr bemerkenswerten numerischen Ergebnissen geführt, die als Hinweise auf die Größenskala des Sternenuniversums dienen.

Die Parallaxen von etwa fünfzig Sternen wurden mittlerweile wiederholt mit so konsistenten Ergebnissen gemessen, dass Professor Newcomb sie für ziemlich vertrauenswürdig hält, und diese schwanken zwischen einer Hundertstel- und Dreiviertelsekunde. Drei weitere Sterne der ersten Größe – Rigel, Canopus und Alpha Cygni – haben trotz der langjährigen Bemühungen vieler Astronomen keine messbare Parallaxe und sind ein eindrucksvolles Beispiel dafür, dass Brillanz allein kein Test für Nähe ist. Sechs weitere Sterne haben eine Parallaxe von nur einer Fünfzigstelsekunde, und fünf davon haben entweder die erste oder die zweite Größe. Von diesen neun Sternen mit sehr kleiner oder gar keiner Parallaxe befinden sich sechs in oder in der Nähe der Milchstraße, ein weiterer Hinweis auf extreme Entfernung, was sich auch darin zeigt, dass sie alle eine sehr kleine oder gar keine Eigenbewegung haben. Diese Tatsachen stützen die Schlussfolgerung, zu der Astronomen bereits aufgrund einer sorgfältigen Untersuchung der Verteilung der Sterne gelangt waren, dass der größte Teil der über die Milchstraße oder entlang ihrer Grenzen verstreuten Sterne aller Größenordnungen tatsächlich zu demselben großen System gehören , und man könnte sagen, dass es ein Teil davon ist. Dies ist eine äußerst wichtige Schlussfolgerung, denn sie lehrt uns, dass die größten Sonnen, wie Rigel und Beteigeuze im Sternbild Orion, Antares im Sternbild Skorpion, Deneb im Schwan (Alpha Cygni) und Canopus (Alpha Argus), es sind aller Wahrscheinlichkeit nach so weit von uns entfernt wie die unzähligen winzigen Sterne, die der Galaxie ihr nebulöses oder milchiges Aussehen verleihen.

Es ist gut, einen Moment darüber nachzudenken, was diese Tatsachen bedeuten. Professor S. Newcomb, einer der höchsten Experten auf diesem Gebiet, sagt uns, dass die lange Reihe von Messungen zur Entdeckung der Parallaxe von Canopus, dem hellsten Stern auf der Südhalbkugel, eine Parallaxe von einer Hundertstelsekunde ergeben hätte. hätte es solche gegeben. Dennoch schienen die Ergebnisse immer gegen einen Mittelwert von 0.000 zu konvergieren! Nehmen wir also an, dass die Parallaxe dieses Sterns etwas weniger als eine Hundertstelsekunde beträgt – sagen wir $1/125$ einer Sekunde In dieser Entfernung würde das Licht fast genau 400 Jahre brauchen, um uns zu erreichen. Wenn wir also annehmen, dass sich dieser sehr leuchtende Stern ein wenig auf dieser Seite der Galaxis befindet, müssen wir diesem großen leuchtenden Sternkreis eine Entfernung von etwa 400 Jahren zurechnen 500 Lichtjahre. Jetzt werden wir den Vorteil erkennen, der sich daraus ergibt, erkennen zu können, was eine Million wirklich ist: Eine Person, die einmal eine Wandfläche von mehr als 100 Fuß Länge und 20 Fuß Höhe gesehen hat, die zu einem Viertel vollständig mit Viertelzoll-Punkten bedeckt war Wenn man sich dann vorstellt, dass jeder Punkt eine Meile lang ist und in einer Reihe aneinandergereiht ist, würde man sich eine ganz andere Vorstellung von einer Million Meilen machen als diejenigen, die fast täglich von Millionen *lesen* , es aber ganz nicht können um auch nur eine davon zu visualisieren. Nachdem wir wirklich eine Million gesehen haben, können wir uns teilweise die Geschwindigkeit des Lichts vorstellen, das diese Million Meilen in etwas weniger als $5\ 1/2$ Sekunden zurücklegt ; Und doch braucht das Licht in dieser unvorstellbaren Geschwindigkeit mehr als $4\ 1/3$ Jahre , um vom allernächsten *Stern* zu uns zu gelangen. Um dies noch eindrucksvoller zu verdeutlichen, nehmen wir die *Entfernung* dieses nächsten Sterns, die 26 Millionen *Meilen beträgt* . Schauen wir uns in unserer Fantasie diese große und hohe Halle an, die vom Boden bis zur Decke mit viertel Zoll großen Spots bedeckt ist – nur *einer* Million. Man stelle sich das alles als Meilen vor. Wiederholen Sie dann diese Meilenanzahl in einer geraden Linie nacheinander, so oft es Plätze in dieser Halle gibt; Und selbst dann haben Sie nur ein Sechsundzwanzigstel der Entfernung zum nächsten Fixstern erreicht! Diese *Million* Mal und eine *Million* Meilen müssen sechsundzwanzig Mal wiederholt werden, um den *nächsten* Fixstern zu erreichen; und es scheint wahrscheinlich, dass uns dies einen guten Hinweis auf den Abstand zumindest aller Sterne bis zur sechsten Größe, vielleicht sogar einer großen Anzahl der Teleskopsterne, voneinander gibt. Da wir jedoch herausgefunden haben, dass die hellen Sterne der Milchstraße mindestens hundertmal weiter von uns entfernt sein müssen als diese nächsten Sterne, haben wir etwas gefunden, das man als Mindestentfernung für diesen riesigen Sternenring bezeichnen könnte. Es mag noch viel weiter sein, aber es ist kaum möglich, dass es weniger sein sollte.

DIE WAHRSCHEINLICHE GRÖSSE DER STERNE

Nachdem wir auf diese Weise eine untere Grenze für die Entfernung mehrerer Sterne der ersten Größe ermittelt und ihre tatsächliche Helligkeit oder Lichtemission im Vergleich zu unserer Sonne sorgfältig gemessen haben, haben wir uns einen, wenn auch vielleicht unsicheren, Hinweis auf die Größe geliefert. Auf diese Weise wurde festgestellt, dass Rigel etwa zehntausendmal so viel Licht aussendet wie unsere Sonne, sodass seine Oberfläche bei gleicher Helligkeit das Hundertfache des Durchmessers der Sonne haben muss. Aber da es sich um einen weißen oder sirianischen Stern handelt, ist er wahrscheinlich sehr viel leuchtender, aber selbst wenn er zwanzigmal heller wäre, müsste er immer noch zweiundzwanzigeinhalbmal so groß sein wie der Durchmesser der Sonne; Und da die Sterne dieser Art wahrscheinlich vollständig aus Gas bestehen und viel weniger dicht sind als unsere Sonne, ist diese enorme Größe möglicherweise nicht weit von der Wahrheit entfernt. Es wird angenommen, dass die sirianischen Sterne im Allgemeinen eine größere Oberflächenbrillanz haben als unsere Sonne. Beta Aurigæ, ein Stern zweiter Größe, aber vom sirianischen Typ, ist einer der Doppelsterne, deren Entfernung gemessen wurde, und dies hat es Herrn Gore ermöglicht, die Masse des Doppelsternsystems auf das Fünffache der Sonne zu ermitteln und ihr Licht war hundertsiebzehnmal größer. Selbst wenn die Dichte viel geringer ist als die der Sonne, ist die intrinsische Brillanz der Oberfläche erheblich höher. Es wurde festgestellt, dass ein anderer Doppelstern, Gamma Leonis, bei gleicher Dichte dreihundertmal heller ist als die Sonne, aber er müsste siebenmal seltener als Luft sein, um die für die gleiche Menge an Oberfläche erforderliche Ausdehnung zu haben Licht, wenn seine Oberfläche aus gleichen Flächen nicht mehr Licht aussendet als unsere Sonne.

Es ist daher klar, dass viele der Sterne viel größer als unsere Sonne und auch leuchtender sind; Es gibt aber auch eine große Anzahl kleiner Sterne, deren große Eigenbewegungen sowie die tatsächliche Messung einiger davon beweisen, dass sie uns vergleichsweise nahe sind, die jedoch nur etwa ein Fünfzigstel so hell wie die Sonne sind. Diese müssen daher entweder verhältnismäßig klein sein oder, wenn sie groß sind, nur schwach leuchtend sein. Bei einigen Doppelsternen ist das Letztere nachweislich der Fall; aber es scheint wahrscheinlich, dass andere sehr viel kleiner als der Durchschnitt sind. Bis heute ist noch keine Möglichkeit entdeckt worden, die Größe eines Sterns durch tatsächliche Messung zu bestimmen, da ihre Entfernungen so groß sind, dass die leistungsstärksten Teleskope nur einen Lichtpunkt erkennen lassen. Aber nachdem wir nun wirklich die Entfernung einer ganzen Reihe von Sternen gemessen haben, können wir eine Obergrenze für ihre tatsächlichen Abmessungen bestimmen. Da der nächstgelegene Fixstern, Alpha Centauri, eine Parallaxe von 0,75 hat, bedeutet dies, dass dieser Stern einen Durchmesser hat, der so groß ist wie unsere Entfernung von der Sonne (die nicht viel mehr als das Hundertfache des Sonnendurchmessers beträgt). Man würde sehen, dass er eine ausgeprägte Scheibe hat, die etwa so groß ist wie die des ersten Satelliten des Jupiter. Wenn sie auch nur ein Zehntel der angenommenen Größe hätte, würde man sie wahrscheinlich in unseren besten modernen Teleskopen als Scheibe sehen. Das bemerkt der verstorbene Mr. Ranyard Wenn die Nebelhypothese wahr ist und sich unsere Sonne einst bis zur Umlaufbahn des Neptun erstreckte, dann müsste es unter den Millionen sichtbarer Sonnen heute einige in jedem Entwicklungsstadium geben. Aber jede Sonne mit einem Durchmesser von Das Lick-Teleskop würde bei allen, die dieser Größe nahekommen und sich bis zu hundertmal so weit entfernt befinden wie Alpha Centauri, eine Scheibe mit einem Durchmesser von einer halben Sekunde erkennen. Daher beweist die Tatsache, dass es keine Sterne mit sichtbaren Scheiben gibt, dies Es gibt keine Sonnen in der erforderlichen Größe und fügt ein weiteres, wenn auch vielleicht nicht starkes Argument gegen die Annahme der Nebelhypothese hinzu.

KAPITEL VI

DIE EINHEIT UND ENTWICKLUNG DES STERNENSYSTEMS

DASS DIE nun gegebene sehr komprimierte Skizze der Entdeckungen der neueren Astronomie, die sich auf das von uns besprochene Thema beziehen, einen Eindruck sowohl von der bereits geleisteten Arbeit als auch von der Anzahl der interessanten Probleme vermitteln wird, die noch gelöst werden müssen. Die bedeutendsten Astronomen in allen Teilen der Welt erwarten die Lösung dieser Probleme vielleicht nicht als einen großen Wert an sich, sondern als Schritte hin zu einer umfassenderen Kenntnis unseres Universums als Ganzes. Ihr Ziel ist es, für das Sternensystem das zu tun, was Darwin für die organische Welt getan hat: die Veränderungsprozesse zu entdecken, die am Himmel ablaufen, und zu erfahren, wie die mysteriösen Nebel, die verschiedenen Arten von Sternen sowie die Sternhaufen und -systeme entstehen Sternsysteme stehen in Beziehung zueinander. So wie Darwin das Problem des Ursprungs organischer Arten aus anderen Arten löste und es uns so ermöglichte zu verstehen, wie sich die Gesamtheit der existierenden Lebensformen aus bereits existierenden Formen entwickelt hat, so hoffen die Astronomen, das Problem lösen zu können der Entwicklung der Sonnen aus einigen früheren Sterntypen, um letztendlich eine verständliche Vorstellung davon zu entwickeln, wie das gesamte Sternuniversum zu dem geworden ist, was es ist. Zu diesem Thema wurden bereits Bände geschrieben und viele geniale Vorschläge und Hypothesen aufgestellt. Aber die Schwierigkeiten sind sehr groß; Die zu koordinierenden Tatsachen sind übermäßig zahlreich und notwendigerweise nur ein Fragment eines unbekannten Ganzen. Dennoch wurden bestimmte eindeutige Schlussfolgerungen gezogen; und die Übereinstimmung vieler unabhängiger Beobachter und Denker über die Grundprinzipien der Sternentwicklung scheint uns zu versichern, dass wir, wenn auch langsam, aber mit einer etablierten Grundlage der Wahrheit, auf die Lösung dieses gewaltigsten wissenschaftlichen Problems zusteuern, mit dem der Mensch konfrontiert ist Der Intellekt hat jemals versucht, sich damit auseinanderzusetzen.

DIE EINHEIT DES STERNENUNIVERSUMS

In der zweiten Hälfte des 19. Jahrhunderts neigte die Meinung der Astronomen immer mehr zu der Auffassung, dass das gesamte sichtbare Universum aus Sternen und Nebeln ein vollständiges und eng miteinander verbundenes System darstellt; und vor allem in den letzten dreißig Jahren hat die enorme Menge an Fakten, die die Sternforschung zusammengetragen hat, diese Ansicht so fest verankert, dass sie heute kaum noch von einer zuständigen Autorität in Frage gestellt wird.

Die Idee, dass die Nebel viel weiter von uns entfernt seien als die Sterne, blieb lange bestehen, selbst nachdem sie von ihrem Hauptbefürworter aufgegeben worden war. Als Sir William Herschel mit Hilfe seiner damals beispiellosen Teleskopfähigkeit die Milchstraße mehr oder weniger vollständig in Sterne auflöste und zeigte, dass zahlreiche Objekte, die als Nebel klassifiziert wurden, in Wirklichkeit Sternhaufen waren, war es naheliegend, anzunehmen, dass diejenigen, die … Auch unter höchsten Teleskopkräften behielten die Sterne ihr wolkiges Aussehen, es handelte sich aber auch um Sternhaufen oder Sternsysteme, die nur noch höheren Kräften bedurften, um ihre wahre Natur zu zeigen. Diese Idee wurde durch die Tatsache gestützt, dass mehrere Nebel mehr oder weniger ringförmig waren und somit in kleinerem Maßstab der Form der Milchstraße entsprachen; Daher pflegte Herschel, als er Tausende von Teleskopnebeln entdeckte, von ihnen als von ebenso vielen verschiedenen Universen zu sprechen, die über die unermesslichen Tiefen des Weltraums verstreut waren.

Obwohl jede wirkliche Vorstellung von der Unermesslichkeit des einen Sternuniversums, dessen grundlegendes Merkmal die Milchstraße mit den dazugehörigen Sternen ist, wie ich gezeigt habe, nahezu unerreichbar ist, ist die Vorstellung einer unbegrenzten Anzahl anderer Universen nahezu unerreichbar unendlich weit von unserem entfernt und doch am Himmel deutlich sichtbar, fesselte die Vorstellungskraft so sehr, dass es fast zu einem alltäglichen Bestandteil der populären Astronomie wurde und nicht einmal von den Astronomen selbst so leicht aufgegeben wurde. Und das lag zu einem großen Teil daran, dass Sir William Herschels umfangreiche Schriften, die sich fast ausschließlich in den Philosophical Transactions of the Royal Society befanden, nur sehr wenig gelesen wurden und dass er seinen Meinungswechsel nur durch ein paar kurze Sätze zum Ausdruck brachte, die dazu führten könnte leicht übersehen werden. Der verstorbene Herr Proctor scheint der erste Astronom gewesen zu sein, der Herschels gesamte Schriften eingehend studiert hat, und er erzählt uns, dass er sie alle fünf Mal gelesen hat, bevor er die Ansichten des Autors zu verschiedenen Zeiten gründlich erfassen konnte.

Aber der erste, der die wahre Lehre der Fakten über die Verteilung der Nebel darlegte, war kein Astronom, sondern unser größter philosophischer Student der Naturwissenschaften im Allgemeinen, Herbert Spencer. In einem bemerkenswerten Aufsatz über „Die Nebelhypothese" im *Westminster Review* vom Juli 1858 behauptete er, dass die Nebel tatsächlich einen Teil unserer eigenen Galaxie und unseres eigenen Sternenuniversums bildeten. Eine einzige Passage aus seinem Aufsatz wird seine Argumentationslinie verdeutlichen, die, wie hinzugefügt werden darf, bereits teilweise von Sir John Herschel in seinen *Outlines of Astronomy dargelegt wurde* .

„Wenn es nur einen Nebel gäbe, wäre es ein merkwürdiger Zufall, wenn dieser eine Nebel so in fernen Regionen des Weltraums platziert wäre, dass er in seiner Richtung mit einem sternlosen Fleck in unserem eigenen Sternsystem übereinstimmt. Wenn es nur zwei Nebel gäbe und beide so platziert wären, wäre der Zufall äußerst seltsam. Was sollen wir dann sagen, wenn wir feststellen, dass es Tausende solcher Nebel gibt? Sollen wir glauben, dass diese weit entfernten Galaxien in Tausenden von Fällen in ihren sichtbaren Positionen mit den dünnen Orten in unserer eigenen Galaxie übereinstimmen? Ein solcher Glaube ist unmöglich.'

Dann wendet er dasselbe Argument auf die Verteilung der Nebel als Ganzes an: „In der Zone des Himmelsraums, in der es übermäßig viele Sterne gibt, sind Nebel selten, während in den beiden gegenüberliegenden Himmelsräumen, die am weitesten von dieser Zone entfernt sind, Nebel entstehen." sind reichlich vorhanden. In der Nähe des galaktischen Kreises (oder der Ebene der Milchstraße) liegen kaum Nebel ; und die große Masse von ihnen liegt rund um die galaktischen Pole. Kann das auch bloßer Zufall sein?' Und aus der Gesamtheit der Beweise kommt er zu dem Schluss, dass „die Beweise für einen physischen Zusammenhang überwältigend werden".

Nichts könnte klarer und eindringlicher sein; Aber da Spencer kein Astronom war und in einer verhältnismäßig wenig gelesenen Zeitschrift schrieb, nahm die astronomische Welt kaum Notiz von ihm; und es war zehn bis fünfzehn Jahre später, als Herr RA Proctor durch seine mühsamen Karten und seine verschiedenen Aufsätze, die er von 1869 bis 1875 vor der Royal Astronomical Societies las, die Aufmerksamkeit der wissenschaftlichen Welt auf sich zog und so vielleicht noch mehr tat Als jeder andere Mensch hat er das große und weitreichende Prinzip der wesentlichen Einheit des Sternenuniversums fest verankert, das heute von fast jedem bedeutenden astronomischen Schriftsteller der zivilisierten Welt akzeptiert wird.

DIE ENTWICKLUNG DES STERNENUNIVERSUMS

Inmitten der enormen Masse an Beobachtungen und anregenden Spekulationen zu diesem großen und äußerst interessanten Problem ist es schwierig, das Wichtigste und Vertrauenswürdigste auszuwählen. Aber der Versuch muss unternommen werden, denn es sei denn, meine Leser verfügen über ein gewisses Wissen über die wichtigsten damit zusammenhängenden Tatsachen (neben den bereits dargelegten) und erfahren auch etwas über die Schwierigkeiten, denen der Ursachenforscher auf jedem Schritt seines Weges begegnet , und von den verschiedenen Ideen und Vorschlägen, die zur Erklärung der Tatsachen und zur Überwindung der Schwierigkeiten vorgebracht wurden, werden sie nicht in der Lage sein, die Größe, das Wunder und das Geheimnis der Weite und des Universums einzuschätzen, wie unvollkommen sie auch sein mögen Das hochkomplexe

Universum, in dem wir leben und dessen wichtiges, vielleicht das wichtigste, wenn nicht das einzige dauerhafte Ergebnis wir sind.

DIE SONNE EIN TYPISCHER STERN

Da es mittlerweile eine anerkannte Tatsache ist, dass die Sterne Sonnen sind, ist ein gewisses Wissen über unsere eigene Sonne eine wesentliche Voraussetzung für die Untersuchung ihrer Natur und der wahrscheinlichen Veränderungen, die sie erfahren haben.

Die Tatsache, dass die Dichte der Sonne nur ein Viertel der Dichte der Erde oder weniger als das Eineinhalbfache der Dichte von Wasser beträgt, zeigt, dass sie nicht fest sein kann, da die Schwerkraft an ihrer Oberfläche 26,5 beträgt Mal so viel wie an der Erdoberfläche würden die Materialien eines festen Globus so komprimiert werden, dass die resultierende Dichte mindestens zwanzigmal größer statt viermal kleiner als die der Erde wäre. Alle Beweise deuten darauf hin, dass der Sonnenkörper in Wirklichkeit gasförmig ist, aber durch seine Schwerkraft so komprimiert ist, dass er sich eher wie eine Flüssigkeit verhält. Ein paar Zahlen über die gewaltigen Ausmaße der Sonne und die Menge an Licht und Wärme, die sie aussendet, werden es uns ermöglichen, die Phänomene, die sie darstellt, und die Interpretation dieser Phänomene besser zu verstehen.

Proctor schätzte, dass jeder Quadratzentimeter der Sonnenoberfläche so viel Licht ausstrahlte wie fünfundzwanzig Lichtbögen; und Professor Langley hat durch Experimente gezeigt, dass die Sonne 5300-mal heller und 87-mal heißer ist als das weißglühende Metall in einem Bessemer-Konverter. Die tatsächliche Menge an Sonnenwärme, die die Erde empfängt, reicht bei vollständiger Nutzung aus, um einen Drei-PS-Motor kontinuierlich auf jedem Quadratmeter der Erdoberfläche in Betrieb zu halten. Die Größe der Sonne ist so groß, dass, wenn sich die Erde in ihrem Zentrum befände, nicht nur ausreichend Platz für die Umlaufbahn des Mondes wäre, sondern auch ausreichend Platz für einen weiteren Satelliten 190.000 Meilen hinter dem Mond, der sich alle innerhalb der Sonne dreht. Die Materiemasse der Sonne ist 745-mal größer als die aller Planeten zusammen; daher die starke Gravitationskraft, durch die sie in ihren fernen Umlaufbahnen festgehalten werden.

Was wir als Sonnenoberfläche sehen, ist die Photosphäre oder äußere Schicht aus gasförmiger oder teilweise flüssiger Materie, die durch die Schwerkraft auf einem bestimmten Niveau gehalten wird. Die Photosphäre hat eine körnige Textur, was auf eine gewisse Vielfalt der Oberfläche oder der Leuchtkraft schließen lässt; obwohl die gleichmäßige Kontur des Sonnenrandes zeigt, dass diese Unregelmäßigkeiten nicht sehr groß sind. Diese Oberfläche ist offenbar durch sogenannte Sonnenflecken zerrissen, bei denen es sich lange Zeit um Hohlräume handelte, die ein dunkles Inneres zeigten; Heutzutage geht man jedoch davon aus, dass sie auf Regengüsse abgekühlter Materie zurückzuführen sind, die von der Sonne ausgestoßen werden und die bei Sonnenfinsternissen beobachteten Vorsprünge bilden. Sie scheinen schwarz zu sein, aber um ihren Rand herum befindet sich ein schattiger Rand oder Halbschatten, der aus länglichen, leuchtenden Flecken besteht, die sich kreuzen und überlappen, so etwas wie Strohhaufen. Manchmal überragen leuchtende Teile die dunklen Flecken und überbrücken sie oft vollständig; und ähnliche Flecken, Faculæ genannt, begleiten Flecken und umgeben sie in einigen Fällen fast.

Sonnenflecken sind auf der Sonnenscheibe manchmal zahlreich, manchmal sehr wenige, und sie sind von so enormer Größe, dass sie, wenn sie vorhanden sind, leicht mit bloßem Auge gesehen werden können, geschützt durch ein Stück Rauchglas; oder, noch besser, mit einem gewöhnlichen Opernglas, das ähnlich geschützt ist. Es wurde festgestellt, dass ihre Zahl über mehrere Jahre hinweg zunimmt und dann wieder abnimmt; die Maxima treten nach einem durchschnittlichen Zeitraum von elf Jahren wieder auf, jedoch ohne Genauigkeit, da der Abstand zwischen zwei Maxima oder Minima manchmal nur neun und manchmal sogar dreizehn Jahre beträgt; während die Minima nicht in der Mitte zwischen zwei Maxima liegen, sondern viel näher am nachfolgenden als am vorhergehenden. Interessanter ist, dass Variationen im terrestrialMagnetismus ihnen mit großer Genauigkeit folgen; während heftige Unruhen in der Sonne, die durch das plötzliche Erscheinen von Faculæ, Sonnenflecken oder Vorsprüngen auf dem Sonnenrand angezeigt werden, immer von magnetischen Störungen auf der Erde begleitet werden.

WAS DIE SONNE UMGIBT

Es wurde mit Recht gesagt, dass das, was wir gemeinhin als Sonne bezeichnen, in Wirklichkeit der helle kugelförmige Kern eines nebulösen Körpers ist. Dieser Kern besteht aus Materie im gasförmigen Zustand, ist jedoch so komprimiert, dass er einer Flüssigkeit oder sogar einer viskosen Flüssigkeit ähnelt. Ungefähr vierzig Elemente wurden anhand der dunklen Linien in ihrem Spektrum in der Sonne nachgewiesen, aber es ist fast sicher, dass alle Elemente in der einen oder anderen Form dort existieren. Diese halbflüssige leuchtende Oberfläche wird Photosphäre genannt, da von ihr Licht und Wärme abgegeben werden, die unsere Erde erreichen.

Unmittelbar über dieser leuchtenden Oberfläche befindet sich die sogenannte „Umkehrschicht" oder Absorptionsschicht, die aus dichten Metalldämpfen besteht, die nur wenige hundert Kilometer dick sind und, obwohl sie leuchten, etwas kühler als die Oberfläche der Photosphäre. Sein Spektrum, aufgenommen in dem Moment, in dem die Sonne völlig verdunkelt ist, durch einen Spalt, der tangential zum Rand der Sonne gerichtet ist, zeigt eine Masse heller Linien, die weitgehend den dunklen Linien im gewöhnlichen Sonnenspektrum entsprechen. Es wird somit gezeigt, dass es sich um eine dampfförmige Schicht handelt, die die von jedem Element emittierten speziellen Strahlen absorbiert, ihre charakteristischen farbigen Linien bildet und sie in schwarze Linien verwandelt. Da in dieser Schicht jedoch keine farbigen Linien zu finden sind, die allen schwarzen Linien im Sonnenspektrum entsprechen, geht man heute davon aus, dass eine besondere Absorption auch in der Chromosphäre und möglicherweise in der Korona selbst auftreten muss. Sir Norman Lockyer geht in seinem Band über *die anorganische Evolution* sogar so weit zu sagen, dass die wahre „Umkehrschicht" der Sonne – das, was durch ihre Absorption die dunklen Linien im Sonnenspektrum erzeugte – nun nachweislich nicht *existiert* die Chromosphäre selbst, sondern eine Schicht darüber mit niedrigerer Temperatur.

Über der Umkehrschicht befindet sich die Chromosphäre, eine riesige Masse rosiger oder scharlachroter Ausstrahlungen, die die Sonne bis zu einer Tiefe von etwa 4000 Meilen umgibt. Bei Sonnenfinsternissen zeigt es einen gezackten, wellenförmigen Umriss, der jedoch großen Formänderungen unterliegt und die bereits erwähnten Vorsprünge erzeugt. Es gibt zwei Arten: die „Ruhenden", die so etwas wie Wolken von enormer Ausdehnung sind und ihre Form für eine beträchtliche Zeit behalten; und die „Eruptionen", die in gewaltigen baumartigen Flammen oder geysirartigen Eruptionen ausbrechen und dabei nachweislich Geschwindigkeiten von über 300 Meilen pro Sekunde erreichen und mit fast gleicher Geschwindigkeit wieder abklingen. Die Chromosphäre und ihre ruhenden Vorsprünge scheinen tatsächlich gasförmig zu sein und bestehen aus Wasserstoff, Helium und Koronium, während die eruptiven Vorsprünge immer die Anwesenheit von Metalldämpfen, insbesondere von Kalzium, aufweisen. Protuberanzen nehmen in enger Übereinstimmung mit der Zunahme der Sonnenflecken an Größe und Anzahl zu. Jenseits der roten Chromosphäre und der Protuberanzen liegt die wunderbare weiße Pracht der Korona, die sich über eine enorme Entfernung um die Sonne erstreckt. Wie die Vorsprünge der Chromosphäre unterliegt sie periodischen Veränderungen in Form und Größe, entsprechend der Sonnenfleckenperiode , jedoch in umgekehrter Reihenfolge, wobei ein Minimum an Sonnenflecken mit einer maximalen Ausdehnung der Korona einhergeht. Bei der totalen Sonnenfinsternis im Juli 1878, als die Sonnenoberfläche fast völlig klar war, erstreckten sich zwei riesige äquatoriale Streifen östlich und westlich der Sonne über eine Entfernung von zehn Millionen Meilen, und an den Polen kam es zu geringeren Ausdehnungen der Korona. Bei den Finsternissen von 1882 und 1883 hingegen, als die Sonnenflecken ihr Maximum erreichten, war die Korona regelmäßig sternförmig, ohne große Ausdehnung, aber von hohem Glanz. Diese Übereinstimmung wurde bei jeder Sonnenfinsternis festgestellt, und es besteht daher zweifellos ein Zusammenhang zwischen den beiden Phänomenen.

Es wird angenommen, dass das Licht der Korona aus drei Quellen stammt: von glühenden festen oder flüssigen Partikeln, die von der Sonne ausgeworfen werden, von Sonnenlicht, das von diesen Partikeln reflektiert wird, und von gasförmigen Emissionen. Sein Spektrum weist einen ihm eigenen grünen Strahl auf, der auf ein Gas namens „Coronium" hinweisen soll; Ansonsten ähnelt das Spektrum eher dem reflektierten Sonnenlicht. Die enormen Ausdehnungen der Korona zu großen eckigen Ausläufern scheinen auf elektrische Abstoßungskräfte hinzuweisen, die denen ähneln, die die Schweife von Kometen erzeugen.

Mit der Sonnenkorona ist dieses seltsame Phänomen verbunden, das Tierkreislicht. Hierbei handelt es sich um einen zarten Nebel, der oft nach Sonnenuntergang im Frühling und vor Sonnenaufgang im Herbst zu sehen ist und sich von der Sonnenrichtung entlang der Ebene der Ekliptik nach oben verjüngt. Unter sehr günstigen Bedingungen konnte er im Frühjahr am Osthimmel bis zu 180° vom Sonnenstand verfolgt werden, was darauf hindeutet, dass er sich über die Erdumlaufbahn hinaus erstreckt. Langfristige Beobachtungen vom Gipfel des Pic du Midi zeigen, dass dies tatsächlich der Fall ist und dass er fast genau in der Ebene des Sonnenäquators liegt. Es wird daher angenommen, dass es durch die winzigen Teilchen erzeugt wird, die von der Sonne durch die koronalen Flügel und Ausläufer geschleudert werden, die nur bei Sonnenfinsternissen sichtbar sind.

Die sorgfältige Untersuchung der Sonnenphänomene hat sehr deutlich gezeigt, dass keine der Sonnenhüllen, von der Umkehrschicht bis zur Korona selbst, in irgendeiner Weise eine Atmosphäre ist. Die Kombination einer enormen Gravitationskraft mit einer Wärmemenge, die alle Elemente in den flüssigen oder gasförmigen Zustand überführt, führt zu Konsequenzen, die für uns schwer zu verfolgen oder zu verstehen sind. Offensichtlich gibt es im Inneren der Sonne eine ständige innere Bewegung oder Zirkulation, die zu den Faculæ, den Sonnenflecken, der intensiv leuchtenden Photosphäre und der Chromosphäre mit ihren riesigen flammenden Funken und eruptiven Ausstülpungen führt. Aber es scheint unmöglich, dass diese unaufhörliche und heftige Bewegung ohne einen großen und periodischen oder kontinuierlichen Zustrom frischer Materialien aufrechterhalten werden kann, um die Wärme zu erneuern, die innere Zirkulation aufrechtzuerhalten und den Abfall zu versorgen. Vielleicht bringt ihn die Bewegung der Sonne durch den Raum in Kontakt mit ausreichend großen Materiemassen, um kontinuierlich jene innere Bewegung anzuregen, ohne die die äußere Oberfläche schnell abkühlen und alles Leben auf dem Planeten aufhören würde. Die verschiedenen Sonnenhüllen sind das Ergebnis dieser inneren Unruhe, Aufbrüche und Explosionen, während die riesige weiße Korona wahrscheinlich kaum dichter ist als die Schweife von Kometen, wahrscheinlich sogar von geringerer Dichte, da Kometen nicht selten ohne Schaden durch ihre Mitte rasen Geschwindigkeitsverlust. Die Tatsache, dass keine der Sonnenhüllen für uns sichtbar ist, bis das Licht der Photosphäre vollständig ausgeschaltet ist, und dass sie alle in dem Moment verschwinden, in dem der erste Strahl direkter Sonneneinstrahlung uns erreicht, ist ein weiterer Beweis für ihre extreme Feinheit auch der scharf abgegrenzte Rand der Sonnenscheibe. Die Hüllen bestehen daher teilweise aus flüssiger oder dampfförmiger Materie in einem sehr fein verteilten Zustand, die durch Explosionen oder elektrische Kräfte ausgetrieben wird, und diese Materie verfestigt sich bei schneller Abkühlung zu kleinsten Teilchen oder sogar physikalischen Molekülen. Ein großer Teil dieser Materie fällt ständig auf die Sonnenoberfläche zurück, aber eine gewisse Menge feinster Staubpartikel wird durch elektrische Abstoßung fortwährend weggetrieben und bildet so die Korona und das Tierkreislicht. Die riesigen koronalen Ausläufer und der noch ausgedehntere Ring des Tierkreislichts sind daher aller Wahrscheinlichkeit nach auf dieselben Ursachen zurückzuführen und haben eine ähnliche physikalische Beschaffenheit wie die Schweife von Kometen.

Da unser gesamtes Sonnenlicht sowohl die Umkehrschicht als auch die rote Chromosphäre passieren muss, muss seine Farbe dadurch etwas verändert werden. Daher wird angenommen, dass ohne sie nicht nur das Licht und die Wärme der Sonne erheblich größer wären, sondern auch ihre Farbe reiner weiß wäre und eher ins Bläuliche tendieren würde als in den gelblichen Farbton, den sie tatsächlich besitzt.

DIE NEBEL- UND METEORITENHYPOTHESE

Denn die Beschaffenheit der Sonne und ihre Fähigkeit, Magnetismus und Elektrizität in der sie umgebenden Materie und den sie umgebenden Kugeln zu erzeugen, bieten uns den besten Leitfaden für die Beschaffenheit der Sterne und Nebel und für ihre mögliche Wirkung aufeinander und sogar auf unsere Daher wird uns die Art und Weise der Entwicklung der Sonne und des Sonnensystems ausgehend von einem bereits bestehenden Zustand wahrscheinlich dabei helfen, etwas über die Beschaffenheit des Sternenuniversums und die dort ablaufenden Veränderungsprozesse zu erfahren.

Gleich zu Beginn des 19. Jahrhunderts veröffentlichte der große Mathematiker Laplace seine Nebeltheorie über den Ursprung des Sonnensystems; und obwohl er es lediglich als Vorschlag vorbrachte und es nicht durch numerische oder physikalische Daten oder durch irgendwelche mathematischen Verfahren untermauerte, sorgten sein großer Ruf und seine scheinbare Wahrscheinlichkeit und Einfachheit dafür, dass es fast allgemein akzeptiert wurde erweitert werden, um sie auf die Entwicklung des

Sternenuniversums anzuwenden. Diese sehr kurz formulierte Theorie besagt, dass die gesamte Materie des Sonnensystems einst eine kugelförmige oder kugelförmige Masse aus stark erhitzten Gasen bildete, die sich über die Umlaufbahn des äußersten Planeten hinaus erstreckte und eine langsame Rotationsbewegung um eine Achse ausführte . Als er abkühlte und sich zusammenzog, erhöhte sich seine Rotationsgeschwindigkeit, und diese wurde so groß, dass er in aufeinanderfolgenden Epochen Ringe abstieß, die aufgrund geringfügiger Unregelmäßigkeiten auseinanderbrachen und durch ihre gemeinsame Gravitation die Planeten bildeten. Die Kontraktion hielt an, die Sonne, wie wir sie jetzt sehen, war das Ergebnis.

Etwa ein halbes Jahrhundert lang wurde diese Nebelhypothese allgemein akzeptiert, aber in den letzten dreißig Jahren wurden so viele Einwände und Schwierigkeiten vorgebracht, dass man es für unmöglich hielt, sie auch nur als Arbeitshypothese beizubehalten. Gleichzeitig wurde eine andere Hypothese aufgestellt, die eher mit den Tatsachen der Natur, wie wir sie in unserem eigenen Sonnensystem finden, übereinzustimmen scheint und gegen die keine Einwände gegen die Nebeltheorie bestehen, selbst wenn sie eine einführt wenige neue.

Ein grundlegender Einwand gegen Laplaces Theorie besteht darin, dass ein Gas von so extremer Feinheit wie der Sonnennebel, selbst wenn es sich nur auf Saturn oder Uranus erstreckte, unmöglich einen Zusammenhalt gehabt haben und daher nicht freigesetzt werden konnte Ganze Ringe in entfernten Abständen, aber nur kleine Fragmente, die kontinuierlich fortschreiten, wenn die Kondensation fortschreitet, und diese würden, wenn sie schnell abkühlen, feste Partikel bilden, eine Art Meteorstaub, der sich zu zahlreichen kleinen Planeten zusammenballen oder auf unbestimmte Zeit bestehen bleiben könnte, wie z Ringe des Saturn oder der große Ring der Asteroiden.

Ein weiterer ebenso wichtiger Einwand ist, dass der Nebel, als er sich über die Umlaufbahn des Neptun hinaus erstreckte, eine mittlere Dichte von nur etwa dem Zweihundertmillionstel unserer Luft auf Meereshöhe gehabt haben musste, also um ein Vielfaches weniger dicht gewesen sein muss an und in der Nähe seiner Außenoberfläche und wäre dort der Kälte des Sternenraums ausgesetzt – einer Kälte, die Wasserstoff verfestigen würde. Es ist daher offensichtlich, dass die Gase aller metallischen und anderen festen Elemente unmöglich als solche existieren könnten, sondern schnell, vielleicht fast augenblicklich, zuerst flüssig und dann fest würden und Meteorstaub bilden würden, noch bevor die Kontraktion weit genug fortgeschritten wäre, um solchen zu erzeugen Eine erhöhte Rotation würde dazu führen, dass jeglicher Teil der gasförmigen Materie abgeschleudert würde.

Hier haben wir die Grundlagen der Meteoritenhypothese, die sich nun stetig durchsetzt. Dies wird durch die Tatsache gestützt, dass wir überall in den Planetenräumen um uns herum Beweise für solche feste Materie finden. Es fällt ständig auf die Erde. Es kann im arktischen und alpinen Schnee gesammelt werden. Es kommt überall in den tiefsten Abgründen des Ozeans vor, wo es nicht genügend organische Ablagerungen gibt, um es zu verbergen. Es handelt sich, wie nun gezeigt wurde, um die Ringe des Saturn. Tausende riesiger Ringe aus festen Teilchen kreisen um die Sonne, und wenn unsere Erde einen dieser Ringe kreuzt und ihre Teilchen mit Planetengeschwindigkeit in unsere Atmosphäre gelangen, entzünden sie sich durch die Reibung und wir sehen Sternschnuppen. Kometenschweife, die Sonnenkorona und das Tierkreislicht sind drei seltsame Phänomene, die, obwohl sie in keiner Theorie der Gasbildung völlig unlösbar sind, ihre verständliche Erklärung durch übermäßig kleine feste Teilchen – mikroskopisch kleinen kosmischen Staub – erhalten, die von der Ungeheuerlichkeit nach außen getrieben werden elektrische Abstoßungen, die von der Sonne ausgehen.

Mit diesen und anderen Beweisen dafür, dass feste Materie, deren Größe vielleicht von den majestätischen Kugeln von Jupiter und Saturn bis hin zu den unvorstellbar winzigen Teilchen reicht, die Millionen von Kilometern in den Weltraum getrieben werden, um den Schweif eines Kometen zu bilden, tatsächlich überall um uns herum und in der Nähe existiert Kollisionen zwischen den Teilchen oder mit Planetenatmosphären können Wärme, Licht und gasförmige Emanationen erzeugen. Wir finden eine Fakten- und Beobachtungsbasis für die Meteoritenhypothese, die Laplaces Nebel- und im Wesentlichen gasförmige Theorie nicht besitzt.

In der zweiten Hälfte des 19. Jahrhunderts schlugen mehrere Autoren diese Idee einer möglichen Entstehung des Sonnensystems vor, aber meines Wissens war der verstorbene RA Proctor der erste, der sie ausführlich erörterte und zeigte, dass sie eine Erklärung darstellte viele der Besonderheiten in der Größe und Anordnung der Planeten und ihrer Satelliten, die die Nebelhypothese nicht erklären konnte. Dies tut er ausführlicher im Kapitel über Meteore und Kometen in seinem 1870 veröffentlichten *Werk „Andere Welten als unsere"*. Er nahm anstelle des Feuernebels von Laplace an, dass der Raum jetzt vom Sonnensystem eingenommen wird, und zwar für etwas Unbekanntes Die Entfernung um ihn herum war von riesigen Mengen fester Teilchen aller Arten von Materie besetzt, die wir heute auf der Erde, in der Sonne und in den Sternen finden. Diese Materie war etwas unregelmäßig verteilt, da wir sehen, dass die gesamte Materie des Universums jetzt verteilt ist; und er ging weiterhin davon aus, dass alles in Bewegung war, da wir jetzt wissen, dass alle Sterne und andere kosmische Massen in Bewegung sind und sich auf ein bestimmtes Zentrum zu oder um dieses herum bewegen müssen.

Unter diesen Bedingungen gäbe es überall dort, wo die Materie am stärksten aggregiert wäre, einen Anziehungspunkt durch die Schwerkraft, der notwendigerweise zu einer weiteren Aggregation führen würde, und die kontinuierlichen Stöße dieser aggregierten Materie würden Wärme erzeugen. Wenn der Vorrat an kosmischer Materie im Laufe der Zeit ausreichend gewesen wäre (wie das Ergebnis zeigt, muss dies der Fall gewesen sein, egal welche Theorie wir annehmen), würde sich unsere so gebildete Sonne im Laufe der Zeit ihrer gegenwärtigen Masse annähern und durch Kollision und Gravitation ausreichend Wärme aufnehmen seinen ganzen Körper in den flüssigen oder gasförmigen Zustand zu überführen. Währenddessen könnten sich untergeordnete Aggregationszentren bilden, die unter der Anziehungskraft der Zentralmasse einen bestimmten Teil der einströmenden Materie auffangen würden, während sie aufgrund der nahezu einheitlichen Richtung und Geschwindigkeit, mit der sich das gesamte System drehte, Jedes untergeordnete Zentrum würde sich in etwas unterschiedlichen Ebenen, aber alle in der gleichen Richtung, um die Zentralmasse drehen.

Herr Proctor weist auf die Wahrscheinlichkeit hin, dass die größte äußere Aggregation in großer Entfernung von der zentralen Masse liegen würde, und sobald diese gebildet wurde, wären alle weiter von der Sonne entfernten Zentren sowohl kleiner als auch sehr weit entfernt, während dies innerhalb der ersten der Fall wäre , werden in der Regel kleiner, je näher sie dem Zentrum kommen. Der erhitzte Zustand des Erdinneren wäre somit nicht auf die ursprüngliche Wärme der Materie im gasförmigen Zustand zurückzuführen, aus der sie entstanden ist – ein Zustand, der physikalisch unmöglich ist –, sondern würde im Prozess der Aggregation durch die Kollisionen von Meteormassen erlangt Es fällt darauf und erzeugt durch seine eigene Schwerkraft kontinuierlich Kondensation und Hitze.

Nach dieser Auffassung würde sich wahrscheinlich zuerst Jupiter bilden und nach ihm in sehr großer Entfernung Saturn, Uranus und Neptun; während die inneren Ansammlungen kleiner wären, da die viel größere Anziehungskraft der Sonne ihnen vergleichsweise wenig Gelegenheit geben würde, die meteorische Materie einzufangen, die ständig auf sie zuströmte.

DIE METEORITISCHE NATUR DER NEBEL

Damit sind wir zu dem Schluss gekommen, dass überall dort, wo scheinbar nebulöse Materie innerhalb der Grenzen des Sonnensystems existiert, diese nicht gasförmig ist, sondern aus festen Partikeln besteht, oder, wenn erhitzte Gase mit der festen Materie verbunden sind, diese durch die Hitze aufgrund von Kollisionen erklärt werden können Entweder mit anderen festen Teilchen oder mit Ansammlungen von Gasen bei niedriger

Temperatur, wie wenn Meteoriten in unsere Atmosphäre eindringen, war es ein einfacher Schritt zu überlegen, ob die kosmischen Nebel und Sterne nicht möglicherweise einen ähnlichen Ursprung hatten.

Unter diesem Gesichtspunkt werden die Nebel als riesige Ansammlungen von Meteoriten oder kosmischem Staub oder von hartnäckigeren Gasen angesehen, die sich mit kreisförmigen oder spiralförmigen Bewegungen oder in unregelmäßigen Strömen drehen und so spärlich verstreut sind, dass die einzelnen Staubpartikel möglicherweise vorhanden sind Meilen – vielleicht Hunderte von Meilen – voneinander entfernt; Doch selbst diese Nebel, die nur mit dem Teleskop sichtbar sind, können so viel Materie enthalten wie das gesamte Sonnensystem. Von diesem einfachen Ursprung aus können anhand der am Himmel beobachteten Schritte fast alle Formen von Sonnen und Systemen mithilfe der bekannten Gesetze der Bewegung, der Wärmeerzeugung und der chemischen Wirkung verfolgt werden. Der wichtigste englische Verfechter dieser Ansicht ist derzeit Sir Norman Lockyer, der sie in zahlreichen Veröffentlichungen und in seinen Werken über *die Meteoritenhypothese* und *die anorganische Evolution* im Detail als Ergebnis langjähriger kontinuierlicher Forschung entwickelt hat. unterstützt durch die Mitarbeit kontinentaler und amerikanischer Astronomen. Diese Ansichten verbreiten sich allmählich unter Astronomen und Mathematikern, wie aus dem sehr kurzen Abriss der Erklärungen hervorgeht, die sie für die Hauptgruppen von Phänomenen im Sternenuniversum liefern.

DR. ROBERTS ÜBER SPIRALNEBEL

in *Knowledge vom Februar 1897* seine Ansichten zur Sternentwicklung dargelegt , illustriert durch vier wunderschöne Fotografien von Spiralnebeln. Diese merkwürdigen Formen galten zunächst als selten, doch wenn man mit der Kamera Einzelheiten hervorhebt, stellt man nun fest, dass sie tatsächlich sehr zahlreich sind. Viele der sehr großen und scheinbar ziemlich unregelmäßigen Nebel, wie die Magellanschen Wolken, weisen schwache Anzeichen einer Spiralstruktur auf. Da mittlerweile mehr als zehntausend Nebel bekannt sind und ständig neue entdeckt werden, wird es lange dauern, bis sie alle sorgfältig untersucht und fotografiert werden können. Aktuelle Hinweise scheinen jedoch darauf hinzuweisen, dass ein beträchtlicher Teil von ihnen Spiralformen aufweisen wird .

Dr. Roberts erzählt uns, dass alle Spiralnebel, die er fotografiert hat, dadurch gekennzeichnet sind, dass sie einen Kern haben, der von dichtem Nebel umgeben ist, und dass die meisten von ihnen auch mit Sternen übersät sind. Diese Sterne sind immer mehr oder weniger symmetrisch angeordnet und folgen den Kurven der Spirale, während außerhalb des sichtbaren Nebels andere Sterne in Kurven angeordnet sind, was stark auf eine frühere größere Ausdehnung der Nebelmaterie schließen lässt. Dies ist ein so markantes Merkmal, dass es sofort zu einer möglichen Erklärung der zahlreichen leicht gekrümmten Linien von Sternen führt, die in allen Teilen des Himmels zu finden sind, als Folge ihres Ursprungs aus Spiralnebeln, deren materielle Substanz von ihnen absorbiert wurde.

Dr. Roberts stellt in Bezug auf diese Körper mehrere Probleme: Aus welchen Materialien bestehen Spiralnebel? Woher kommt die Wirbelbewegung, die ihre Formen hervorgebracht hat? Das Material findet er in den schwachen Wolken nebulöser Materie, oft von großer Ausdehnung, die in vielen Teilen des Himmels existieren, und diese sind so zahlreich, dass allein Sir William Herschel die Positionen von zweiundfünfzig solcher Regionen aufzeichnete, von denen viele vorhanden sind wurde durch aktuelle Fotos bestätigt. Dr. Roberts geht davon aus, dass diese entweder gasförmig sind oder einzelne feste Partikel beigemischt sind. Er zählt auch kleinere Nebelmassen auf, die einer Kondensation und Trennung in regelmäßigere Formen unterliegen; Spiralnebel in verschiedenen Kondensations- und Aggregationsstadien; elliptische Nebel; und Kugelnebel. In den letzten drei Klassen gibt es auf jedem aufgenommenen Foto klare Hinweise darauf, dass jetzt eine Kondensation zu Sternen oder sternähnlichen Formen stattfindet.

Er übernimmt die Ansicht von Sir Norman Lockyer, dass Kollisionen von Meteoriten innerhalb jedes Schwarms oder jeder Wolke einen leuchtenden Nebel erzeugen würden; Ebenso würden Kollisionen zwischen einzelnen Meteoritenschwärmen die erforderlichen Bedingungen schaffen, um die Wirbelbewegungen und die besondere Verteilung des Nebels in den Spiralnebeln zu erklären. Nahezu jede Kollision zwischen ungleichen Massen diffundierter Materie würde ohne einen massiven Zentralkörper, um den sie sich drehen müssten, zu Spiralbewegungen führen. Es ist zu beachten, dass, obwohl die in den Spiralwindungen der Nebel gebildeten Sterne diesen Kurven folgen und sie beibehalten, nachdem die Nebelmaterie vollständig von ihnen absorbiert wurde, doch immer dann, wenn ein solcher Nebel von der Seite gesehen wird, die Windungen auftreten mit ihren eingeschlossenen Sternen werden sie als gerade Linien erscheinen; und so können möglicherweise nicht nur zahlreiche gekrümmt angeordnete Sterngruppen, sondern auch solche, die nahezu perfekte gerade Linien bilden, auf einen Ursprung in Spiralnebeln zurückgeführt werden.

Da Bewegung ein notwendiges Ergebnis der Gravitation ist, wissen wir, dass jeder Stern, Planet, Komet oder Nebel durch den Raum in Bewegung sein muss, und diese Bewegungen – außer in Systemen, die physikalisch verbunden sind oder einen gemeinsamen Ursprung haben – sind offenbar in allen vorhanden Richtungen. Wie diese Anträge entstanden sind und heute geregelt werden, wissen wir nicht; Aber da sind sie, und sie liefern die treibende Kraft der Kollisionen, die, wenn sie große Körper oder Massen diffuser Materie treffen, zur Bildung verschiedener Arten permanenter Sterne führen; Bei kleineren Materiemassen hingegen entstehen jene temporären Sterne, die Astronomen aller Zeiten interessiert haben. Es muss beachtet werden, dass die Bewegungen der einzelnen Sterne zwar geradlinig zu sein scheinen, die Räume, durch die sie sich bewegen, jedoch so klein sind, dass sie sich tatsächlich auf gekrümmten Bahnen um einen Zentralkörper oder das Zentrum bewegen könnten der Schwerkraft einer Ansammlung heller und dunkler Sterne, die selbst vergleichsweise in Ruhe sein können. Möglicherweise gibt es Tausende solcher Zentren um uns herum, und dies könnte die scheinbaren Bewegungen der Sterne in alle Richtungen hinreichend erklären.

EIN VORSCHLAG ZUR BILDUNG VON

SPIRALNEBEL

In einem bemerkenswerten Artikel im Astrophysical Journal (Juli 1901) schlägt Herr TC Chamberlin einen Ursprung für die Spiralnebel sowie für Meteoriten- und Kometenschwärme vor, der wahrscheinlich wahr ist, wenn auch vielleicht nicht der einzige.

Es gibt ein bekanntes Prinzip, das zeigt, dass, wenn zwei Körper von stellarer Größe im Raum in einem bestimmten Abstand voneinander vorbeikommen, der kleinere durch die unterschiedliche Anziehungskraft des größeren und dichteren Körpers leicht in Fragmente zerrissen wird . Dies wurde ursprünglich für gasförmige und flüssige Körper bewiesen, und die Entfernung, innerhalb derer der kleinere Körper zerstört wird (Roche-Grenze genannt), wird unter der Annahme berechnet, dass der zerstörte Körper eine flüssige Masse ist. Herr Chamberlin zeigt jedoch, dass ein fester Körper abhängig von seiner Größe und Kohäsionsstärke auch in geringerer Entfernung zerstört wird; aber mit zunehmender Größe der beiden Körper nimmt auch der Abstand zu, in dem eine Störung auftritt, bis er bei sehr großen Körpern, wie z. B. der Sonne, fast so groß wird wie im Fall von Flüssigkeiten oder Gasen.

Die Störung entsteht durch das bekannte Gesetz der unterschiedlichen Schwerkraft auf den beiden Seiten eines Körpers, was in einer Flüssigkeit zu einer Gezeitenverformung und in einem Festkörper zu einer ungleichen Spannung führt. Wenn die Änderungen der Gravitationskraft langsam erfolgen und auch in geringem Umfang erfolgen, sind die Gezeiten in Flüssigkeiten oder Spannungen in Festkörpern sehr gering, wie im Fall unserer Erde, wenn Sonne und Mond auf sie einwirken, das Ergebnis ist gering Gezeiten im Ozean und in der Atmosphäre und zweifellos auch im geschmolzenen Inneren, an die sich die vergleichsweise dünne Kruste teilweise anpassen kann. Wenn wir aber zwei dunkle oder leuchtende Sonnen annehmen, deren Eigenbewegungen in einer solchen Richtung verlaufen, dass sie sich einander nähern, dann wird jede bei ihrer Annäherung zueinander hin abgelenkt und umkreist ihren gemeinsamen Schwerpunkt mit großer Geschwindigkeit Geschwindigkeit, vielleicht Hunderte von Meilen in einer Sekunde. In einer beträchtlichen Entfernung werden sie beginnen, eine gezeitenbedingte Dehnung aufeinander zu und voneinander weg zu erzeugen, aber wenn die Grenze der Zerstörung fast erreicht ist, werden die Gravitationskräfte so schnell zunehmen, dass selbst eine flüssige Masse ihre Form nicht schnell genug anpassen kann Ungeheure innere Spannungen würden die Wirkung einer Explosion hervorrufen und die gesamte Masse (der kleineren der beiden) in Fragmente und Staub zerreißen.

Es wird aber auch gezeigt, dass während des gesamten Prozesses die Schwerkraft auf die beiden länglichen Teile der ursprünglich kugelförmigen Masse so einwirken würde, dass eine zunehmende Rotation entsteht, die bei Annäherung an die Krise die Dehnung verlängert und das explosive Ergebnis unterstützt . Diese schnelle Rotation der langgestreckten Masse würde, wenn die Zerstörung eintritt, den Fragmenten notwendigerweise eine wirbelnde oder spiralförmige Bewegung verleihen und so einen Spiralnebel auslösen, dessen Größe und Charakter von der Größe und Beschaffenheit der beiden Massen und von der Größe und Beschaffenheit der beiden Massen abhängt Höhe der durch ihre Annäherung entstehenden Sprengkräfte.

Es gibt ein sehr eindrucksvolles Phänomen, das zu beweisen scheint, dass dies eine der Entstehungsarten von Spiralnebeln *ist* . Wenn die explosionsartige Störung auftritt, fliegen die beiden Ausstülpungen oder Verlängerungen des Körpers auseinander und führen außerdem zu einer schnellen Rotationsbewegung, so dass die resultierende Spirale zwangsläufig eine Doppelspirale sein wird. Nun ist es eine Tatsache, dass fast alle gut entwickelten Spiralnebel zwei einander gegenüberliegende Arme haben, wie in M. 100 Comæ, M. 51 Canum und anderen, die von Dr. I. Roberts fotografiert wurden, wunderschön gezeigt wird. Es scheint unwahrscheinlich, dass ein anderer Ursprung dieser Nebel eher zu einer Doppelspirale als zu einer Einzelspirale führen würde.

DIE ENTWICKLUNG DER DOPPELSTERNE

Die Erkenntnisse über Doppel- und Mehrfachsterne haben sich erstaunlich schnell weiterentwickelt und zahlreiche Beobachter haben sich diesem speziellen Zweig gewidmet. Viele Tausende wurden in der ersten Hälfte des 19. Jahrhunderts entdeckt, und als die Teleskopleistung zunahm, strömten immer wieder neue hinzu, zu Hunderten und Tausenden, und kürzlich wurde vom Yerkes-Observatorium ein Katalog mit 1290 solchen Sternen veröffentlicht, die zwischen 1871 und 1871 entdeckt wurden 1899 von einem Beobachter, Herrn SW Burnham. All dies wurde mit Hilfe des Teleskops entdeckt, aber im letzten Vierteljahrhundert hat das Spektroskop eine neue Welt von Doppelsternen von enormer Ausdehnung und höchstem Interesse eröffnet.

Die Teleskop-Doppelsterne, die über einen ausreichend langen Zeitraum beobachtet wurden, um ihre Umlaufbahnen zu bestimmen, reichen von Zeiträumen von mindestens etwa elf Jahren bis hin zu Hunderten und sogar mehr als tausend Jahren. Doch das Spektroskop offenbart die Tatsache, dass die vielen tausend Teleskop-Doppelsternsysteme nur einen sehr kleinen Teil der existierenden Doppelsternsysteme ausmachen. Die überwältigende Bedeutung dieser Entdeckung besteht darin, dass sie die Umdrehungszeiten vom Minimum der teleskopischen Doppelgänge in ununterbrochenen Reihen nach unten über Zeiträume von einigen Jahren bis zu solchen führt, die in Monaten, Tagen und sogar Stunden gerechnet werden. Und mit dieser Verkürzung der Periode geht zwangsläufig eine entsprechende Verringerung des Abstands einher, so dass manchmal die beiden Sterne in Kontakt sein müssen und somit die tatsächliche Geburt oder Entstehung eines Doppelsterns beobachtet wurde, auch wenn sie nicht tatsächlich gesehen wurde. Diese Entstehungsweise wurde tatsächlich von Dr. Lee aus Chicago im Jahr 1892 vorhergesehen und durch Beobachtungen in der kurzen Zeitspanne von zehn Jahren bestätigt.

In einer bemerkenswerten Mitteilung an *Nature* (12. September 1901) präsentiert Herr Alexander W. Roberts aus Lovedale, Südafrika, einige der wichtigsten Ergebnisse dieses Forschungszweigs. Natürlich sind alle veränderlichen Sterne unter den spektroskopischen Doppelsternen zu finden. Sie bestehen aus dem Teil der Klasse, in dem die Ebene der Umlaufbahn auf uns gerichtet ist, so dass während ihres Umlaufs einer der beiden den anderen entweder ganz oder teilweise verdunkelt. In einigen dieser Fälle gibt es Unregelmäßigkeiten, wie z. B. doppelte Maxima und Minima ungleicher Länge, die möglicherweise auf Dreifachsysteme oder andere noch nicht geklärte Ursachen zurückzuführen sind, da sie jedoch alle kurze Perioden haben und in den meisten Fällen immer als ein Stern erscheinen Sie sind leistungsstarke Teleskope und bilden eine Sonderabteilung der spektroskopischen Doppelsysteme.

Derzeit sind 22 Veränderliche vom Algol-Typ bekannt, das heißt von Sternen, die jeweils einen dunklen Begleiter in unmittelbarer Nähe haben, der sie bei jedem Umlauf ganz oder teilweise verdeckt. In diesen Fällen kann die Dichte der Systeme näherungsweise bestimmt werden, und es wird festgestellt, dass sie im Durchschnitt nur ein Fünftel der Dichte von Wasser oder ein Achtel der Dichte unserer Sonne beträgt. Aber da viele von ihnen so groß wie unsere Sonne oder sogar erheblich größer sind, ist es offensichtlich, dass sie vollständig gasförmig sein müssen und, selbst wenn sie sehr heiß sind, eine weniger komplexe Struktur haben müssen als unser Gestirn. Herr AW Roberts sagt uns, dass fünf dieser zweiundzwanzig

Variablen *in absoluten Kontaktformsystemen* in der Form einer Hantel kreisen. Die Zeiträume variieren zwischen zwölf Tagen und weniger als neun Stunden; und von diesen ausgehend haben wir nun eine kontinuierliche Reihe von sich verlängernden Perioden bis zu den Zwillingssternen von Castor, die mehr als tausend Jahre benötigen, um ihren Umlauf zu vollenden.

Während seiner Beobachtungen der oben genannten fünf Sterne gab Herr Roberts an, dass sich herausstellte, dass einer , deren Durchmesser, und man kann daher sagen, dass er fast Zeuge der Geburt eines Sternensystems war.

Knowledge , *Oktober 1902)* die Aufzeichnungen über Professor Campbells Forschungen am Lick-Observatorium. Er gibt an, dass von 350 spektroskopisch beobachteten Sternen jeder achte ein spektroskopischer Doppelstern ist; und er ist so beeindruckt von ihrer Fülle, dass er mit zunehmender Messgenauigkeit glaubt, dass *der Stern, der kein spektroskopischer Doppelstern ist, sich als seltene Ausnahme erweisen wird*! Professor G. Darwin hatte bereits gezeigt, dass die „Hantel" eine Gleichgewichtsfigur in einer rotierenden Flüssigkeitsmasse ist; und wir finden jetzt Beweise dafür, dass solche Figuren existieren und dass sie den Ausgangspunkt für die enormen und ständig wachsenden Mengen spektroskopischer Doppelsternsysteme bilden, die jetzt bekannt sind. Der Ursprung dieser Doppelsterne ist ebenfalls von besonderem Interesse, da er Professor Darwins bekannte Erklärung des Ursprungs des Mondes durch Trennung von der Erde aufgrund der sehr schnellen Rotation des Mutterplaneten stützt. Es scheint nun, dass sich Sonnen oft auf die gleiche Weise unterteilen, aber vielleicht aufgrund ihres stark erhitzten Gaszustands scheinen sie normalerweise nahezu gleiche Globen zu bilden. Die Entwicklung dieser besonderen Form des Sternensystems ist daher nun eine beobachtete Tatsache; obwohl daraus keineswegs folgt, dass alle Doppelsterne die gleiche Entstehungsart hatten.

STERNHAUFEN UND VARIABLEN

Die Sternhaufen, die am Himmel ziemlich häufig vorkommen und dem Teleskopisten so viele seltsame und schöne Formen bieten, gehören dennoch zu den rätselhaftesten Phänomenen, mit denen sich der philosophische Astronom auseinandersetzen muss.

Viele dieser Cluster, die nicht sehr dicht gedrängt und von unregelmäßiger Form sind, deuten stark darauf hin, dass sie aus den ebenso unregelmäßigen und fantastischen Formen von Nebeln durch einen Aggregationsprozess entstanden sind, wie ihn Dr. Roberts als Entwicklung innerhalb der Spiralnebel beschreibt. Aber die dichten Kugelsternhaufen, die so schöne Teleskopobjekte bilden und in denen in einigen mehr als sechstausend Sterne gezählt wurden, neben einer beträchtlichen Anzahl, die in der Mitte so dicht gedrängt ist, dass man sie nicht zählen kann, sind schwieriger zu erklären. Eines der von diesen Clustern vorgeschlagenen Probleme ist ihre Stabilität.

Professor Simon Newcomb bemerkt zu diesem Punkt wie folgt: „Wo Tausende von Sternen auf so kleinem Raum verdichtet sind, was hindert sie dann daran, alle zu einer verwirrten Masse zusammenzufallen?" Tun sie das wirklich und werden sie letztendlich einen einzigen Körper bilden? Dies sind Fragen, die nur durch jahrhundertelange Beobachtung zufriedenstellend beantwortet werden können; Sie müssen daher den Astronomen der Zukunft überlassen werden.'

Es gibt jedoch einige bemerkenswerte Merkmale in diesen Clustern, die mögliche Hinweise auf ihren Ursprung und ihre wesentliche Beschaffenheit geben. Bei näherer Betrachtung erweisen sich die meisten von ihnen als weniger regelmäßig, als sie zunächst erscheinen. Freie Plätze können darin vermerkt werden; sogar Risse bestimmter Formen. In manchen gibt es eine strahlenförmige Struktur; in anderen gibt es gebogene Anhängsel; während einige schwächere Zentren haben. Diese Merkmale stimmen so genau mit denen überein, die in ausgeprägterer Form in den größeren Nebeln zu finden sind, dass wir kaum umhin zu denken, dass es sich bei diesen Clustern um das Ergebnis der Kondensation sehr großer Nebel handelt, die sich zunächst zu zahlreichen Zentren zusammengeballt haben , während diese Ansammlungen langsam zum gemeinsamen Schwerpunkt der Gesamtmasse hingezogen wurden. Es deutet auf diesen Ursprung hin, dass die kleineren Teleskopnebel zwar weit von der Milchstraße entfernt sind, die größeren jedoch am häufigsten in der Nähe ihrer Grenzen vorkommen; Während die Sternhaufen auf und in der Nähe der Milchstraße übermäßig häufig vorkommen, sind sie anderswo sehr selten, außer in oder in der Nähe riesiger Nebel wie den Magellanschen Wolken. Wir sehen also, dass die beiden Phänomene einander ergänzen könnten, da die Kondensation von Nebeln dort am schnellsten vor sich ging, wo Materie am reichlichsten vorhanden war, was zu zahlreichen Sternhaufen führte, wo es jetzt nur noch wenige Nebel gibt.

Es gibt ein auffälliges Merkmal der Kugelsternhaufen, das Aufmerksamkeit erfordert; In einigen von ihnen gibt es enorme Mengen veränderlicher Sterne, während in anderen nur wenige oder gar keine gefunden werden können. Das Harvard Observatory widmet dieser Art von Beobachtungen seit mehreren Jahren viel Zeit, und die Ergebnisse sind in Professor Newcombs jüngstem Band über „Die Sterne" enthalten. Es scheint, dass 23 Sternhaufen spektroskopisch beobachtet wurden, wobei die Anzahl der untersuchten Sterne in jedem Sternhaufen zwischen 145 und 3000 schwankte; die Gesamtzahl der auf diese Weise genau untersuchten Sterne betrug 19.050. Von dieser Gesamtzahl erwiesen sich 509 als variabel; Aber die merkwürdige Tatsache ist die extreme Divergenz im Verhältnis der Variablen zur untersuchten Gesamtzahl in den verschiedenen Clustern. In zwei Sternhaufen wurden zwar 1279 Sterne untersucht, aber keine einzige

Variable gefunden. In drei anderen lag das Verhältnis zwischen einem von 1050 und einem zu 500. Fünf weitere reichten bis zu einem zu 100, und der Rest zeigte ein Verhältnis von diesem Verhältnis bis zu einem zu sieben. Im letztgenannten Sternhaufen wurden 900 Sterne untersucht, davon 132 Variable!

Wenn wir bedenken, dass veränderliche Sterne nur einen Teil, und zwar notwendigerweise einen sehr kleinen Teil, von Doppelsternsystemen ausmachen, folgt daraus, dass in allen Clustern, die einen großen Anteil an Veränderlichen aufweisen, ein sehr viel größerer Anteil vorhanden ist – in einigen Fällen vielleicht sogar alle , müssen Doppel- oder Mehrfachsterne sein, die sich umeinander drehen. Mit diesem bemerkenswerten Beweis, zusätzlich zu dem, der für die Verbreitung von Doppelsternen und Variablen unter den Sternen im Allgemeinen erbracht wurde, können wir verstehen, dass Professor Newcomb seine Aussage zu der bereits zitierten Aussage von Professor Campbell hinzufügt, dass „es wahrscheinlich ist, dass unter den Sternen in …" Generell sind einzelne Sterne eher die Ausnahme als die Regel. Wenn dies der Fall ist, sollte die Regel bei den Sternen eines kondensierten Sternhaufens noch stärker gelten.

DIE ENTWICKLUNG DER STERNE

Solange sich die Astronomen auf die Verwendung des Teleskops oder sogar auf die noch größeren Möglichkeiten der fotografischen Platte beschränkten, konnte man nichts über die tatsächliche Beschaffenheit der Sterne oder den Prozess ihrer Entwicklung erfahren. Ihre scheinbare Größe, ihre Bewegungen und sogar die Entfernungen einiger weniger konnten bestimmt werden; während die Vielfalt ihrer Farben den einzigen (sehr unvollkommenen) Hinweis selbst auf ihre Temperatur bot. Aber die Entdeckung der Spektralanalyse hat die Möglichkeit geschaffen, bestimmte Erkenntnisse über die Physik und Chemie der Sterne zu erlangen, und hat so einen neuen Zweig der Wissenschaft begründet – die Astrophysik –, der bereits große Ausmaße erreicht hat und die Materialien für a liefert Zeitschrift und einige wichtige Bände. Dieser Zweig des Themas ist sehr komplex, und da er nicht direkt mit unserer gegenwärtigen Untersuchung zusammenhängt, wird er nur noch einmal erwähnt, um seine Ergebnisse vorzustellen, die sich auf die Frage der Klassifizierung und Entwicklung der Sterne beziehen.

Durch eine lange Reihe von Laborexperimenten wurde gezeigt, dass zahlreiche Veränderungen in den Spektren der Elemente auftreten, wenn sie unterschiedlichen Temperaturen ausgesetzt werden, die bis zu den höchsten Werten reichen, die mit einer Batterie erreicht werden können, die einen mehrere Fuß langen elektrischen Funken erzeugt. Diese Veränderungen betreffen nicht die relative Position der Bänder oder dunklen Linien, sondern ihre Anzahl, Breite und Intensität. Andere Veränderungen sind auf die Dichte des Mediums zurückzuführen, in dem die Elemente erhitzt werden, und auf ihren chemischen Zustand hinsichtlich der Reinheit; und aus diesen verschiedenen Modifikationen und ihrem Vergleich mit dem Sonnenspektrum und denen seiner Anhängsel ist es möglich geworden, aus dem Spektrum eines Sterns nicht nur seine Temperatur im Vergleich mit der des elektrischen Funkens und der Sonne zu bestimmen, sondern auch auch sein Platz in einer Entwicklungsreihe.

Das erste allgemeine Ergebnis dieser Forschung ist, dass die bläulich-weißen oder reinweißen Sterne, deren Spektrum sich weit zum violetten Ende hin erstreckt und die nur die farbigen Bänder von Gasen, normalerweise Wasserstoff und Helium, aufweisen, am heißesten sind. Als nächstes kommen diejenigen mit einem kürzeren Spektrum, das nicht so weit in Richtung des violetten Endes reicht und deren Licht daher eher gelb gefärbt ist. Zu dieser Gruppe gehört unsere Sonne; und sie alle zeichnen sich durch dunkle Linien aufgrund der Absorption und durch das Vorhandensein von Metallen, insbesondere Eisen, in gasförmigem Zustand aus. Die dritte Gruppe hat die kürzesten Spektren und ist rot gefärbt, während ihre Spektren Linien enthalten, die das Vorhandensein von Kohlenstoff anzeigen. Diese drei Gruppen werden oft als „Gassterne", „Metallsterne" und „Kohlenstoffsterne" bezeichnet. Andere Astronomen nennen die erste Gruppe „Sirian-Sterne", weil Sirius zwar nicht der heißeste, aber ein charakteristischer Typ ist; der zweite wird als „Sonnenstern" bezeichnet; andere wiederum bezeichnen sie als Stars der Klasse I. , Klasse II. usw., entsprechend dem von ihnen übernommenen Klassifizierungssystem. Es stellte sich jedoch bald heraus, dass weder die Farbe noch die Temperatur der Sterne viel Aufschluss über ihre Natur und ihren Entwicklungsstand gaben , denn es sei denn, wir gehen davon aus, dass die Sterne zu Beginn ihres Lebens bereits sehr heiß sind (und alle Beweise sprechen dagegen).), muss es einen Zeitraum geben, in dem die Wärme zunimmt, dann einen Zeitraum mit maximaler Wärme, gefolgt von einem Zeitraum mit Abkühlung und schließlich einem vollständigen Lichtverlust. Wie wir gesehen haben, wurde die Meteoritentheorie über den Ursprung aller leuchtenden Himmelskörper, die heute weit verbreitet ist, zur Erklärung der Entwicklung von Sternen aus Nebeln herangezogen, und ihr Hauptvertreter in diesem Land, Sir Norman Lockyer, hat dies getan schlug ein vollständiges Schema der Sternentwicklung und des Sternzerfalls vor, das hier kurz umrissen werden kann:

Beginnend mit Nebeln gehen wir weiter zu Sternen mit gebänderten oder geriffelten Spektren, die auf vergleichsweise niedrige Temperaturen hinweisen und Bänder oder Linien aus Eisen, Mangan, Kalzium und anderen Metallen zeigen. Sie haben eine mehr oder weniger rote Farbe, wobei Antares im Skorpion einer der leuchtendsten roten Sterne ist, die wir kennen. Es wird angenommen, dass sich diese Sterne im Prozess der Aggregation befinden, ständig an Größe und Wärme zunehmen und daher großen Störungen ausgesetzt sind. Alpha Cygni hat ein ähnliches Spektrum, enthält jedoch mehr Wasserstoff und ist viel heißer. Die Wärmezunahme geht weiter durch Rigel und Beta Crucis, in denen wir hauptsächlich Wasserstoff, Helium, Sauerstoff, Stickstoff und auch Kohlenstoff, aber nur schwache Spuren von Metallen finden. Beim Erreichen des heißesten von allen – Epsilon Orionis und zwei Sterne in Argo – ist Wasserstoff vorherrschend, mit Spuren einiger Metalle und Kohlenstoff. Die Abkühlungsreihe wird durch dickere Linien von Wasserstoff und dünnere Linien der metallischen Elemente angezeigt, durch Sirius, zu Arcturus und unserer Sonne, von dort zu 19 Piscium, das hauptsächlich Riffelungen aus Kohlenstoff mit einigen schwachen metallischen Linien aufweist. Der Prozess der weiteren Abkühlung bringt uns zu den dunklen Sternen.

Wir haben hier ein vollständiges Schema der Evolution, das uns von den schlecht definierten, aber enorm diffusen Gas- und kosmischen Staubmassen, die wir als Nebel kennen, über planetarische Nebel, Nebelsterne, veränderliche Sterne und Doppelsterne bis hin zu roten und weißen Sternen und so weiter führt zu denen, die den intensivsten blau-weißen Glanz aufweisen. Wir müssen jedoch bedenken, dass die hellsten dieser Sterne, die ein gasförmiges Spektrum aufweisen und den Höhepunkt der aufsteigenden Reihe bilden, nicht unbedingt heißer oder sogar so heiß sind wie einige der Sterne, die weit unten auf der absteigenden Skala liegen; Denn es ist eines der scheinbaren Paradoxe der Physik, dass ein Körper während des Kontraktionsprozesses durch Wärmeverlust heißer werden kann. Der Grund dafür ist, dass es sich beim Abkühlen zusammenzieht und dadurch dichter wird, dass ein Teil seiner Masse in Richtung seines Zentrums fällt und dabei eine Wärmemenge erzeugt, die zwar absolut geringer ist als die beim Abkühlen verlorene Wärme, aber unter bestimmten Bedingungen verursacht wird die reduzierte Oberfläche wird heißer. Der wesentliche Punkt ist, dass der betreffende Körper vollständig gasförmig sein muss und eine freie Zirkulation von der Oberfläche zum Zentrum ermöglichen muss. Das von Professor S. Newcomb dargelegte Gesetz lautet wie folgt:

„ Wenn sich eine kugelförmige Masse aus glühendem Gas durch den Verlust ihrer Wärme durch Strahlung in den Weltraum zusammenzieht, steigt ihre Temperatur kontinuierlich an, solange der gasförmige Zustand erhalten bleibt. '

Anders ausgedrückt: Wenn die Kompression durch äußere Kraft verursacht würde und keine Wärme verloren ginge, würde der Globus pro Kontraktionseinheit um einen kalkulierbaren Betrag heißer. Aber der Wärmeverlust bei der Verursachung einer ähnlichen Kontraktion ist so wenig größer als die durch die Kontraktion erzeugte Wärmezunahme, dass die leicht verringerte Gesamtwärme in einer kleineren Masse zu einem Temperaturanstieg der Masse führt.

Aber wenn, wie es Grund zur Annahme gibt, die verschiedenen Arten von Sternen sich auch in der chemischen Konstitution unterscheiden, wobei einige hauptsächlich aus den dauerhafteren Gasen bestehen, während in anderen die verschiedenen metallischen und nichtmetallischen Elemente in sehr unterschiedlichen Anteilen vorhanden sind, dann sollte dies der Fall sein Es handelt sich tatsächlich um eine Einteilung sowohl nach Konstitution als auch nach Temperatur, und der Entwicklungsverlauf der unterschiedlich zusammengesetzten Gruppen kann bis zu einem gewissen Grad unterschiedlich sein.

Mit dieser Einschränkung ist der von Sir Norman Lockyer vorgeschlagene Prozess der Entwicklung und des Zerfalls der Sonne durch einen Zyklus steigender und fallender Temperatur klar und eindrucksvoll. Während der aufsteigenden Reihe nimmt der Stern sowohl an Masse als auch an Wärme zu, und zwar durch die kontinuierliche Ansammlung von Meteoritenmaterie, die entweder durch die Schwerkraft zu ihm gezogen wird oder durch die Eigenbewegungen unabhängiger Massen auf ihn zufällt. Dies geht so lange weiter, bis die gesamte Materie in einiger Entfernung um den Stern herum ausgenutzt ist und ein Maximum an Größe, Wärme und Brillanz erreicht ist. Dann wird der Wärmeverlust durch Strahlung nicht mehr durch den Zustrom frischer Materie ausgeglichen und es kommt zu einer langsamen Kontraktion, begleitet von einer leicht erhöhten Temperatur. Aufgrund der stabileren Bedingungen bilden sich jedoch kontinuierliche Hüllen aus Metallen im gasförmigen Zustand, die den Wärmeverlust hemmen und die Farbbrillanz verringern; Daraus folgt, dass Körper wie unsere Sonne tatsächlich heißer sein können als die strahlendsten weißen Sterne, obwohl sie nicht ganz so viel Wärme abgeben. Der Wärmeverlust wird dadurch reduziert; und dies könnte als Erklärung für die unbestrittene Tatsache dienen, dass es während der enormen Epochen der geologischen Zeit kaum zu einer Verringerung der Wärmemenge kam, die wir von der Sonne erhalten haben.

Zur allgemeinen Frage der Meteoritenhypothese hat einer unserer ersten Mathematiker, Professor George Darwin, seine Ansichten folgendermaßen zum Ausdruck gebracht: „Die Vorstellung vom Wachstum der Planetenkörper durch die Ansammlung von Meteoriten ist gut und scheint vielleicht wahrscheinlicher als." die Hypothese, dass das gesamte Sonnensystem gasförmig war.' Ich möchte hinzufügen, dass mir einer der Haupteinwände, dass Meteoriten zu komplex seien, als dass man sie für die primitive Materie halten könnte, aus der Sonnen und Welten entstanden seien, nicht stichhaltig erscheint. Die Urmaterie, was auch immer sie war, könnte immer wieder aufgebraucht worden sein, und wenn es jemals zu

Kollisionen großer Festkörperkugeln kommt – und die meisten Astronomen gehen davon aus, dass sie manchmal vorkommen müssen –, würden Meteorpartikel aller Größen entstehen, die entstehen könnte eine beliebige Komplexität der Mineralkonstitution aufweisen. Das materielle Universum existiert wahrscheinlich schon lange genug, dass alle primitiven Elemente immer wieder zu den auf der Erde vorkommenden Mineralien und vielen anderen kombiniert wurden. Es kann nicht oft genug wiederholt werden, dass keine Erklärung – keine Theorie – uns jemals zum Anfang der Dinge führen kann, sondern nur ein oder zwei Schritte auf einmal in die dunkle Vergangenheit, die es uns ermöglichen kann, die Vorgänge, wie unvollkommen sie auch sein mögen, zu verstehen die Welt oder das Universum, wie es ist, aus einem früheren und einfacheren Zustand heraus entwickelt wurde.

Kapitel VII

SIND DIE STERNE UNENDLICH IN DER ZAHL?

MEISTEN Kritiker meiner ersten kurzen Erörterung dieses Themas betonten stark die Unmöglichkeit, zu beweisen, dass das Universum, von dem wir einen Teil sehen, nicht unendlich ist; und ein bekannter Astronom erklärte, dass, wenn nicht nachgewiesen werden könne, dass unser Universum endlich sei, das gesamte Argument, das auf unserer Position darin basiert, hinfällig sei. Ich hatte mich diesem Einwand ausgesetzt, indem ich ziemlich unvorsichtig zugab, dass jede Untersuchung über unseren Platz im Universum nutzlos wäre, wenn das Übergewicht der Beweise in diese Richtung weisen würde, weil es in Bezug auf die Unendlichkeit keinen Positionsunterschied geben könne. Aber diese Aussage ist keineswegs exakt, und selbst in einem unendlichen Universum aus Materie, das eine unendliche Anzahl von Sternen enthält, wie wir sie sehen, könnte es durchaus so unendliche Verschiedenheiten in der Verteilung und Anordnung geben, die bestimmten Positionen alle Vorteile verschaffen würden was ich behaupte, dass wir es tatsächlich besitzen. Nehmen wir zum Beispiel an, dass jenseits des riesigen Rings der Milchstraße die Zahl der Sterne in allen Richtungen über eine Entfernung von hundert oder tausend Mal des Durchmessers dieses Rings schnell abnimmt und dass sie dann über eine gleiche Entfernung langsam wieder zunimmt und werden zu Systemen oder Universen zusammengefasst, die sich in Form und Struktur völlig von unserem unterscheiden und so weit entfernt sind, dass sie uns in keiner Weise beeinflussen können. Dann, behaupte ich, könnte unsere Position innerhalb unseres eigenen Sternenuniversums genau die gleiche Bedeutung haben und genauso aussagekräftig sein, als ob unser Universum das einzige existierende materielle Universum wäre – als ob die scheinbare Abnahme der Anzahl der Sterne (die beobachtet wird). Tatsache) deutete auf eine kontinuierliche Abnahme hin, die in einer unbekannten Entfernung zum völligen Fehlen leuchtender – das heißt aktiver, energieaussendender Materieansammlungen – führte. [1] Zur Frage, ob es solche anderen materiellen Universen gibt oder nicht, gebe ich keine Meinung ab und bin auch nicht davon überzeugt. Ich halte alle Spekulationen darüber, was im unendlichen Raum existieren könnte oder nicht, für völlig wertlos. Ich habe meine Untersuchungen streng auf die von modernen Astronomen gesammelten Beweise und auf direkte Schlussfolgerungen und logische Schlussfolgerungen aus diesen Beweisen beschränkt. Doch zu meiner großen Überraschung erklärt mein Hauptkritiker: „Dr. Wallaces grundlegender Fehler besteht in der Tat darin, dass er von dem Bereich aus, den wir mit unserer begrenzten Wahrnehmung erfassen können, auf das Unendliche jenseits unseres mentalen oder intellektuellen Verständnisses geschlossen hat. Ich habe das eindeutig *nicht* getan, aber viele Astronomen haben es getan. Der verstorbene Richard Proctor diskutierte nicht nur ständig die Frage der unendlichen Materie und des unendlichen Raums, sondern argumentierte auch, ausgehend von den angeblichen Eigenschaften der Gottheit, für die Notwendigkeit, dieses materielle Universum für unendlich zu halten, und das letzte Kapitel seines Anderen *„Worlds than Ours"* widmet sich hauptsächlich solchen Spekulationen. In einem späteren Werk, *„Our Place among Infinities "*, sagt er: „Die Lehren der Wissenschaft bringen uns in die Gegenwart der unbestreitbaren Unendlichkeiten von Zeit und Raum sowie der mutmaßlichen Unendlichkeiten der Materie und der Funktionsweise – und damit in die Gegenwart der Unendlichkeit." von Energie. Aber die Wissenschaft lehrt uns nichts über diese Unendlichkeiten als solche. Sie bleiben dennoch unvorstellbar, so deutlich wir auch lernen, ihre Realität zu erkennen." Das alles ist sehr vernünftig und der letzte Satz ist besonders wichtig. Dennoch lassen viele Autoren zu, dass ihre Argumentationen auf der Grundlage von Fakten von diesen Vorstellungen der Unendlichkeit beeinflusst werden. In Proctors posthumem Werk *Old and New Astronomy* schreibt der verstorbene Mr. Ranyard, der es herausgegeben hat: „Wenn wir die Annahme, dass das Universum nicht unendlich ist, als abscheulich für unseren Verstand ablehnen, werden wir auf eine von zwei Alternativen zurückgeworfen: Entweder ist der Äther, der das Licht der Sterne zu uns überträgt, nicht vollkommen elastisch, oder ein großer Teil des Lichts der Sterne wird von dunklen Körpern ausgelöscht. Hier haben wir es mit einem gut informierten Astronomen zu tun, der zulässt, dass sein Abscheu vor der Idee eines endlichen Universums seine Überlegungen zu den tatsächlichen Phänomenen, die wir beobachten können, beeinflusst – und tatsächlich genau das tut, was mir mein Kritiker fälschlicherweise vorwirft. Lassen wir aber alle Vorstellungen und Voreingenommenheiten der hier aufgezeigten Art beiseite, wollen wir sehen, was die tatsächlichen Tatsachen sind, die die besten Instrumente der modernen Astronomie offenbaren, und was die natürlichen und logischen Schlussfolgerungen aus diesen Tatsachen sind.

SIND DIE STERNE UNENDLICH ZAHLREICH?

Die Ansichten derjenigen Astronomen, die sich mit diesem Thema befasst haben, stimmen im Großen und Ganzen für die Ansicht, dass das Sternenuniversum in seiner Ausdehnung und die Anzahl der Sterne daher begrenzt ist. Einige Zitate geben ihre Meinung zu dieser Frage am besten zum Ausdruck, zusammen mit einigen der Fakten und Beobachtungen, auf denen sie basieren.

Miss AM Clerke sagt in ihrem bewundernswerten Buch „ *Das System der Sterne "*: „Die Sternenwelt präsentiert uns allem Anschein nach ein endliches System ... Die Wahrscheinlichkeit kommt fast der Gewissheit gleich, dass der von Sternen übersäte Raum messbar ist." Maße. Denn von unzähligen

Sternen müsste eine grenzenlose Summe an Strahlungen abgeleitet werden, durch die die Dunkelheit aus unserem Himmel verbannt würde; und das „intensive Unsinnige", das mit den vermischten Strahlen der einzeln nicht unterscheidbaren Sonnen leuchtet, würde unsere schwachen Sinne mit seiner eintönigen Pracht verwirren ... Es sei denn, das heißt, das Licht erleidet im Raum ein gewisses Maß an Schwächung ... Aber Es gibt nicht den geringsten Beweis dafür, dass ein solcher Zoll erhoben wird. es gibt starke gegenteilige Anzeichen; und die Behauptung, dass seine Zahlung unvermeidlich sei, hängt von Analogien ab, die völlig visionär sein können. Wir sind dann vorerst berechtigt, die problematische Wirkung einer mehr als zweifelhaften Sache außer Acht zu lassen."

Professor Simon Newcomb, einer der ersten amerikanischen Mathematiker und Astronomen, kommt in seinem jüngsten Band *The Stars* (1902) zu einer ähnlichen Schlussfolgerung. In seinen Schlussfolgerungen am Ende der Arbeit sagt er: „Die Ansammlung von Sternen, die wir das Universum nennen, ist in ihrer Ausdehnung begrenzt." Die kleinsten Sterne, die wir mit den stärksten Teleskopen sehen, sind größtenteils nicht weiter entfernt als die, die einen Grad heller sind, sondern sind meist Sterne mit geringerer Leuchtkraft, die in denselben Regionen liegen" (S. 319). Und auf Seite 229 desselben Werkes begründet er diese Schlussfolgerung wie folgt: „Es gibt ein Gesetz der Optik, das etwas Licht auf die Frage wirft." Nehmen wir an, die Sterne seien über den unendlichen Raum verstreut, sodass jeder große Teil des Raumes im allgemeinen Durchschnitt gleich reich an Sternen sei. Dann beschreiben wir in großer Entfernung eine Kugel, deren Mittelpunkt in unserer Sonne liegt. Außerhalb dieser Kugel beschreiben Sie eine andere mit einem größeren Radius, und darüber hinaus gibt es andere Kugeln mit gleichen Abständen auf unbestimmte Zeit. Wir werden also eine endlose Folge von Kugelschalen haben, jede von gleicher Dicke. Das Volumen jeder dieser Schalen ist nahezu proportional zum Quadrat der Durchmesser der sie umgebenden Kugeln. Daher wird jede der Regionen eine Anzahl von Sternen enthalten, die mit dem Quadrat des Radius der Region zunimmt. Da die Lichtmenge, die wir von jedem Stern empfangen, dem Kehrquadrat seiner Entfernung entspricht, folgt daraus, dass die Gesamtsumme des von jeder dieser Kugelschalen empfangenen Lichts gleich ist. Wenn wir also eine Kugel nach der anderen hinzufügen, fügen wir unbegrenzt gleiche Lichtmengen hinzu. Das Ergebnis wäre, dass, wenn sich das Sternensystem auf unbestimmte Zeit ausdehnen würde, der ganze Himmel mit einem Lichtschein erfüllt wäre, der so hell ist wie die Sonne."

Aber das gesamte Licht, das uns die Sterne geben, wird unterschiedlich auf ein Vierzigstel bis ein Zwanzigstel oder, als äußerste Grenze, auf ein Zehntel des Mondlichts geschätzt, während die Sonne so viel Licht spendet wie 300.000 Vollmonde, also Sternenlicht entspricht nach fairer Schätzung nur dem sechsmillionsten Teil des Sonnenlichts. Wenn man dies im Hinterkopf behält, sind die möglichen Ursachen für das Aussterben fast des gesamten Lichts der Sterne (wenn ihre Zahl unendlich ist und sie im Durchschnitt ebenso dicht über die Milchstraße hinaus verteilt sind wie bis zu ihrer äußeren Grenze) sind absurd unzureichend. Diese Ursachen sind (1) der Lichtverlust beim Durchgang durch den Äther und (2) die Lichtunterbrechung durch dunkle Sterne oder diffusen Meteoritenstaub. Was das erste betrifft, so wird allgemein anerkannt, dass es nicht den geringsten Beweis für seine Existenz gibt. Es gibt jedoch eindeutige Hinweise darauf, dass die Menge, falls sie existiert, so gering ist, dass sie in weniger entfernten Entfernungen als Hundert- oder vielleicht Tausende Male bis zu den äußersten Grenzen der Milchstraße keine wahrnehmbare Wirkung hervorrufen würde Weg sind von uns. Dies wird durch die Tatsache angezeigt, dass die hellsten Sterne uns *nicht* immer oder sogar im Allgemeinen am nächsten sind, was sowohl an ihren kleinen Eigenbewegungen als auch am Fehlen einer messbaren Parallaxe zeigt. Herr Gore gibt an, dass von 25 Sternen mit Eigenbewegungen von mehr als zwei Sekunden pro Jahr nur zwei über der dritten Größenordnung liegen. Viele Sterne erster Größe, darunter Canopus, der zweithellste Stern am Himmel, sind so weit entfernt, dass trotz wiederholter Bemühungen keine Parallaxe gefunden werden kann. Sie müssen daher viel weiter entfernt sein als viele kleine und teleskopische Sterne und vielleicht sogar bis zur Milchstraße, in der sich so viele leuchtende Sterne befinden; wohingegen, wenn beim Überqueren dieser Entfernung eine beträchtliche Menge Licht verloren gehen würde, wir nur wenige Sterne der ersten zwei oder drei Größenordnungen finden würden, die sehr weit von uns entfernt wären. Von den 23 Sternen der ersten Größe wurde festgestellt, dass nur zehn Parallaxen von mehr als einer Zwanzigstelsekunde haben, während fünf von diesem kleinen Wert bis hinab zu einer oder zwei Hundertstelsekunden reichen, und es gibt zwei ohne feststellbare Parallaxe. Auch hier gibt es 309 Sterne, die heller als 3,5 sind, doch nur einunddreißig von ihnen haben Eigenbewegungen von mehr als 100 Zoll pro Jahrhundert, und nur achtzehn von diesen haben Parallaxen von mehr als einer Zwanzigstelsekunde. Diese Zahlen stammen von Tabellen in Professor Newcombs Buch, und sie sind von sehr großer Bedeutung, da sie darauf hinweisen, dass die hellsten Sterne uns *nicht* am nächsten sind. Darüber hinaus zeigen sie, dass von den zweiundsiebzig Sternen, deren Entfernung mit einiger Annäherung gemessen wurde Mit Sicherheit sind nur dreiundzwanzig (mit einer Parallaxe von mehr als einer Fünfzigstelsekunde) von größerer Helligkeit als 3,5, während nicht weniger als neunundvierzig kleinere Sterne bis zur achten oder neunten Größe sind, und diese sind eingeschaltet der Durchschnitt ist uns viel näher als die helleren Sterne!

Wenn wir die Gesamtheit der Sterne betrachten, deren Parallaxen von Professor Newcomb angegeben wurden, stellen wir fest, dass die durchschnittliche Parallaxe der einunddreißig hellen Sterne (von der Größe 3,5 bis Sirius) 0,11 Sekunden beträgt; während die der einundvierzig Sterne mit einer Helligkeit unter 3,5 bis etwa 9,5 0,21 Sekunden beträgt, was zeigt, dass sie im Durchschnitt nur halb so weit von uns entfernt sind wie die helleren Sterne. Zur gleichen Schlussfolgerung kam Herr Thomas Lewis vom Greenwich Observatory im Jahr 1895, nämlich dass die Sterne von der Helligkeit 2,70 bis etwa 8,40 im Durchschnitt doppelt so große Parallaxen wie die helleren Sterne haben. Diese sehr merkwürdige und unerwartete Tatsache, wie auch immer sie erklärt werden mag, steht in direktem Widerspruch zu der Vorstellung, dass es bei den weiter entfernten Sternen im Vergleich zu den näheren Sternen zu irgendeinem Lichtverlust kommt; denn wenn ein solcher Verlust eintreten sollte, würde dies die Erklärung des oben genannten Phänomens noch schwieriger machen, weil es dazu tendieren würde, es zu übertreiben. Da die hellen Sterne im Großen und Ganzen weiter von uns entfernt sind als die weniger hellen bis zur achten und neunten Größenklasse, folgt daraus, dass die hellen Sterne in Wirklichkeit heller sind, als sie uns erscheinen, wenn es zu einem Lichtverlust kommt Aufgrund ihrer enormen Entfernung ist ein Teil ihres Lichts verloren gegangen, bevor es uns erreicht hat. Natürlich kann man sagen, dass dies nicht *beweist*, dass beim Durchgang durch den Raum kein Licht verloren geht; aber andererseits ist es genau das Gegenteil von dem, was wir erwarten würden, wenn die weiter entfernten Sterne durch diese Ursache merklich getrübt würden, und es kann als Beweis dafür angesehen werden, dass, wenn es einen Verlust gibt, dieser außerordentlich gering ist und nicht auftreten wird beeinflussen die Frage nach den Grenzen unseres Sternensystems, mit der wir uns nur beschäftigen.

Diese bemerkenswerte Tatsache der enormen Entfernung der meisten helleren Sterne ist ebenso wirksam als Argument gegen den Lichtverlust durch dunkle Sterne oder kosmischen Staub, denn wenn das Licht bei Sternen, die weniger als das Fünfzigstel haben, nicht merklich verringert wird Eine Parallaxensekunde kann unsere Schätzungen der Grenzen unseres Universums nicht wesentlich beeinträchtigen.

Sowohl Herr EW Maunder vom Greenwich Observatory als auch Professor WW Turner aus Oxford legen großen Wert auf diese dunklen Himmelskörper, und Ersterer zitiert Sir Robert Ball mit den Worten: „Die dunklen Sterne sind unvergleichlich zahlreicher als die, die wir sehen können ..." und zu versuchen, die Sterne unseres Universums nach denen zu zählen, deren vorübergehende Helligkeit wir wahrnehmen können, wäre so, als würde man die Zahl der Hufeisen in England anhand der glühenden Sterne schätzen." Aber das Verhältnis dunkler Sterne (oder Nebel) zu hellen Sternen kann nicht *a priori bestimmt werden*, da es von den Ursachen abhängen muss, die die Sterne erhitzen, und davon, wie häufig diese Ursachen im Vergleich zum Leben eines hellen Sterns in Aktion treten. Wir wissen es, sowohl aus der Stabilität des Lichts der Sterne während der historischen Periode als auch viel genauer aus den enormen Epochen, in denen unsere Sonne das Leben auf dieser Erde unterstützt hat – was jedoch „unvergleichlich" geringer gewesen sein muss als ihre gesamte Existenz als Lichtspender – dass die Lebensdauer der meisten Sterne auf Hunderte oder vielleicht Tausende von Millionen Jahren geschätzt werden muss. Aber wir wissen überhaupt nichts über die Geschwindigkeit, mit der echte Sterne geboren werden. Die sogenannten „neuen Stars", die gelegentlich auftauchen, gehören offenbar einer anderen Kategorie an. Sie flammen plötzlich auf und verschwinden fast ebenso plötzlich in der Dunkelheit oder völligen Unsichtbarkeit. Aber die wahren Sterne durchlaufen ihre Stadien der Entstehung, des Wachstums, der Reife und des Verfalls wahrscheinlich äußerst langsam, so dass es uns noch nicht möglich ist, durch Beobachtung zu bestimmen, wann sie geboren werden oder wann sie sterben. In dieser Hinsicht entsprechen sie den Arten der organischen Welt. Sie würden uns wahrscheinlich zuerst als Sterne oder winzige Nebel bekannt werden: an der äußersten Grenze des teleskopischen Sehens oder der fotografischen Empfindlichkeit, und das Wachstum ihrer Leuchtkraft könnte so allmählich erfolgen, dass es Hunderte, vielleicht Tausende von Jahren dauern würde, bis sie deutlich erkennbar wären. Daher ist das Argument, das aus der Tatsache abgeleitet wird, dass wir noch nie die Geburt eines echten permanenten Sterns erlebt haben und dass solche Ereignisse daher sehr selten sind, wertlos. Jedes Jahr oder jeden Tag können neue Sterne entstehen, ohne dass wir sie bemerken. und wenn dies der Fall ist, ist das Reservoir an dunklen Körpern, sei es in der Form großer Massen oder von Wolken aus kosmischem Staub, keineswegs unvergleichlich größer als die Gesamtheit der sichtbaren Sterne und Nebel, sondern möglicherweise nur gleich groß es, oder höchstens ein paar Mal größer; und in diesem Fall hätten sie angesichts der enormen Entfernungen, die die Sterne (oder Sternsysteme) voneinander trennen, keinen nennenswerten Effekt darauf, dass sie einen beträchtlichen Teil der leuchtenden Körper, aus denen unser Sternenuniversum besteht, aus unserer Sicht ausschließen. Daraus folgt, dass Professor Newcombs Argument hinsichtlich des sehr geringen Gesamtlichts der Sterne durch keine der dagegen vorgebrachten Tatsachen oder Argumente geschwächt wurde.

Herr WHS Monck bringt den Fall in einem Brief an *Knowledge* (Mai 1903) sehr deutlich zum Ausdruck, um meine Ansicht zu unterstützen. Er sagt: „Die höchste Schätzung, die ich für das gesamte Licht des Vollmonds gesehen habe, beträgt $1/300.000$ des Lichts der Sonne." Nehmen wir an, dass die dunklen Körper hundertfünfzigtausendmal so zahlreich wären wie die hellen. Dann sollte der ganze Himmel so hell sein wie der beleuchtete Teil des Mondes. Jeder weiß, dass dem nicht so ist. Man sagt jedoch, dass sich die Sterne, obwohl sie unendlich sind, nur in bestimmte Richtungen bis ins

Unendliche erstrecken können, z. B. in die der Galaxie. Sei es so. Wo finden wir im hellsten Teil der Galaxie einen Teil mit der gleichen Winkelgröße wie der Mond, der uns die gleiche Lichtmenge liefert? An der allerhellsten Stelle beträgt das Licht wahrscheinlich nicht ein Hundertstel des Vollmonds." Daraus folgt, dass, selbst wenn dunkle Sterne fünfzehn Millionen Mal so zahlreich wären wie die hellen, Professor Newcombs Argument immer noch gegen ein unendliches Universum von Sternen mit der gleichen durchschnittlichen Dichte wie der Teil, den wir sehen, gelten würde.

TELESKOPISCHER BEWEIS FÜR DIE GRENZEN DES

STERNENSYSTEM

Zu Beginn des 19. Jahrhunderts steigerte jede Steigerung der Leistung und der lichtspendenden Eigenschaften von Teleskopen die Zahl der sichtbaren Sterne so sehr, dass allgemein angenommen wurde, dass diese Zunahme auf unbestimmte Zeit anhalten würde und dass die Sterne waren wirklich unendlich zahlreich und konnten nicht erschöpft werden. In den letzten Jahren hat sich jedoch herausgestellt, dass die Zunahme der Zahl der in größeren Teleskopen sichtbaren Sterne nicht so groß war wie erwartet, während in vielen Teilen des Himmels eine längere Belichtung der fotografischen Platte verhältnismäßig wenig zur Zahl beiträgt von Sternen, die durch eine kürzere Belichtung mit demselben Instrument erhalten wurden.

Die Aussage von Herrn JE Gore zu diesem Punkt ist sehr klar. Er sagt: „Diejenigen, die sich nicht ausreichend mit dem Thema befassen, scheinen zu glauben, dass die Zahl der Sterne praktisch unendlich ist, oder zumindest, dass die Zahl so groß ist, dass sie nicht geschätzt werden kann." Aber diese Idee ist völlig falsch und beruht auf völliger Unkenntnis der teleskopischen Offenbarungen. Es ist sicherlich wahr, dass in gewissem Maße die Zahl der Sterne umso mehr zuzunehmen scheint, je größer das Teleskop ist, mit dem man den Himmel untersucht; Aber wir wissen jetzt, dass dieser Vergrößerung der Teleskopsicht Grenzen gesetzt sind. Und die Beweise zeigen deutlich, dass wir uns dieser Grenze schnell nähern. Obwohl die Anzahl der in den Plejaden sichtbaren Sterne mit zunehmender Größe des verwendeten Teleskops zunächst schnell zunimmt und obwohl die Fotografie die Anzahl der Sterne in diesem bemerkenswerten Sternhaufen noch weiter erhöht hat, wurde kürzlich festgestellt, dass die Belichtungsdauer zunimmt – über drei Stunden hinaus – fügt nur sehr wenige Sterne zu der Zahl hinzu, die auf dem 1885 am Pariser Observatorium aufgenommenen Foto sichtbar ist, auf dem über zweitausend Sterne gezählt werden können. Selbst bei dieser großen Zahl auf einem so kleinen Bereich des Himmels sind vergleichsweise große freie Stellen zwischen den Sternen sichtbar, und ein Blick auf das Originalfoto reicht aus, um zu zeigen, dass dort ausreichend

Platz für ein Vielfaches der tatsächlich sichtbaren Zahl vorhanden wäre. Ich finde, wenn der ganze Himmel so reich an Sternen wäre wie die Plejaden, gäbe es auf beiden Hemisphären nur 33 Millionen."

Ich beziehe mich erneut auf die Tatsache, dass Celoria mit einem Teleskop, das Sterne bis zur elften Größe anzeigt, fast genau die gleiche Anzahl Sterne in der Nähe des Nordpols der Galaxie sehen konnte, wie Sir William Herschel mit seinem viel größeren und leistungsstärkeren Teleskop fand: Er bemerkt: „Ihre Abwesenheit scheint daher ein sicherer Beweis dafür zu sein, dass in dieser Richtung *keine sehr schwachen Sterne* existieren und dass das siderische Universum hier zumindest in seiner Ausdehnung begrenzt ist."

Sir John Herschel bemerkt die gleichen Phänomene und stellt fest, dass es sogar in der Milchstraße „Räume gibt, die absolut dunkel sind *und in denen es keinen Stern gibt* , selbst von der kleinsten Teleskopgröße"; während in anderen Teilen „äußerst kleine Sterne, obwohl sie nie ganz fehlen, in so geringer Zahl vorkommen, dass wir unwiderstehlich zu dem Schluss kommen, dass wir in diesen Regionen ziemlich gut *durch* die Sternenschicht sehen können, da es unmöglich ist, anders zu sein (vorausgesetzt, ihr Licht wird nicht abgefangen).), dass die Zahlen der kleineren Größen nicht kontinuierlich bis ins Unendliche zunehmen sollten. In solchen Fällen ist außerdem der Boden des Himmels zwischen den Sternen zum größten Teil völlig dunkel, was wiederum nicht der Fall wäre, wenn dahinter unzählige Sterne existieren würden, die zu klein sind, um einzeln erkennbar zu sein. Und noch einmal fasst er wie folgt zusammen: „Im weitaus größeren Teil der Ausdehnung der Milchstraße in beiden Hemisphären herrscht die allgemeine Schwärze des Himmelsbodens, auf den ihre Sterne projiziert werden, und das Fehlen dieser unzähligen Menge." und die übermäßige Anhäufung der kleinsten sichtbaren Größen und die Blendung, die durch das Gesamtlicht von Mengen erzeugt wird, die zu klein sind, um das Auge einzeln zu beeinflussen, was die gegenteilige Annahme erforderlich zu machen scheint, müssen unserer Meinung nach als eindeutige Anzeichen dafür angesehen werden, dass seine Dimensionen *in Richtungen verlaufen „ Wo diese Bedingungen herrschen* , sind sie nicht nur nicht unendlich, sondern die raumdurchdringende Kraft unserer Teleskope reicht durchaus aus, um ihn zu durchdringen und darüber hinaus." [2]

Diese Meinungsäußerung des Astronomen, der wahrscheinlich über alle heute lebenden hinaus die kompetenteste Autorität in dieser Frage war, der er ein langes Leben der Beobachtung und des Studiums widmete, das sich über den gesamten Himmel erstreckte, kann durch die Meinungen oder nicht leichtfertig beiseite geschoben werden Vermutungen derjenigen, die anzunehmen scheinen, dass wir an eine Unendlichkeit von Sternen glauben müssen, wenn das Gegenteil nicht absolut bewiesen werden kann. Da jedoch kein einziger Beweis angeführt werden kann, um die Unendlichkeit zu beweisen, und da alle Tatsachen und Hinweise, wie hier gezeigt, in die genau entgegengesetzte Richtung weisen, müssen wir, wenn wir in dieser Angelegenheit überhaupt auf Beweise vertrauen wollen, zu einem Ergebnis kommen zu dem Schluss, dass das Universum der Sterne in seiner Ausdehnung begrenzt ist.

Dr. Isaac Roberts liefert ähnliche Beweise hinsichtlich der Verwendung von Fotoplatten. Er schreibt: „Vor elf Jahren wurden mit dem 20-Zoll-Reflektor Fotos vom Großen Nebel in *Andromeda* gemacht und die Platten in Abständen von bis zu vier Stunden belichtet; und auf einigen von ihnen waren Sterne in der Helligkeit der 17. bis 18. Größe und Nebel in gleicher Helligkeit abgebildet. Die Filme der damals erhältlichen Platten waren weniger empfindlich als die, die in den letzten fünf Jahren erhältlich waren, und in dieser Zeit wurden mit dem 20-Zoll-Reflektor Fotografien des Nebels mit Belichtungszeiten von bis zu vier Stunden aufgenommen. Auf den späteren schnellen Platten sind jedoch weder Ausdehnungen des Nebels noch eine Zunahme der Anzahl der Sterne zu erkennen, als sie auf den früheren, langsameren abgebildet waren, obwohl die Sternbilder und der Nebel auf den späteren Platten eine größere Dichte aufweisen.

Genau ähnliche Tatsachen werden im Fall des Großen Nebels im *Orion* und der Gruppe der Plejaden aufgezeichnet. Im Fall der Milchstraße im *Cygnus* wurden mit demselben Instrument Fotos gemacht, allerdings mit unterschiedlichen Belichtungszeiten von einer bis zweieinhalb Stunden, aber auf dem einen konnten keine schwächeren Sterne gefunden werden als auf dem anderen; und diese Tatsache wurde durch ähnliche Fotos anderer Himmelsbereiche bestätigt.

DAS GESETZ DER ABNEHMENDEN ANZAHL VON
STERNEN

Wir werden nun eine andere Art von Beweisen betrachten, die den beiden bereits angeführten gleichwertig ist. Dies könnte man als das Gesetz der abnehmenden Zahlen über eine bestimmte Größenordnung hinaus bezeichnen, wie es von immer größeren Teleskopen beobachtet wird.

Seit einigen Jahren werden Sterngrößen durch sorgfältige photometrische Vergleiche sehr genau bestimmt. Sterne bis zur sechsten Größe sind mit bloßem Auge sichtbar und werden daher als klare Sterne bezeichnet. Alle schwächeren Sterne sind teleskopisch, und setzt man die Helligkeiten in einer Reihe fort, in der der Unterschied in der Leuchtkraft zwischen den einzelnen aufeinanderfolgenden Helligkeiten gleich ist, wird die siebzehnte Helligkeit erreicht und zeigt den Sichtbereich in den größten derzeit existierenden Teleskopen an. Nach der jetzt verwendeten Skala gibt ein Stern jeder Größe fast zweieinhalb Mal so viel Licht ab wie einer der nächstniedrigeren Größe, und für einen genauen Vergleich wird die scheinbare Helligkeit jedes Sterns auf das Zehntel einer Größe angegeben, was leicht möglich ist beobachtet. Aufgrund der Unterschiede in der Farbe der Sterne können diese Bestimmungen natürlich nicht mit vollkommener Genauigkeit durchgeführt werden, aber es liegt kein schwerwiegender Fehler vor, der auf diese Ursache zurückzuführen ist. Nach dieser Skala gibt ein Stern sechster Größe etwa ein Hundertstel des Lichts eines durchschnittlichen Sterns erster Größe ab. Sirius ist so außergewöhnlich hell, dass er neunmal so viel Licht abgibt wie ein normaler oder durchschnittlicher Stern erster Größe.

Nun hat man herausgefunden, dass die Zahl der Sterne vom ersten bis zum sechsten Stern etwa um das Dreieinhalbfache derjenigen der vorangehenden Größen zunimmt. Die Gesamtzahl der Sterne bis zur sechsten Größe wird von Professor Newcomb mit 7647 angegeben. Bei höheren Größen sind die Zahlen so groß, dass Präzision und Gleichmäßigkeit schwieriger zu erreichen sind; Dennoch gibt es eine wunderbare Fortsetzung des gleichen Wachstumsgesetzes bis zur zehnten Größenklasse, die schätzungsweise 2.311.000 Sterne umfasst und somit nahezu dem Verhältnis von 3,5 entspricht, das von den klaren Sternen bestimmt wird.

Aber wenn wir über die zehnte Größenklasse hinausgehen und auf die riesige Anzahl schwacher Sterne stoßen, die nur in den besten oder größten Teleskopen zu sehen sind, scheint es eine plötzliche Änderung im Verhältnis der erhöhten Anzahl pro Größenordnung zu geben. Die Anzahl dieser Sterne ist so groß, dass es unmöglich ist, sie als Ganzes zu zählen, wie es bei den Sternen höherer Größe der Fall ist, aber viele Astronomen haben zahlreiche Zählungen in kleinen Messgebieten in verschiedenen Teilen des Himmels durchgeführt, so dass ein angemessener Durchschnitt ermittelt werden konnte erhalten, und es ist möglich, eine nahezu Annäherung an die Gesamtzahl bis zur siebzehnten Größenordnung sichtbar zu machen. Nach Schätzungen von Astronomen, die sich speziell mit diesem Thema befasst haben, beträgt die Gesamtzahl der sichtbaren Sterne nicht mehr als einhundert Millionen. [3]

Aber wenn wir die Anzahl der Sterne bis zur neunten Größenordnung herabrechnen, die mit ziemlicher Genauigkeit bekannt ist, und die Zahlen in jeder folgenden Größenordnung bis zur siebzehnten finden, entsprechend dem gleichen Zuwachsverhältnis, das sich, wie sich herausstellte, in nahezu gleicher Größenordnung befindet Im Fall der höheren Größenordnungen kommt Herr JE Gore zu dem Schluss, dass die Gesamtzahl etwa 1400 Millionen betragen dürfte. Natürlich erhebt keine dieser Schätzungen den Anspruch auf exakte Genauigkeit, aber sie basieren auf allen derzeit verfügbaren Fakten und werden von Astronomen allgemein als die beste Annäherung an die wahren Zahlen angesehen. Die Diskrepanz ist jedoch so enorm, dass wahrscheinlich kein aufmerksamer Beobachter des Himmels mit sehr großen Teleskopen daran zweifelt, dass es eine sehr reale und sehr schnelle Abnahme der Zahl der schwächeren Sterne im Vergleich zu den helleren Sternen gibt.

Es gibt jedoch noch einen weiteren Hinweis auf die abnehmende Zahl der schwachen Teleskopsterne, der in dieser Frage fast schlüssig ist und, soweit ich weiß, in diesem Zusammenhang noch nicht verwendet wurde. Ich werde es daher kurz darlegen.

DAS LICHTVERHÄLTNIS ALS HINWEIS AUF DIE ZAHL VON SCHWACHEN STERNEN

Professor Newcomb weist auf ein bemerkenswertes Ergebnis hin, das auf der Tatsache beruht, dass das durchschnittliche Licht immer kleinerer Helligkeiten im Verhältnis 2,5 abnimmt, ihre Anzahl jedoch im Verhältnis fast 3,5 zunimmt. Daraus folgt, dass, solange dieses Gesetz der Zunahme anhält, die Gesamtheit des Sternenlichts um etwa vierzig Prozent zunimmt. für jede aufeinanderfolgende Größe, und er gibt die folgende Tabelle zur Veranschaulichung:

M ag.	1	Tot ales Lich t	= 1
"	2	"	= 1,4
"	3	"	= 2,0
"	4	"	= 2,8
"	5	"	= 4,0
"	6	"	= 5,7

"	7	"	= 8,0
"	8	"	= 11,3
"	9	"	= 16,0
"	10	"	= 22,6
	Gesamtlicht bis Mag. 10 = 74,8		

Somit ist die gesamte Lichtmenge, die von allen Sternen bis zur zehnten Größe abgegeben wird, vierundsiebzigmal so groß wie die der wenigen Sterne der ersten Größe. Wir sehen auch, dass das Licht, das die Sterne jeder Größe abgeben, doppelt so groß ist wie das der Sterne, die zwei Größenordnungen höher auf der Skala sind, sodass wir leicht berechnen können, welches zusätzliche Licht wir von jeder zusätzlichen Größe erhalten sollten, wenn dies weiterhin der Fall ist Die Zahlen nehmen unterhalb des Zehntels ebenso zu wie oberhalb dieser Größenordnung. Nun wurde als Ergebnis sorgfältiger Beobachtungen berechnet, dass das Gesamtlicht, das Sterne bis zur Größe neuneinhalb abgeben, ein Achtzigstel des Vollmondlichts beträgt, obwohl einige es viel mehr machen. Wenn wir jedoch die Tabelle der Lichtverhältnisse von diesem niedrigen Ausgangspunkt bis zur Größe siebzehneinhalb fortführen, werden wir feststellen, dass das Licht aller zusammengenommen, wenn die Anzahl der Sterne weiterhin mit der gleichen Geschwindigkeit zunimmt sollte mindestens siebenmal so groß sein wie das Mondlicht; während die photometrischen Messungen tatsächlich bei etwa einem Zwanzigstel liegen. Und da die Berechnung anhand der Lichtverhältnisse nur Sterne einbezieht, die gerade in den größten Teleskopen sichtbar sind, und nicht alle durch Fotografie nachgewiesenen Sterne einbezieht, haben wir in diesem Fall einen

Beweis dafür, dass die Anzahl der Sterne unter dem Zehntel und bis hinunter zum ... liegt die siebzehnte Größenordnung nimmt rapide ab.

Wir müssen bedenken, dass die winzigeren Teleskopsterne in und in der Nähe der Milchstraße enorm überwiegen. In einiger Entfernung davon nehmen sie rasch ab, bis sie in der Nähe seiner Pole fast ganz fehlen. Dies wird durch die (bereits auf S. 146 erwähnte) Tatsache gezeigt, dass Professor Celoria aus Mailand mit einem Teleskop von weniger als drei Zoll Öffnung fast ebenso viele Sterne in dieser Region zählte wie Herschel mit seinem 18-Zoll-Reflektor. Aber wenn sich das Sternenuniversum grenzenlos ausdehnt, können wir kaum annehmen, dass es dies nur auf einer Ebene tut; Daher wird das Fehlen kleinerer Sterne und des diffusen milchigen Lichts über dem größeren Teil des Himmels heute als Beweis dafür angesehen, dass die Myriaden sehr kleiner Sterne in der Milchstraße wirklich zu ihr gehören und nicht zu den Tiefen des Weltraums weit darüber hinaus.

Mir scheint, dass wir hier einen ziemlich direkten Beweis dafür haben, dass die Anzahl der Sterne in unserem Universum tatsächlich begrenzt ist.

Es gibt also vier verschiedene Argumentationsstränge, die alle mehr oder weniger überzeugend auf die Schlussfolgerung hinweisen, dass das Sternenuniversum, das wir um uns herum sehen, keineswegs unendlich ist, sondern in seiner Ausdehnung streng begrenzt ist und eine bestimmte Form und Beschaffenheit hat. Sie lassen sich kurz wie folgt zusammenfassen:

(1) Professor Newcomb zeigt, dass, wenn die Anzahl der Sterne unendlich wäre und die, die wir sehen, annähernd ein gutes Beispiel für das Ganze wären, und wenn es darüber hinaus nicht genügend dunkle Körper gäbe, um fast ihr gesamtes Licht auszuschließen, dann sollten wir von ihnen eine Lichtmenge erhalten, die theoretisch größer ist als die des Sonnenlichts. Ich habe ausführlich gezeigt, dass keine dieser Ursachen für den Lichtverlust das enorme Missverhältnis zwischen dem theoretischen und dem tatsächlichen Licht, das von den Sternen empfangen wird, erklären kann; und daher muss Professor Newcombs Argument gegen die unendliche Ausdehnung unseres Universums als gültig angesehen werden. Das bedeutet natürlich nicht, dass es im Weltraum nicht noch viele andere Universen geben könnte, aber da wir absolut nichts über sie wissen – selbst ob sie materiell oder immateriell sind – sind alle Spekulationen über ihre Existenz mehr als nutzlos.

(2) Das nächste Argument beruht auf der Tatsache, dass es überall am Himmel, sogar in der Milchstraße selbst, neben Rissen, Gassen und kreisförmigen Flecken Bereiche von beträchtlicher Ausdehnung gibt, in denen Sterne entweder ganz fehlen oder nur sehr schwach und wenige sind an Zahl. In vielen dieser Gebiete zeigen die größten Teleskope nicht mehr Sterne als mittelgroße, während die wenigen Sterne, die man sieht, auf einen sehr dunklen Hintergrund projiziert werden. Sir William Herschel,

Humboldt, Sir John Herschel, RA Proctor und viele lebende Astronomen sind der Ansicht, dass wir in diesen dunklen Bereichen, Rissen und Flecken vollständig durch unser Sternenuniversum hindurch in die sternenlosen Tiefen des Weltraums dahinter blicken können.

(3) Dann haben wir die bemerkenswerte Tatsache, dass sich die stetige Zunahme der Anzahl der Sterne bis hinunter zur neunten oder zehnten Größe, einem konstanten Verhältnis folgend, entweder allmählich oder plötzlich ändert, so dass sich die Gesamtzahl von der zehnten bis zur siebzehnten Größe ändert beträgt nur etwa ein Zehntel dessen, was es gewesen wäre, wenn das gleiche Steigerungsverhältnis fortgesetzt worden wäre. Die Schlussfolgerung, die aus dieser Tatsache gezogen werden kann, ist klar, dass diese schwachen Sterne immer dünner im Raum verstreut werden, während der dunkle Hintergrund, auf dem sie normalerweise zu sehen sind, zeigt, dass es sie, außer im Bereich der Milchstraße, *nicht gibt* Unmengen noch kleinerer unsichtbarer Sterne dahinter.

(4) Der letzte Hinweis auf ein begrenztes Sternuniversum – die Schätzung der Zahlen anhand des Lichtverhältnisses jeder aufeinanderfolgenden Größe – stützt die drei vorhergehenden Argumente überzeugend.

Die vier verschiedenen Arten von Beweisen, die jetzt angeführt werden, müssen, soweit die Umstände es zulassen, als zufriedenstellender Beweis dafür angesehen werden, dass das Sternenuniversum, zu dem unser Sonnensystem gehört, eindeutige Grenzen hat; und dass eine vollständige Kenntnis seiner Form, Struktur und Ausdehnung nicht außerhalb der Möglichkeiten der Astronomen der Zukunft liegt.

KAPITEL VIII

Unsere Beziehung zur Milchstraße

WIR nähern uns nun dem, was man als den eigentlichen Kern des Themas unserer Untersuchung bezeichnen könnte: der Bestimmung, wie wir uns tatsächlich in diesem riesigen, aber endlichen Universum befinden und wie sich diese Position wahrscheinlich auf unseren Globus als Schauplatz der Entwicklung von auswirken wird das Leben bis zu seinen höchsten Formen.

Wir beginnen mit unserer Beziehung zur Milchstraße (die wir in unserem vierten Kapitel ausführlich beschrieben haben), weil sie bei weitem das wichtigste Merkmal im gesamten Himmel ist. Sir John Herschel nannte es „die Grundebene des Sternsystems"; und je mehr es untersucht wird, desto mehr werden wir davon überzeugt, dass das gesamte Sternenuniversum – Sterne, Sternhaufen und Nebel – in irgendeiner Weise damit verbunden ist und wahrscheinlich von ihm abhängig ist oder von ihm kontrolliert wird. Es enthält nicht nur eine größere Anzahl von Sternen höherer Größenordnung als jeder andere Teil des Himmels gleicher Ausdehnung, sondern es umfasst neben den unzähligen Myriaden auch ein großes Übergewicht an Sternhaufen und eine große Menge diffuser Nebelmaterie aus winzigen Sternen, die ihr charakteristisches wolkenartiges Aussehen verleihen. Es ist auch die Region dieser seltsamen Ausbrüche, bei denen neue Sterne entstehen; während gasförmige Sterne von enormer Masse – einige wahrscheinlich tausend- oder sogar zehntausendmal so groß wie unsere Sonne und von intensiver Hitze und Brillanz – dort häufiger vorkommen als in jedem anderen Teil des Himmels. Es ist mittlerweile fast sicher, dass diese riesigen Sterne und die Myriaden winziger Sterne, die mit den größten Teleskopen gerade noch sichtbar sind, tatsächlich miteinander vermischt sind und zusammen ihre wesentlichen Merkmale ausmachen; In diesem Fall sind die schwächeren Sterne wirklich klein und können nicht weit voneinander entfernt sein. Sie bilden sozusagen die ersten Ansammlungen des nebulösen Substrats und liefern möglicherweise den Treibstoff, der den intensiven Glanz der Riesensonnen aufrechterhält. Wenn dem so ist, dann muss die Galaxie der Schauplatz gewaltiger Kräfte und kontinuierlicher Materiekombinationen sein, die aufgrund ihrer enormen Entfernung von uns unserer Aufmerksamkeit entgehen. Unter seinen Millionen winziger Teleskopsterne können jedes Jahr Hunderte oder Tausende erscheinen oder verschwinden, ohne dass wir sie bemerken, bis die fotografischen Karten vollständig sind und in kurzen Abständen genau untersucht werden können. Da in den letzten fünfzig Jahren zweifellos Veränderungen in vielen größeren Nebeln stattgefunden haben, können wir davon ausgehen, dass bald ähnliche Veränderungen in den Sternen und den Nebelmassen der Milchstraße beobachtet werden werden. Dr. Isaac Roberts hat sogar schon nach acht Jahren Veränderungen in Nebeln beobachtet.

DIE MILCHSTRAßE EIN GROßER KREIS

Trotz all ihrer Unregelmäßigkeiten, Teilungen und divergierenden Zweige sind sich Astronomen allgemein einig, dass die Milchstraße einen großen Kreis am Himmel bildet. Sir John Herschel, dessen Wissen darüber beispiellos war, erklärte, dass sein Verlauf „so weit, wie die Unbestimmtheit seiner Grenze es erlaubt, ihn festzulegen, dem eines Großkreises entspricht"; und er gibt die Rektaszension und Deklination der Punkte an, an denen sie die Äquinoktiallinie kreuzt, in Zahlen, die diese Punkte als genau gegenüberliegend definieren. Er definiert auch seinen Nord- und Südpol durch andere Figuren, um zu zeigen, dass es sich um die Pole eines Großkreises handelt. Und nachdem er auf Struves Ansicht verwiesen hat, dass es sich *nicht* um einen großen Kreis handelte, sagt er: „Ich behalte meine eigene Meinung." Professor Newcomb sagt, dass seine Position „fast immer in der Nähe eines Großkreises der Kugel liegt"; und wieder sagt er: „Dass wir uns auf der galaktischen Ebene selbst befinden, scheint auf zwei Arten gezeigt zu werden: (1) durch die Gleichheit der Anzahl der Sterne auf den beiden Seiten dieser Ebene bis zu ihren Polen; und (2) die Tatsache, dass die Zentrallinie der Galaxie ein Großkreis ist, was sie nicht wäre, wenn wir sie von einer Seite ihrer Zentralebene aus betrachten würden" (*The Stars* , S. 317). Miss Clerke spricht in ihrer *Geschichte der Astronomie* von „unserer Situation *auf* der galaktischen Ebene" als einer der unbestrittenen Tatsachen der Astronomie; während Sir Norman Lockyer in einer Vorlesung im Jahr 1899 sagte: „Die Mittellinie der Milchstraße ist wirklich nicht von einem Großkreis zu unterscheiden", und noch einmal in derselben Vorlesung – „sondern die neuere Arbeit, hauptsächlich von Gould in Argentinien." „hat gezeigt, dass es sich praktisch um einen großen Kreis handelt." [4]

Über diese Tatsache kann es also keinen Streit geben. Ein Großkreis ist ein Kreis, der die Himmelssphäre von der Erde aus gesehen in zwei gleiche Teile teilt, und daher muss die Ebene dieses Kreises durch die Erde verlaufen. Natürlich hat das Ganze einen so großen Maßstab, da die Breite der Milchstraße zwischen zehn und dreißig Grad variiert, dass die Ebene ihrer kreisförmigen Bahn nicht mit winziger Genauigkeit bestimmt werden kann. Aber das ist von geringer Bedeutung. Bei sorgfältiger Darstellung auf einer Karte, wie in der von Herrn Sidney Waters (siehe Ende des Bandes), können wir erkennen, dass ihre Mittellinie tatsächlich einem sehr gleichmäßigen Kreisverlauf folgt und „so nah wie möglich" einem Großkreis entspricht . Wir befinden uns daher mit Sicherheit innerhalb des Raums, der umschlossen wäre, wenn seine nördlichen und südlichen Ränder über den riesigen dazwischen liegenden Abgrund miteinander verbunden wären, und

- 108 -

aller Wahrscheinlichkeit nach nicht weit von der Mittelebene dieses umschlossenen Raums entfernt.

Die Form der Milchstraße und unserer

Position auf seiner Ebene

Obwohl die Galaxie aus unserer Sicht einen großen Kreis am Himmel bildet, folgt daraus keineswegs, dass sie im Grundriss kreisförmig ist. Da es ungleich breit und unregelmäßig im Umriss ist, könnte es eine elliptische oder sogar eckige Form haben, ohne dass es für uns offensichtlich wäre. Wenn wir in einer offenen Ebene oder einem Feld mit einem Durchmesser von zwei oder drei Meilen stünden und in jeder Richtung von Wäldern sehr unregelmäßiger Höhe und Dichte und großer Farbvielfalt begrenzt wären, würde es uns schwer fallen, die Form des Feldes zu beurteilen. Dies könnte entweder ein echter Kreis, ein Oval, ein Sechseck oder ein ganz unregelmäßiger Umriss sein, ohne dass wir die genaue Form erkennen könnten, es sei denn, einige Teile lagen uns sehr viel näher als andere. Ebenso wie die Wälder, die das Feld begrenzen, entweder ein schmaler Gürtel von nahezu gleichmäßiger Breite sein könnten oder an manchen Stellen nur wenige Meter breit sein könnten und sich an anderen über Meilen erstrecken, so gab es viele Meinungen über die Breite von die Milchstraße in Richtung ihrer Ebene, also in die Richtung, in die wir auf sie blicken. In letzter Zeit sind sich die Astronomen jedoch aufgrund langjähriger Beobachtungen und Studien ziemlich einig über seine allgemeine Form und sein Ausmaß, wie aus den folgenden Tatsachenfeststellungen und Begründungen hervorgeht.

Nachdem Frau Clerke die verschiedenen Ansichten vieler Astronomen dargelegt hat – und als Historikerin der modernen Astronomie hat ihre Meinung großes Gewicht –, ist sie der Ansicht, dass die wahrscheinlichste Ansicht davon darin besteht, dass es sich tatsächlich genau um das handelt, was es uns scheint – um einen riesigen Ring mit strömenden Anhängseln, die sich vom Hauptkörper in alle Richtungen erstrecken und den sehr komplexen Effekt erzeugen, den wir sehen. Mittlerweile scheint sich der Glaube auszubreiten, dass das gesamte Sternenuniversum kugelförmig oder sphäroidisch sei, wobei die Milchstraße sein Äquator sei, und dass es daher aller Wahrscheinlichkeit nach kreisförmig oder nahezu kreisförmig sei; und es wird auch angenommen, dass er rotieren muss – vielleicht sehr langsam –, da nichts anderes zur Bildung eines solch riesigen Rings geführt haben kann oder ihn nach seiner Entstehung bewahren kann.

Da die Anzahl der Sterne in allen Richtungen zur Milchstraße ungefähr gleich ist, ist Professor Newcomb der Ansicht, dass es keinen großen Unterschied in unserer Entfernung von ihr in verschiedenen Richtungen geben kann. Daraus würde folgen, dass sein Grundriss annähernd kreisförmig oder weitgehend elliptisch ist. Man kann davon ausgehen, dass die Existenz von Ringnebeln eine solche Form wahrscheinlich macht.

Sir Norman Lockyer liefert Tatsachen, die in die gleiche Richtung tendieren. In einem Artikel in *Nature* vom 8. November 1900 sagt er: „Wir stellen fest, dass die gasförmigen Sterne nicht nur auf die Milchstraße beschränkt sind, sondern dass sie in jeder Richtung und auf jedem galaktischen Längengrad am weitesten entfernt sind; alle haben die kleinste Eigenbewegung.' Und wiederum bezieht er sich darauf, dass die heißesten Sterne auf allen Seiten von uns gleich weit entfernt sind, und sagt: „Weil wir uns im Zentrum befinden, weil das Sonnensystem im Zentrum ist, entsteht der beobachtete Effekt." Er ist auch der Ansicht, dass der Ringnebel in Lyra nahezu die Form unseres gesamten Systems darstellt; und er fügt hinzu: „Wir wissen praktisch, dass in unserem System das Zentrum der Bereich mit der geringsten Störung und daher kühleren Bedingungen ist."

Diese verschiedenen Fakten und Schlussfolgerungen einiger der bedeutendsten Astronomen deuten alle auf eine eindeutige Schlussfolgerung hin, nämlich dass unsere Position oder die des Sonnensystems nicht sehr weit vom Zentrum des riesigen Sternenrings entfernt ist, der die Milchstraße bildet, während die Dieselben Tatsachen deuten darauf hin, dass dieser Ring eine nahezu kreisförmige Form hat. Hier gibt es, mehr noch als was unsere Position in der Ebene der Galaxis betrifft, keine Möglichkeit einer genauen Bestimmung; aber es ist ziemlich sicher, dass, wenn wir sehr weit vom Zentrum entfernt wären, sagen wir zum Beispiel ein Viertel seines Durchmessers von einer Seite davon und drei Viertel von der anderen, die Erscheinungen nicht so wären, wie sie sind. und wir sollten die Exzentrizität unserer Position leicht erkennen. Selbst wenn wir auf der einen Seite einen Durchmesser von einem Drittel und auf der anderen von zwei Dritteln hätten, muss man meiner Meinung nach zugeben, dass dies auch durch die verschiedenen derzeit verfügbaren Forschungsmethoden festgestellt worden wäre. Wir müssen uns also irgendwo zwischen dem tatsächlichen Mittelpunkt und einem Kreis befinden, dessen Radius ein Drittel der Entfernung zur Milchstraße beträgt. Befinden wir uns jedoch etwa in der Mitte zwischen diesen beiden Positionen, sind wir nur noch ein Sechstel des Radius oder ein Zwölftel des Durchmessers der Milchstraße von ihrem genauen Mittelpunkt entfernt; und wenn wir Teil eines Clusters oder einer Gruppe von Sternen sind, die sich langsam um dieses Zentrum drehen, sollten wir wahrscheinlich alle Vorteile, wenn überhaupt, aus einer nahezu zentralen Position im gesamten Sternensystem ziehen.

Diese Frage unserer Situation innerhalb des großen Kreises der Milchstraße ist von dem Gesichtspunkt, den ich hier vorschlage, von erheblicher Bedeutung, so dass jede Tatsache, die sich darauf bezieht, beachtet werden sollte; und es gibt einen, der, glaube ich, nicht das volle

Gewicht erhalten hat, das ihm zusteht. Es wird allgemein anerkannt, dass die größere Brillanz einiger Teile der Milchstraße kein Hinweis auf die Nähe ist, da Oberflächen aus jeder Entfernung, aus der sie gesehen werden, die gleiche Brillanz besitzen. Somit hat jeder Planet seine besondere Brillanz oder Reflexionskraft, die technisch als „Albedo" bezeichnet wird, und diese bleibt in allen Entfernungen gleich, wenn die anderen Bedingungen ähnlich sind. Aber ungeachtet dieser wohlbekannten Tatsache wurde die Bemerkung von Sir John Herschel, dass die größere Helligkeit der südlichen Milchstraße „stark den Eindruck größerer Nähe vermittelt" und wir uns daher exzentrisch in ihrer Ebene befinden, von vielen Autoren übernommen wenn es die Feststellung einer Tatsache oder zumindest eine klar zum Ausdruck gebrachte Meinung wäre, statt nur ein bloßer „Eindruck" zu sein, und zwar in Wirklichkeit ein irreführender. Ich möchte daher ein Phänomen anführen, das einen echten Einfluss auf die Frage hat. Es ist offensichtlich, dass, wenn die Milchstraße tatsächlich überall eine einheitliche Breite hätte, Unterschiede in der scheinbaren Breite auf Unterschiede in der Entfernung hinweisen würden. In den uns näheren Teilen erscheint es breiter, in den weiter entfernten Teilen schmaler; aber in diesen entgegengesetzten Richtungen gäbe es nicht unbedingt Helligkeitsunterschiede. Wir sollten jedoch erwarten, dass in den uns näheren Teilen die hellen Sterne sowie solche innerhalb bestimmter Größengrenzen im Durchschnitt entweder zahlreicher oder weiter voneinander entfernt sein würden. Ein solcher Unterschied wurde jedoch nicht festgestellt; aber es *gibt* eine eigentümliche Entsprechung in den gegenüberliegenden Teilen der Galaxie, die sehr suggestiv ist. In den wunderschönen Karten der Nebel und Sternhaufen des verstorbenen Herrn Sidney Waters, die von der Royal Astronomical Society veröffentlicht und hier mit deren Genehmigung reproduziert wurden (siehe Ende des Bandes), ist die Milchstraße in ihrer gesamten Ausdehnung sehr detailliert beschrieben von den besten Autoritäten. Diese Diagramme zeigen uns, dass es in beiden Hemisphären seine maximale Ausdehnung am rechten und linken Rand der Diagramme erreicht, wo es nahezu gleich groß ist; In der Mitte jedes Diagramms, also an den Punkten, die dem Nord- bzw. Südpol am nächsten sind, befindet es sich an der schmalsten Stelle. und obwohl dieser Teil der südlichen Hemisphäre am hellsten und am stärksten ausgeprägt ist, ist die tatsächliche Ausdehnung, einschließlich der schwächeren Teile, in den gegenüberliegenden Segmenten wiederum nicht sehr ungleich. Hier haben wir eine bemerkenswerte und bedeutsame Symmetrie in den Proportionen der Milchstraße, die in Verbindung mit der nahezu symmetrischen Streuung der Sterne in allen Teilen des riesigen Rings stark auf eine nahezu kreisförmige Form und unsere nahezu zentrale Form schließen lässt Position innerhalb seiner Ebene. Es gibt noch ein weiteres bemerkenswertes Merkmal dieser Beschreibung der Milchstraße. Es war allgemeine Praxis, davon zu sprechen, dass es sich über einen beträchtlichen

Teil seiner Ausdehnung verdoppelt, und alle üblichen Sternkarten zeigen die Teilung stark übertrieben, besonders auf der nördlichen Hemisphäre; und diese Unterteilung wurde als so wichtig erachtet, dass sie zur Spaltungstheorie ihrer Form führte oder dass sie aus zwei getrennten unregelmäßigen Ringen bestand, wobei der nähere Ring den entfernteren teilweise verbarg; während andere verschiedene Spiralkombinationen für die beste Erklärung für sein komplexes Erscheinungsbild hielten. Aber diese neuere Karte, die vom Astronomen von Lord Rosse, Dr. Boeddicker, der sich fünf Jahre mit der Darstellung beschäftigte, von einer großen Karte verkleinert wurde, zeigt uns, dass es in keinem Teil der nördlichen Hemisphäre eine tatsächliche Teilung gibt, sondern überall und überall Auf seiner gesamten Breite besteht es aus zahlreichen miteinander verwobenen Bächen und Zweigen, die in ihrer Leuchtkraft stark variieren und an ihren Rändern viele schwache oder kaum erkennbare Ausläufer aufweisen, die jedoch einen unverkennbaren nebligen Gürtel bilden. und derselbe allgemeine Charakter trifft auf die südliche Hemisphäre zu, wie von Dr. Gould beschrieben.

Ein weiteres Merkmal, das auf diesen genaueren Karten gut sichtbar ist, ist die regelmäßige Krümmung der Mittellinie der Milchstraße. Wir können dies fast ausreichend mit dem Auge beurteilen; Wenn wir jedoch mit einem Zirkel den richtigen Radius und das Krümmungszentrum finden, werden wir sehen, dass die wahre kreisförmige Kurve immer genau im Zentrum der Nebelmasse liegt und derselbe Radius auf die gleiche Weise auf das Gegenteil angewendet wird Hemisphäre ergibt ein ähnliches Ergebnis. Es ist zu beachten, dass die Milchstraße auf diesen Karten schräg liegt und der Mittelpunkt der Kurve etwa bei RA 0h liegt. 40m. in der Karte der südlichen Hemisphäre und in RA 12h. 40m. in dem der nördlichen Hemisphäre; während der Krümmungsradius etwa der Länge der Sehne von acht Stunden RA entspricht, gemessen am Rand der Karten. Diese große Regelmäßigkeit der Krümmung der Mittellinie der Galaxie deutet stark darauf hin, dass Rotation das einzige Mittel war, durch das sie entstanden und aufrechterhalten werden konnte.

DER SOLARCLUSTER

Astronomen sind sich mittlerweile allgemein einig, dass es einen Sternhaufen gibt, zu dem unsere Sonne gehört, obwohl die genauen Abmessungen, Formen und Grenzen noch diskutiert werden. Sir William Herschel kam vor langer Zeit zu dem Schluss , dass die Milchstraße „aus Sternen besteht, die ganz anders verstreut sind als die Sterne, die uns unmittelbar umgeben". Dr. Gould glaubte, dass es etwa fünfhundert helle Sterne gab, die viel näher bei uns waren als die Milchstraße, die er den Sonnenhaufen nannte. Und Miss Clerke stellt fest, dass die tatsächliche Existenz eines solchen Sternhaufens durch die Tatsache angezeigt wird, dass

„eine Zählung der Sterne in photometrischer Reihenfolge einen systematischen Überschuss an Sternen heller als der 4. Größenordnung aufdeckt, was sicher macht, dass es tatsächlich eine Kondensation im Sternbild gibt." in der Nähe der Sonne – dass der durchschnittliche kubische Raum pro Stern innerhalb einer ihn umschließenden Kugel mit einem Radius von beispielsweise 140 Lichtjahren kleiner ist als weiter entfernt. [5]

Die interessanteste Untersuchung zu diesem Thema stammt jedoch von Professor Kapteyn aus Gröningen, einem der akribischsten Forscher der Sternenverteilung. Er stützt seine Schlussfolgerungen hauptsächlich auf die Eigenbewegungen der Sterne, da dies der beste allgemeine Hinweis auf die Entfernung ist, solange es keine tatsächliche Bestimmung der Parallaxe gibt. Er nutzte die Eigenbewegungen und die Spektren von mehr als zweitausend Sternen und kam zu dem Ergebnis, dass eine beträchtliche Anzahl von Sternen mit großen Eigenbewegungen, die auch solare Spektren aufweisen, unsere Sonne in allen Richtungen umgeben und keine Sterne zeigen erhöhte Dichte, wie dies bei weiter entfernten Sternen in Richtung der Milchstraße der Fall ist. Er findet außerdem heraus, dass die Sterne in der Mitte dieses Haufens viel näher beieinander liegen als in der Nähe seiner äußeren Grenzen (er sagt, dass es achtundneunzigmal so viele sind), dass er eine annähernd kugelförmige Form hat und dass die maximale Kompression nahezu ebenso groß ist wie festgestellt werden kann, im Mittelpunkt des Kreises der Milchstraße, während die Sonne in einiger Entfernung von diesem Mittelpunkt steht. [6]

Es ist eine sehr bezeichnende Tatsache, dass die meisten Sterne, die zu diesem Sternhaufen gehören, Spektren vom Sonnentyp haben, was darauf hindeutet, dass sie die gleiche allgemeine chemische Konstitution wie unsere Sonne haben und sich auch ungefähr auf dem gleichen Entwicklungsstadium befinden; und dies könnte durchaus auf ihren Ursprung in einer großen Nebelmasse zurückzuführen sein, die sich im oder nahe dem Zentrum der galaktischen Ebene befand und wahrscheinlich um ihren gemeinsamen Schwerpunkt kreiste.

Da Kapteyns Ergebnis auf Materialien beruhte, die nicht so vollständig oder zuverlässig waren wie die jetzt verfügbaren, hat Professor S. Newcomb die Frage selbst untersucht und dabei zwei aktuelle Listen von Sternen verwendet, von denen sich eine auf solche mit Eigenbewegungen von 10" pro Jahrhundert beschränkte von denen es 295 gibt, und der andere von fast 1500 Sternen mit „beträchtlichen Eigenbewegungen". Sie befinden sich in zwei Zonen mit einer Breite von jeweils etwa 5° und schneiden die Milchstraße in verschiedenen Teilen ihres Verlaufs. Sie bieten daher einen guten Test für die Verteilung dieser näheren Sterne in Bezug auf die Galaxie. Das Ergebnis ist , dass diese Sterne im Durchschnitt in oder in der Nähe der Milchstraße nicht zahlreicher sind als anderswo; und Professor Newcomb drückt sich zu diesem Punkt wie folgt aus: „Die Schlussfolgerung ist interessant und wichtig. Wenn wir alle vom Himmel auslöschen sollten." Wenn Sterne keine Eigenbewegung haben, die groß genug ist, um entdeckt zu werden, sollten wir verbleibende Sterne aller Größenordnungen finden; aber sie würden fast gleichmäßig über den Himmel verstreut sein und kaum oder gar keine Tendenz zeigen, sich in Richtung der Galaxie zu drängen, außer vielleicht in der Region gegen 19 Uhr Rektaszension.' [7]

Eine kleine Überlegung wird zeigen, dass, da die Sterne aller Größenordnungen, die uns im Durchschnitt am nächsten sind, in „alle Richtungen" und „fast gleichmäßig" über den Himmel verteilt sind, dies zwangsläufig bedeutet, dass sie einen Cluster oder eine Gruppe bilden. und dass unsere Sonne irgendwo nicht weit vom Zentrum dieser Gruppe entfernt ist. Professor Newcomb verweist erneut auf „die bemerkenswerte Gleichheit in der Anzahl der Sterne in entgegengesetzten Richtungen von uns." Wir stellen keinen deutlichen Unterschied zwischen den Zahlen rund um die gegenüberliegenden Pole der Galaxie fest, noch, soweit bekannt, zwischen der Sternendichte in verschiedenen Regionen in gleichen Abständen von der Milchstraße" (*The Stars* , S. 315) . Und wieder bezieht er sich auf die gleiche Frage auf S. 317, wo er sagt: „Soweit wir anhand der Anzahl der Sterne in allen Richtungen und vom Aspekt der Milchstraße aus urteilen können, befindet sich unser System nahe dem Zentrum des Sternenuniversums."

Ich denke, meinen Lesern wird jetzt klar sein, dass die vier wichtigsten astronomischen Thesen, die in meinem Artikel dargelegt wurden, der im New York *Independent* und in der *Fortnightly Review erschien* und von meinen astronomischen Kritikern entweder geleugnet oder für unbewiesen erklärt wurden, Es hat sich gezeigt, dass sie durch so viele konvergierende Beweislinien gestützt werden, dass es nicht mehr möglich ist, zu leugnen, dass sie, zumindest vorläufig, ziemlich gut begründet sind. Diese Tatsachen sind, (1) dass das Sternenuniversum keine unendliche Ausdehnung hat; (2) dass sich unsere Sonne in der Zentralebene der Milchstraße befindet; (3) dass es sich auch nahe der Mitte dieser Ebene befindet; (4) dass wir von einer Gruppe oder Ansammlung von Sternen unbekannter Größe umgeben sind, die einen Platz nicht weit vom Zentrum der galaktischen Ebene und daher nahe dem Zentrum unseres Sternenuniversums einnehmen.

Diese vier Thesen werden nicht nur jeweils durch übereinstimmende Beweislinien gestützt, darunter auch einige, von denen ich glaube, dass sie bisher noch nicht zur Stützung angeführt wurden, sondern auch eine Reihe von Astronomen, zugegebenermaßen erstklassigen, sind hinsichtlich der Tragweite zu den gleichen Schlussfolgerungen gelangt der Beweise und haben ihre Überzeugungen in der von mir zitierten klarsten Art und Weise zum Ausdruck gebracht. Es sind *ihre* Schlussfolgerungen, an die ich appelliere und die ich annehme; Dennoch leugnen meine beiden wichtigsten astronomischen Kritiker entschieden, dass es irgendeinen gültigen Beweis für die Endlichkeit des Sternenuniversums gibt, was einer von ihnen als „Mythos" bezeichnet, und er beschuldigt *mich sogar* , damit begonnen zu haben. Beide stimmen jedoch darin überein, einen Einwand gegen meine Hauptthese sehr deutlich vorzubringen: dass unsere zentrale Position (nicht unbedingt genau im Zentrum) im Sternenuniversum eine Bedeutung und einen Zweck im Zusammenhang mit der Entwicklung des Lebens und des Lebens hat Mensch auf dieser Erde und, *soweit wir wissen* , nur hier. Mit diesem einen Einwand, dem einzigen, der meiner Meinung nach das geringste Gewicht hat, werde ich mich nun befassen.

DIE BEWEGUNG DER SONNE DURCH DEN WELTRAUM

Die beiden Astronomen, die mir die Ehre erwiesen, meinen ursprünglichen Artikel zu kritisieren, betonten mit größtem Nachdruck die Tatsache, dass selbst wenn ich bewiesen hätte, dass die Sonne jetzt eine nahezu zentrale Position im großen Sternensystem einnehme, sie in Wirklichkeit überhaupt keine Bedeutung habe , denn bei der Geschwindigkeit, mit der sich die Sonne bewegte, „waren wir vor fünf Millionen Jahren tief im eigentlichen Strom der Milchstraße; In fünf Millionen Jahren werden wir die Kluft, die sie umschließt, vollständig überquert haben und wieder Mitglied einer ihrer konstituierenden Gruppen sein, allerdings auf der gegenüberliegenden Seite. Und zehn Millionen Jahre werden von Geologen und Biologen nur als eine Kleinigkeit angesehen, um ihren Ansprüchen an die Zeitbank gerecht zu werden. So spricht einer meiner Kritiker. Der andere ist genauso niederschmetternd. Er sagt: „Wenn das sichtbare Universum ein Zentrum hat und wir es heute besetzen, haben wir es gestern sicherlich nicht getan und werden es auch morgen nicht tun." Es ist bekannt, dass sich das Sonnensystem zwischen den Sternen mit einer Geschwindigkeit bewegt, die uns innerhalb von 100.000 Jahren zum Sirius befördern würde, wenn wir zufällig in seine Richtung reisen würden, was aber nicht der Fall ist. In den 50 oder 100 Millionen Jahren, in denen diese Erde laut Geologen ein bewohnbarer Globus war, müssen wir rechts und links an Tausenden von Sternen vorbeigekommen sein ... In seinem Bestreben, das Universum einzuschränken Im Weltraum hat Dr. Wallace sicherlich vergessen, dass es für seine Zwecke ebenso wichtig ist, ihn zeitlich zu begrenzen; aber unvergleichlich schwieriger angesichts der gesicherten Tatsachen ... Tatsächlich hätten wir in dieser Zeit, weit davon entfernt, über Dutzende oder vielleicht Hunderte von Millionen Jahren ruhig eine zentrale Position in ununterbrochener Kontinuität genossen zu haben, das Universum von der Grenze aus durchquert zur Grenze.' [8]

Nun würde der durchschnittliche Leser dieser beiden Kritiken unter Berücksichtigung der hohen offiziellen Position beider Autoren ihre Aussagen zu dem Fall als erwiesene Tatsachen akzeptieren, die keinerlei

- 115 -

Einschränkung erfordern, und zu dem Schluss kommen, dass meine gesamte Argumentation dadurch wertlos geworden ist. und alles, was ich darauf gründete, war ein fantastischer Traum. Aber wenn ich andererseits zeigen kann, dass ihre angegebenen Tatsachen über die Bewegung der Sonne keineswegs bewiesen sind, weil sie auf Annahmen beruhen, die völlig falsch sein können; Und wenn sich die Tatsachen als im Wesentlichen richtig erweisen sollten, haben sie es außerdem versäumt, wohlbekannte und anerkannte Qualifikationen anzugeben, die die Schlussfolgerungen, die sie aus den Tatsachen ziehen, sehr zweifelhaft machen, dann wird der Durchschnittsleser die wertvolle Lektion lernen, die dieser Beamte hat Interessenvertretung, sei es in der Medizin, im Recht oder in der Wissenschaft, darf niemals akzeptiert werden, bis die andere Seite des Falles angehört wurde. Lassen Sie uns daher sehen, was die Fakten wirklich sind.

Professor Simon Newcomb berechnet, dass, wenn es einhundert Millionen Sterne im Sternenuniversum gibt, von denen jeder fünfmal so groß ist wie die Masse unserer Sonne, und über einen Raum verteilt sind, für dessen Durchquerung das Licht dreißigtausend Jahre benötigen würde, dann jede Masse, die ein solches System durchquert, mit a Mit einer Geschwindigkeit von mehr als 25 Meilen pro Sekunde würde er in den unendlichen Weltraum fliegen und nie wieder zurückkehren. Da es nun viele Sterne gibt, die offensichtlich eine weitaus höhere Geschwindigkeit als diese Geschwindigkeit haben, würde daraus folgen, dass das sichtbare Universum instabil ist. Dies impliziert auch, dass diese großen Geschwindigkeiten nicht im System selbst erreicht wurden, sondern dass die Körper, die sie besitzen, von außen in das System eingedrungen sein müssen und daher andere Universen als Ernährer unseres Universums benötigen.

Für die Richtigkeit der obigen Aussage ist die Autorität von Professor Newcomb eine ausreichende Garantie; Es können jedoch Änderungen an den zugrunde liegenden Daten erforderlich sein, die das Ergebnis erheblich verändern können. Wenn ich mich nicht irre, basiert die Schätzung von hundert Millionen Sternen auf tatsächlichen Zählungen oder Schätzungen von Sternen aufeinanderfolgender Größenordnungen in verschiedenen Teilen des Himmels und umfasst weder die Sterne der dichteren Sternhaufen noch die unzähligen Millionen direkt dahinter die Reichweite von Teleskopen in der Milchstraße. Bei der Berechnung der Gesamtmasse des Sternsystems berücksichtigt es weder die dunklen Sterne, von denen einige Astronomen annehmen, dass sie um ein Vielfaches zahlreicher sind als die hellen, noch die große Zahl großer und kleiner Nebel. [9] In seiner neuesten Arbeit sagt Professor Newcomb: „Die Gesamtzahl der Sterne beträgt Hunderte Millionen.“; und daher wird die Kontrollkraft des Systems auf die darin befindlichen Körper um ein Vielfaches größer sein als die oben angegebene und könnte sogar ausreichen, um einen sich so schnell bewegenden Stern wie Arcturus, von dem angenommen wird, dass er sich mit der Geschwindigkeit bewegt, in seinen Grenzen zu halten mehr als dreihundert Meilen pro Sekunde. Aber es gibt noch eine weitere sehr wichtige Einschränkung für die Schlussfolgerungen, die aus Professor Newcombs Berechnung gezogen werden können. Es geht davon aus, dass die Sterne nahezu gleichmäßig über den gesamten Raum verteilt sind, in den sich das System erstreckt. Aber die Fakten sind ganz anders. Die Existenz von Sternhaufen, von denen einige viele tausend Sterne umfassen, ist ein Beispiel für eine unregelmäßige Verteilung, und jeder dieser größeren Sternhaufen wäre wahrscheinlich in der Lage, den Kurs selbst der schnellsten Sterne, die in seiner Nähe vorbeiziehen, zu ändern. Die größeren Nebel könnten die gleiche Wirkung haben, da der verstorbene Herr Ranyard, indem er alle seine Daten heranzog, um ein minimales Ergebnis zu erzielen, die wahrscheinliche Masse des Orionnebels auf das Viereinhalbmillionenfache der Sonnenmasse berechnete Es kann viele andere gleich große Nebel geben. Aber weitaus wichtiger ist die Tatsache, dass der riesige Ring der Milchstraße heute von Astronomen allgemein als nicht nur scheinbar, sondern tatsächlich dichter mit Sternen und auch mit riesigen Massen nebulöser Materie bevölkert gilt als jeder andere Teil davon der Himmel, so dass er möglicherweise einen sehr großen Teil der gesamten Materie des sichtbaren Universums in sich umfasst. Dies wird durch die Tatsache wahrscheinlicher, dass die große Mehrheit der Sternhaufen entlang seines Verlaufs liegt, die meisten riesigen Gassterne zu ihm gehören, während das Auftreten nur „neuer Sterne" dort ein Beweis für einen Überfluss an Materie in verschiedenen Formen ist Formen, die zu häufigen wärmeerzeugenden Kollisionen führen, ebenso wie das häufige Auftreten von Meteoritenschauern auf unserer Erde ein Beweis für den Überfluss an meteorischer Materie im Sonnensystem ist.

Mathematiker haben erkannt, dass es innerhalb eines großen Systems von Körpern, die dem Gesetz der Gravitation unterliegen, keine geradlinige Bewegung geben kann; Auch kann innerhalb eines solchen Systems nicht allein durch die Wirkung der Schwerkraft irgendeine Bewegung entstehen, die in der Lage wäre, irgendeine seiner Massen aus dem System zu befördern. Die ultimative Tendenz muss eher zur Konzentration als zur Zerstreuung gehen.

Es erscheint daher nur vernünftig, anzunehmen, dass alle Bewegungen und Geschwindigkeiten, die wir unter den Sternen finden, durch die Gravitationskraft der größeren Ansammlungen erzeugt wurden, die möglicherweise durch elektrische Abstoßungskräfte, durch Kollisionen und durch die Ergebnisse dieser Kollisionen verändert wurden ; und wir können die Veränderungen, die jetzt sichtbar in einigen Nebeln und Sternhaufen stattfinden, als Anzeichen für die Kräfte betrachten, die wahrscheinlich den tatsächlichen Zustand des gesamten Sternenuniversums herbeigeführt haben.

Wenn wir die wunderschönen Fotografien von Nebeln von Dr. Roberts und anderen Beobachtern untersuchen, stellen wir fest, dass sie viele Formen haben. Einige sind extrem unregelmäßig und ähneln fast Flecken von Zirruswolken, aber eine große Anzahl weist entweder eine deutlich spiralförmige Form auf oder weist Anzeichen einer Spirale auf, und dies wurde sogar bei einigen der großen unregelmäßigen Nebel der Fall. Andererseits haben wir zahlreiche ringförmige Nebel, meist mit einem in dichtem Nebel verwickelten Stern im Zentrum, der durch einen dunklen Raum unterschiedlicher Breite vom äußeren Ring getrennt ist. Alle diese Arten von Nebeln enthalten Sterne, die offenbar einen Teil ihrer Struktur bilden, während Dr. Roberts glaubt, dass andere, die sich im Aussehen nicht von gewöhnlichen Sternen unterscheiden, zwischen uns und dem Nebel liegen. Bei vielen Spiralnebeln sind die Sterne oft entlang der Windungen der Spirale aufgereiht, während andere gekrümmte Sternenlinien direkt außerhalb des Nebels zu sehen sind, so dass man nicht umhin kann, den Schluss zu ziehen, dass beide wirklich mit ihm verbunden sind Die äußeren Linien der Sterne weisen auf eine frühere größere Ausdehnung des Nebels hin, dessen Material beim Wachstum dieser Sterne verbraucht wurde. Einige dieser Spiralnebel zeigen wunderschön regelmäßige Windungen, und diese haben normalerweise eine große zentrale sternähnliche Masse, wie in M. 100 Comæ und I. 84 Comæ, in Bd. II. Pl. 14 Fotos von Dr. Roberts. Dr. Roberts geht davon aus, dass die geraden weißen Streifen über dem Plejadennebel und einige andere Anzeichen von seitlich sichtbaren Spiralnebeln sind. In anderen Fällen sind Sternhaufen mehr oder weniger nebulös, und die Anordnung der Sterne scheint darauf hinzudeuten, dass sie sich aus einem Spiralnebel entwickelt haben. Es ist zu beachten, dass viele der von Sir John Herschel als planetarische Nebel klassifizierten Objekte auf den besten Fotos tatsächlich vom Ringtyp sind, wenn auch oft mit einer sehr engen Trennung zwischen Ring und Zentralmasse. Diese Form kann daher häufig vorkommen.

Aber wenn diese ringförmige Form mit einer Art zentralem Kern, der oft sehr groß ist, unter bestimmten Bedingungen durch die Wirkung der gewöhnlichen Bewegungsgesetze auf mehr oder weniger ausgedehnte Massen diskreter Materie erzeugt wird, warum können dann nicht dieselben Gesetze auf ähnliche Materie wirken? Einst über die gesamte Ausdehnung des bestehenden Sternuniversums oder sogar über dessen heutige äußerste Grenzen verteilt, haben sie zur Ansammlung der riesigen ringförmigen Formation der Milchstraße geführt, in der sich alle untergeordneten Konzentrations- oder Zerstreuungszentren befinden oder drumherum? Und wenn dies eine vernünftige Vorstellung ist, dürfen wir dann nicht hoffen, dass durch eine Konzentration der Aufmerksamkeit auf einige der am besten markierten und am günstigsten gelegenen Ring- und Spiralsysteme ausreichende Kenntnisse über ihre inneren Bewegungen gewonnen werden können, die als Leitfaden dienen können Welche Art von Bewegung können wir im großen galaktischen Ring und seinen untergeordneten Sternen erwarten? Dann könnten wir vielleicht entdecken, dass die jetzt scheinbar so unberechenbaren Bewegungen in Wirklichkeit allesamt Teile einer Reihe von Umlaufbewegungen sind, die durch die Kräfte des großen Systems, zu dem sie gehören, begrenzt und gesteuert werden, so dass sie, wenn sie mathematisch nicht stabil sind, dennoch hinreichend stabil sein können einige Milliarden Jahre überdauern.

Es ist eine bezeichnende Tatsache, dass die berechnete Position des „Sonnenscheitels" – der Punkt, auf den sich unsere Sonne scheinbar zubewegt – nun viel näher in der Ebene der Milchstraße liegt als die Position, die ihr zuerst zugewiesen wurde, und Professor Newcomb geht, was höchstwahrscheinlich zutrifft, von einem Punkt in der Nähe des hellen Sterns Wega im Sternbild Leier aus. Andere Rechner haben es noch weiter östlich platziert, während Rancken und Otto Stumpe ihm tatsächlich eine Position in der Milchstraße zuordnen; und Herr GC Bompas kommt zu dem Schluss, dass die Bewegungsebene der Sonne nahezu mit der der Galaxie übereinstimmt. M. Rancken fand heraus, dass 106 Sterne in der Nähe der Milchstraße in ihren sehr kleinen Eigenbewegungen eine Drift entlang der Milchstraße in einer Richtung von Cassiopeiæ in Richtung Orion zeigten, und es wird angenommen, dass dies teilweise auf die entgegengesetzte Bewegung unserer Sonne zurückzuführen ist Richtung.

In vielen anderen Teilen des Himmels gibt es Gruppen von Sternen, die fast identische Eigenbewegungen haben – ein Phänomen, das der verstorbene RA Proctor „Sterndrift" nannte; und er wies insbesondere darauf hin, dass fünf der Sterne des Großen Bären alle in die gleiche Richtung drifteten; und obwohl dies von späteren Autoren bestritten wurde, erklärt Professor Newcomb in seinem jüngsten Buch über „ *The Stars* ", dass Proctor recht hatte, und erklärt, dass der Fehler seiner Kritiker darauf zurückzuführen sei, dass sie die Divergenz der Rektaszensionskreise nicht berücksichtigt hätten . Die Plejaden sind eine weitere Gruppe, deren Sterne in die gleiche Richtung driften, und es ist eine äußerst eindrucksvolle Tatsache, dass Fotografien nun zeigen, dass dieser Sternhaufen in einen riesigen Nebel eingebettet ist, der daher auch eine Eigenbewegung aufweist; aber einige der kleineren Sterne nehmen nicht daran teil. Drei Sterne in Cassiopeiæ bewegen sich ebenfalls zusammen, und zweifellos müssen noch viele andere ähnlich verbundene Gruppen entdeckt werden.

Diese Tatsachen haben einen sehr wichtigen Einfluss auf die Frage der Bewegung unserer Sonne im Weltraum. Denn diese Bewegung wurde durch den Vergleich der Bewegungen einer großen Anzahl von Sternen bestimmt, von denen man annimmt, dass sie völlig unabhängig voneinander sind und sich sozusagen zufällig bewegen. Miss AM Clerke bringt diesen Punkt in ihrem *System der Sterne* sehr deutlich zum Ausdruck: „Denn die Annahme, dass die absoluten Bewegungen der Sterne keine Richtung gegenüber einer anderen bevorzugen, bildet die Grundlage aller bisher durchgeführten Untersuchungen." translatorischer Fortschritt des Sonnensystems. Das kleine Gefüge des mühsam erworbenen Wissens darüber bricht sofort zusammen, wenn diese Grundlage entfernt werden muss. Bei allen Untersuchungen der Sonnenbewegung wurden die Bewegungen der Sterne als zufällige Unregelmäßigkeiten angesehen; Sollten sie sich als erkennbar systematisch erweisen, wird die angewandte Behandlungsmethode (und eine andere steht uns derzeit nicht zur Verfügung) ungültig und ihre Ergebnisse null und nichtig. Der Punkt ist dann von besonderem Interesse, und die Beweise, die sich darauf beziehen, verdienen unsere größte Aufmerksamkeit."

Herr WHS Monck, ein bekannter Astronom, vertritt die gleiche Ansicht. Er sagt: „Der Beweis dieser Bewegung beruht auf der Annahme, dass, wenn wir eine ausreichende Anzahl von Sternen nehmen, ihre realen Bewegungen in allen Richtungen gleich sind und dass daher die scheinbaren Übergewichte, die wir in bestimmten Richtungen beobachten, aus der realen Bewegung resultieren." von der Sonne. Aber es gibt keine Unmöglichkeit in einer systematischen Bewegung der Mehrzahl der in diesen Untersuchungen verwendeten Sterne, die die beobachteten Tatsachen mit einer bewegungslosen Sonne in Einklang bringen könnte. Und zweitens, wenn sich die Sonne nicht genau im Schwerpunkt des Universums befindet, könnten wir erwarten, dass sie sich in einer Umlaufbahn um diesen Schwerpunkt bewegt, und unsere Beobachtungen über ihre tatsächliche Bewegung sind nicht ausreichend zahlreich oder genau, damit wir bestätigen können, dass er sich auf einer rechten Linie bewegt und nicht auf einer solchen Umlaufbahn."

Nun halten viele Astronomen diese „systematische Bewegung", die alle Berechnungen über die Bewegung der Sonne ungenau oder sogar völlig wertlos machen würde, für eine beobachtete Realität. Die Sterndrift, auf die Proctor zuerst hingewiesen hat, ist nachweislich auch in vielen anderen Gruppen von Sternen vorhanden, während die merkwürdige Anordnung der Sterne überall am Himmel in geraden Linien, regelmäßigen Kurven oder Spiralen stark auf eine weite Ausdehnung von Sternen hindeutet die gleiche Art von Beziehung. Aber noch umfangreichere systematische Bewegungen wurden von Astronomen beobachtet oder vorgeschlagen. Sir D. Gill glaubt, durch umfangreiche Forschung Hinweise auf eine Rotation der helleren Fixsterne insgesamt im Verhältnis zu den schwächeren Fixsternen insgesamt gefunden zu haben. Herr Maxwell Hall hat auch Hinweise auf eine Bewegung einer großen Gruppe von Sternen, einschließlich unserer Sonne, um ein gemeinsames Zentrum gefunden, das in Richtung Epsilon Andromedæ liegt und sich in einer Entfernung von etwa 490 Lichtjahren befindet. Diese letzten beiden Anträge stehen noch nicht fest; aber sie scheinen zwei wichtige Tatsachen zu beweisen: (*a*) dass bedeutende Astronomen glauben, dass es *einige* systematische Bewegungen zwischen den Sternen geben muss, sonst würden sie nicht so viel Arbeit in die Suche nach ihnen investieren; und (*b*) dass umfangreiche systematische Bewegungen irgendeiner Art existieren, sonst wären selbst diese Ergebnisse nicht erzielt worden.

Herr WW Campbell vom Lick Observatory bemerkt daher zur Unsicherheit der Bestimmung der Sonnenbewegungen: „Die Bewegung des Sonnensystems ist eine rein relative Größe." Es bezieht sich auf bestimmte Gruppen von Sternen. Die Ergebnisse für verschiedene Gruppen können sehr unterschiedlich sein und alle sind korrekt. Es wäre einfach, eine Gruppe von Sternen auszuwählen, in Bezug auf die die Sonnenbewegung gegenüber den oben angegebenen Werten um 180° umgekehrt wäre" (*Astrophysical Journal* , Bd. XIII, S. 87, 1901).

Es muss daran erinnert werden, dass innerhalb eines einheitlichen Sternhaufens, der sich jeweils um den gemeinsamen Schwerpunkt des gesamten Sternhaufens bewegt, die Keplerschen Gesetze nicht gelten. Das Gesetz besagt, dass die Winkelgeschwindigkeiten alle identisch sind, so dass sich die weiter entfernten Sterne bewegen schneller als diejenigen in der Nähe des Zentrums, unterliegen jedoch aufgrund der unterschiedlichen Dichte des Clusters Änderungen. Wenn der Sternhaufen jedoch nahezu kugelförmig ist, müssen sich Sterne in jeder Ebene um das Zentrum bewegen, und dies würde aus unserer Sicht zu scheinbaren Bewegungen in viele Richtungen führen, während diejenigen, die sich in derselben Ebene wie wir bewegen, dies im Vergleich dazu tun würden mit entfernten Sternen außerhalb des Sternhaufens scheinen sich alle in die gleiche Richtung und mit der gleichen Geschwindigkeit zu bewegen und bilden tatsächlich eines der bereits erwähnten driftenden Sternsysteme. Wenn wiederum im Prozess der Bildung unseres Sternhaufens kleinere Ansammlungen, die bereits eine Rotationsbewegung haben, hineingezogen würden, könnte dies dazu führen, dass sie sich in eine entgegengesetzte Richtung drehen wie diejenigen, die aus dem ursprünglichen Nebel gebildet wurden, wodurch die Vielfalt der scheinbaren Erscheinungen zunimmt Bewegung.

Ich behaupte, dass die jetzt kurz dargelegten Beweise die Bemerkungen zu den Aussagen meiner astronomischen Kritiker am Anfang dieses Abschnitts vollständig rechtfertigen. Sie haben beide die akzeptierten Ansichten über die Richtung und Geschwindigkeit der Bewegung unserer Sonne ohne jegliche Einschränkung dargelegt, als wären sie astronomische

Tatsachen von derselben Gewissheit und demselben Grad an Genauigkeit wie die Entfernung der Sonne von der Erde; und sie werden sicherlich auch von der großen Zahl nichtmathematischer Leser so verstanden worden sein. Es scheint jedoch, wenn die von mir zitierten Autoritäten Recht haben, dass die gesamte Berechnung auf bestimmten Annahmen beruht, die sicherlich bis zu einem gewissen Grad und möglicherweise sogar zu einem sehr großen Teil falsch sind. Dies ist meine Antwort auf einen Teil ihrer Kritik.

An der nächsten Stelle behaupten oder implizieren beide nicht nur, dass die Bewegung der Sonne jetzt in einer geraden Linie verläuft, sondern dass sie seit einer enorm fernen Zeit, als sie zum ersten Mal auf einer Seite in das Sternensystem eintrat, eine gerade Linie war. und wird sich so weiter bewegen, bis es auf der anderen Seite die äußersten Grenzen dieses Systems erreicht. Und dies wird von beiden nicht als Möglichkeit, sondern als Gewissheit angegeben. Sie verwenden Begriffe wie „muss" und „wird" und lassen dabei keinerlei Zweifel zu. Ein solches Ergebnis impliziert jedoch die Aufhebung des Gravitationsgesetzes, da unter seiner Wirkung eine geradlinige Bewegung inmitten von Tausenden oder Millionen von Sonnen unterschiedlicher Größe eine absolute Unmöglichkeit ist; während es auch impliziert, dass die Sonne ihren Lauf von einem anderen System außerhalb der Milchstraße aus begonnen haben muss, mit einer so präzisen Richtungsbestimmung, dass sie mit keiner der Sonnen kollidiert oder sich dieser auch nur annähernd nähert Sonnenhaufen oder riesige Nebelmassen während ihres Durchgangs mitten durch das Sternenuniversum.

Dies ist meine Antwort auf den Hauptpunkt ihrer Kritik, und ich denke, dass ich mit Recht sagen kann, dass nichts in meinem gesamten Artikel so nachweislich unbegründet ist wie die Aussagen, die ich jetzt untersucht habe.

Angesichts der Gesamtheit der Beweise weigere ich mich, die unbestätigten Aussagen derer zu akzeptieren, die uns glauben machen wollen, dass unsere zugegebene Position nicht weit vom Zentrum des Sternenuniversums ein bloßer vorübergehender Zufall ohne jegliche Bedeutung sei; oder dass unsere Sonne und Scharen anderer ähnlicher Himmelskörper in unserer Nähe zufällig zusammengekommen sind und in den umgebenden Raum zerstreut werden, um sich nie wieder zu treffen. Bis dies durch unbestreitbare Beweise bewiesen ist, scheint es mir weitaus wahrscheinlicher, dass wir uns in einer Art Umlaufbahn um den Schwerpunkt eines riesigen Sternhaufens bewegen, wie durch die Untersuchungen von Kapteyn, Newcomb und anderen Astronomen festgestellt wurde; und daher könnte die fast zentrale Position, die wir jetzt einnehmen, eine dauerhafte sein. Denn selbst wenn die Umlaufbahn unserer Sonne einen tausendfachen Durchmesser als Neptun hätte, wäre das nur ein kleiner Bruchteil des Durchmessers der Milchstraße; Während die Ausmaße unseres Universums so groß sind, dass es sogar hunderttausendmal so groß sein könnte und uns dennoch tief im Sonnenhaufen versunken und sehr viel näher am dichten zentralen Teil als an seinen diffuseren Außenregionen zurücklassen könnte.

Hier kann das Thema vorerst belassen werden. Nachdem wir die Beweise untersucht haben, die die wesentlichen Bedingungen der Lebensentwicklung auf der Erde liefern, und die zahlreichen Hinweise darauf, dass diese Bedingungen auf keinem der anderen Planeten des Sonnensystems existieren, können wir in einem allgemeinen Überblick noch einmal darauf eingehen Die Schlussfolgerungen wurden gezogen.

KAPITEL IX

Die Einheitlichkeit der Materie und ihrer Gesetze im ganzen
DAS STELLARE UNIVERSUM

ICH HABE im zweiten Kapitel dieser Arbeit gezeigt, dass keiner der früheren Autoren, die sich mit der Frage der Bewohnbarkeit der anderen Planeten befasst haben, sich wirklich angemessen mit dem Thema befasst hat, da sie sich nicht nur der heiklen Angelegenheit überhaupt nicht bewusst zu sein scheinen Gleichgewicht der Bedingungen, das allein organisches Leben auf jedem Planeten möglich macht, aber sie haben gänzlich jeglichen Hinweis auf die Tatsache weggelassen, dass die Bedingungen nicht nur so sein müssen, dass Leben *jetzt möglich ist* , sondern dass diese Bedingungen auch während der langen geologischen Epochen, die erforderlich waren, bestehen geblieben sein müssen für die langsame Entwicklung des Lebens aus seinen rudimentärsten Formen. Daher wird es notwendig sein, auf einige Einzelheiten sowohl auf die physikalischen und chemischen Grundlagen für eine kontinuierliche Entwicklung des organischen Lebens als auch auf die Kombination mechanischer und physikalischer Bedingungen einzugehen, die auf jedem Planeten erforderlich sind, um solches Leben zu ermöglichen.

DIE EINHEITLICHKEIT DER MATERIE

Eine der wichtigsten und weitreichendsten Entdeckungen des Spektroskops ist die der wunderbaren Identität der Elemente und Materialverbindungen in Erde und Sonne, Sternen und Nebeln sowie der Identität der bestimmenden physikalischen und chemischen Gesetze die Zustände und Formen, die die Materie annimmt. Mehr als die Hälfte aller bekannten Elemente wurden bereits in der Sonne nachgewiesen, einschließlich aller Elemente, die den größten Teil der festen Materie der Erde ausmachen, mit Ausnahme von Sauerstoff. Das ist ein sehr großer Anteil, wenn man die ganz besonderen Bedingungen bedenkt, die es uns ermöglichen, sie zu entdecken. Denn wir können ein Element in der Sonne nur dann erkennen, wenn es an ihrer Oberfläche in glühendem Zustand und darüber hinaus in Form eines etwas kühleren Gases vorliegt. Viele der Elemente werden möglicherweise selten oder nie an die Oberfläche eines so großen Körpers gebracht, oder wenn sie dort manchmal auftauchen, liegen sie möglicherweise nicht in ausreichender Menge oder Reinheit vor, um im Spektroskop Banden zu erzeugen, während das kühlere Gas vorhanden ist oder Dampf ist entweder nicht vorhanden oder so dispergiert, dass er keine ausreichende Absorption erzeugt, um seine Spektrallinien sichtbar zu machen. Auch hier wird angenommen, dass viele Elemente durch die intensive Hitze der Sonne dissoziiert werden und für uns möglicherweise nicht erkennbar sind oder nur an ihrer Oberfläche in einer auf der Erde unbekannten zusammengesetzten Form existieren; und auf irgendeine Weise könnten jene Linien des Sonnenspektrums entstanden sein, die noch unerkannt bleiben. Eine dieser unbekannten Linien war die von Helium, einem Gas, das bald darauf im seltenen Mineral „Cleveit" gefunden und seitdem häufig in vielen Sternen nachgewiesen wurde. Einige Sterne haben Spektren, die denen der Sonne sehr ähnlich sind. Die dunklen Linien sind fast ebenso zahlreich und die meisten von ihnen stimmen genau mit den Sonnenlinien überein, so dass wir nicht daran zweifeln können, dass sie fast genau dieselbe chemische Zusammensetzung haben und sich auch in Bezug auf Wärme und Entwicklungsstadium in demselben Zustand befinden. Andere Sterne weisen, wie bereits erwähnt, hauptsächlich Linien aus Wasserstoff auf, manchmal kombiniert mit feinen metallischen Linien. Über die Spektren der Nebel ist vergleichsweise wenig bekannt, aber viele sind eindeutig gasförmig, während andere ein kontinuierliches Spektrum zeigen, was auf eine komplexere Konstitution hinweist.

Aber auch über die Materie außerirdischer Körper gewinnen wir durch die Analyse der zahlreichen Meteoriten, die auf die Erde fallen, umfangreiche Erkenntnisse. Die meisten davon gehören zu einigen der vielen Meteorströme, die um die Sonne kreisen und von denen man annehmen könnte, dass sie uns Proben der Planetenmaterie liefern. Aber da man heute davon ausgeht, dass viele von ihnen durch die Trümmer von Kometen entstanden sind und die Umlaufbahnen einiger von ihnen darauf hindeuten, dass sie aus dem Sternenraum stammen und durch die Anziehungskraft der größeren Planeten in unser System gezogen wurden, ist dies der Fall ist fast sicher, dass die Meteorsteine uns nicht selten Materie aus entlegeneren Regionen des Weltraums bringen und uns wahrscheinlich Proben der festen Bestandteile des Nebels liefern; oder die cooleren Sterne. Es ist daher eine äußerst bezeichnende Tatsache, dass in keinem dieser Meteoriten ein einziges nicht-terrestrisches Element gefunden wurde, obwohl in ihnen nicht weniger als vierundzwanzig Elemente gefunden wurden, und es wird von Interesse sein, die Liste anzugeben davon wie folgt: – *Sauerstoff*, Wasserstoff, *Chlor*, *Schwefel*, *Phosphor*, Kohlenstoff, Silizium, Eisen, Nickel, Kobalt, Magnesium, Chrom, Mangan, Kupfer, Zinn, *Antimon*, Aluminium, Kalzium, Kalium, Natrium, *Lithium*, Titan, *Arsen* und Vanadium. Sieben der oben genannten (kursiv gedruckten) wurden noch nicht in der Sonne gefunden, etwa Sauerstoff, Chlor, Schwefel und Phosphor, die die Bestandteile vieler weit verbreiteter Mineralien bilden und wichtige Lücken in der Reihe von Sonnen- und Sternmineralen schließen Elemente. Es ist anzumerken, dass Meteoriten zwar keine neuen Elemente geliefert haben, sie aber Beispiele für einige neue Kombinationen dieser Elemente geliefert haben, die Mineralien bilden, die sich von allen in unseren Gesteinen vorkommenden unterscheiden.

Die Tatsache, dass in Meteoriten nicht nur Mineralien vorkommen, die ihnen eigen sind oder auf der Erde vorkommen, sondern auch Strukturen, die unseren Brekzien, Adern und sogar glatten Seitenflächen ähneln, wurde als Widerspruch zur Meteoritentheorie angesehen des Ursprungs von Sonnen und Planeten, denn Meteoriten scheinen auf diese Weise Fragmente von Sonnen oder Welten zu sein und nicht deren Hauptbestandteile. Aber diese Fälle sind Ausnahmen, und Herr Sorby, der sich speziell mit Meteoriten befasste, kam zu dem Schluss, dass sich ihre Materialien normalerweise in einem Zustand der Fusion oder sogar des Dampfes befunden haben, wie sie jetzt in der Sonne vorliegen, und dass sie sich verdichtet haben winzige kugelförmige Teilchen, die sich später zu größeren Massen sammelten und möglicherweise durch gegenseitigen Aufprall zerbrochen wurden und sich immer wieder zusammenballten – und so Merkmale aufwiesen, die vollständig mit der Meteoritentheorie übereinstimmen.

Aber vor kurzem hat Herr TC Chamberlin die Theorie der Gezeitenverzerrung angewendet, um zu zeigen, wie feste Körper im Raum, ohne jemals tatsächlich in Kontakt zu kommen, manchmal auseinandergerissen oder in zahlreiche Fragmente zerbrochen werden müssen, wenn sie sich nahe aneinander vorbeibewegen. Insbesondere wenn ein kleiner Körper in der Nähe eines viel größeren Körpers vorbeikommt, gibt es eine bestimmte Annäherungsdistanz (die so genannte Roche-Grenze), bei der die zunehmende Differenzkraft der Schwerkraft ausreicht, um den kleineren Körper zu zerreißen und die Fragmente entweder um ihn herum zirkulieren zu lassen oder im Raum verteilt werden. [10] Auf diese Weise könnten daher jene größeren Meteoriten hergestellt worden sein, die eine Planetenstruktur aufweisen. Natürlich wären es selten echte Planeten gewesen, die an eine Sonne gebunden waren, sondern häufiger einige der kleineren dunklen Sonnen, die möglicherweise viele der physikalischen Eigenschaften von Planeten besitzen und von denen es in den Sternräumen möglicherweise Myriaden gibt.

Im Großen und Ganzen haben wir also positives Wissen über die Existenz eines so großen Teils der Elemente unseres Globus in der Sonne, in den Sternen sowie in Planeten- und Sternräumen und so wenige Hinweise darauf, dass irgendetwas nicht Teil davon ist. dass wir mit der Aussage gerechtfertigt sind, dass das gesamte Sternenuniversum im Großen und Ganzen aus derselben Reihe elementarer Substanzen aufgebaut ist, wie diejenigen, die wir auf unserer Erde studieren können, und aus denen der gesamte Bereich der Natur, der Tiere, der Pflanzen und der Mineralien besteht , ist zusammengesetzt. Der Beweis für diese Substanzidentität ist tatsächlich weitaus vollständiger, als wir angesichts der sehr begrenzten Untersuchungsmöglichkeiten, die wir besitzen, erwarten könnten; und wir sind daher nicht berechtigt anzunehmen, dass irgendein wichtiger Unterschied besteht.

Wenn wir von den Elementen der Materie zu den sie beherrschenden Gesetzen übergehen, finden wir auch die klarsten Identitätsbeweise. Dass sich das Grundgesetz der Gravitation auf das gesamte physikalische Universum erstreckt, wird durch die Tatsache, dass Doppelsterne sich auf elliptischen Bahnen um ihren gemeinsamen Schwerpunkt bewegen, fast sicher gemacht, was sowohl mit Beobachtung als auch mit Berechnungen gut übereinstimmt. Dass die Gesetze des Lichts sowohl hier als auch im interplanetaren Raum dieselben sind, zeigt die Tatsache, dass die tatsächliche Messung der Lichtgeschwindigkeit auf der Erdoberfläche ein Ergebnis liefert, das völlig identisch ist mit dem, das bis an die Grenzen des Sonnensystems vorherrscht , dass die Messung der Sonnenentfernung anhand der Verfinsterungen der Jupitermonde in Kombination mit der gemessenen Lichtgeschwindigkeit fast genau mit der Messung übereinstimmt, die anhand der Venustransite oder unserer nächsten Annäherung an die Planeten Mars oder Eros ermittelt wurde .

Auch hier stellt sich heraus, dass die komplexeren Gesetze des Lichts in Sonne und Sternen mit denen identisch sind, die innerhalb der engen Grenzen von Laborexperimenten beobachtet wurden. Die winzige Positionsänderung der Spektrallinien, die dadurch verursacht wird, dass sich die Lichtquelle auf uns zu oder von uns weg bewegt, ermöglicht es uns, diese Art von Bewegung in den entferntesten Sternen, auf den Planeten oder auf dem Mond zu bestimmen, und diese Ergebnisse können durch überprüft werden die Bewegung der Erde entweder in ihrer Umlaufbahn oder in ihrer Rotation; und diese letzteren Tests stimmen mit der theoretischen Bestimmung dessen überein, was passieren muss, abhängig von den Wellenlängen der verschiedenen dunklen Linien des Sonnenspektrums, die durch Messungen im Labor bestimmt wurden.

In ähnlicher Weise können winzige Veränderungen in der Verbreiterung oder Verengung von Spektrallinien, ihrer Aufspaltung, ihrer Zunahme oder Abnahme in der Anzahl und ihrer Anordnung zur Bildung von Riffelungen durch Experimente im Labor interpretiert werden, was zeigt, dass solche Phänomene auftreten durch Änderungen der Temperatur, des Drucks oder des Magnetfelds, was beweist, dass die gleichen physikalischen und chemischen Gesetze hier und in den entlegensten Tiefen des Weltraums auf die gleiche Weise wirken.

Diese verschiedenen Entdeckungen geben uns die sichere Überzeugung, dass das gesamte materielle Universum im Wesentlichen eins ist, sowohl hinsichtlich der Wirkung physikalischer und chemischer Gesetze als auch hinsichtlich seiner mechanischen Beziehungen von Form und Struktur. Es besteht durchweg aus denselben Elementen, mit denen wir auf unserer Erde so vertraut sind; derselbe Äther, dessen Schwingungen uns Licht und Wärme, Elektrizität und Magnetismus und eine ganze Reihe anderer mysteriöser und noch unvollkommen bekannter Kräfte bringen; Die Schwerkraft wirkt in seiner gesamten Ausdehnung; Und in welcher Richtung und mit welchen Mitteln auch immer wir Erkenntnisse über das Sternenuniversum gewinnen, wir finden die gleichen mechanischen, physikalischen und chemischen Gesetze vor, die auf unserer Erde vorherrschen, so dass wir in einigen Fällen tatsächlich in der Lage waren, in unseren Laboratorien Phänomene zu reproduzieren die wir zum ersten Mal in der Sonne oder zwischen den Sternen kennengelernt hatten.

Wir können daher davon ausgehen, dass es eine nahezu sichere Schlussfolgerung ist, dass es grundsätzlich organisierte Lebewesen geben muss, wo auch immer sie in diesem Universum existieren mögen, da die Elemente dieselben sind und die Gesetze, die auf diese Elemente einwirken, sie kombinieren und modifizieren, dieselben sind und in der wesentlichen Natur auch dasselbe. Die äußeren Formen des Lebens können, wenn sie anderswo existieren, nahezu unendlich variieren, so wie sie auch auf der Erde variieren; aber bei all dieser Formenvielfalt – von Pilzen oder Moos bis hin zu Rosenstrauch, Palme oder Eiche; Vom Weichtier, Wurm oder Schmetterling bis zum Kolibri, Elefanten oder Menschen – der Biologe erkennt eine grundlegende Einheit von Substanz und Struktur, abhängig von den absoluten Anforderungen des wachsenden, sich bewegenden, sich entwickelnden, lebenden Organismus, der aus demselben aufgebaut ist Elemente, die in denselben Proportionen kombiniert sind und denselben Gesetzen unterliegen. Wir sagen nicht, dass organisches Leben nicht unter völlig anderen Bedingungen existieren *könnte* als denen, die wir kennen oder uns vorstellen können, Bedingungen, die in anderen Universen herrschen könnten, die ganz anders aufgebaut sind als unseres, wo andere Substanzen die Materie und den Äther unseres Universums ersetzen und wo Es gelten andere Gesetze. Aber *innerhalb* des uns bekannten Universums gibt es nicht den geringsten Grund anzunehmen, dass organisches Leben möglich sei, außer unter den gleichen allgemeinen Bedingungen und Gesetzen, die hier vorherrschen. Wir werden daher nun ganz allgemein die Bedingungen beschreiben, die für die Existenz und die kontinuierliche Entwicklung des pflanzlichen und tierischen Lebens wesentlich sind.

KAPITEL X

Die wesentlichen Merkmale des lebenden Organismus

BEVOR wir versuchen, die physikalischen Bedingungen auf einem Planeten zu verstehen, die für die Entwicklung und Aufrechterhaltung eines vielfältigen und komplexen Systems organischen Lebens, vergleichbar mit dem unserer Erde, wesentlich sind, müssen wir uns ein gewisses Wissen darüber aneignen, was Leben ist und über die grundlegende Natur und Natur Eigenschaften des lebenden Organismus.

Physiologen und Philosophen haben viele Versuche unternommen, „Leben" zu definieren, aber in den meisten Fällen waren sie vage und wenig aufschlussreich, da sie auf eine absolute Allgemeingültigkeit abzielten. So definierte De Blainville es als „die zweifache innere Bewegung von Komposition und Zersetzung, gleichzeitig allgemein und kontinuierlich"; während Herbert Spencers neueste Definition lautete: „Leben ist die kontinuierliche Anpassung der inneren Beziehungen an die äußeren Beziehungen." Aber keines davon ist hinreichend präzise, erklärend oder charakteristisch, und sie könnten fast auf die Veränderungen angewendet werden, die in einer Sonne oder einem Planeten auftreten, oder auf die Höhe und allmähliche Bildung eines Kontinents. Eine der ältesten Definitionen, die von Aristoteles, scheint dem Ziel näher zu kommen: „Leben ist die Gesamtheit der Vorgänge Ernährung, Wachstum und Zerstörung." Diese Definitionen von „Leben" sind jedoch unbefriedigend, da sie sich eher auf eine abstrakte Idee als auf den tatsächlichen lebenden Organismus beziehen. Das Wunder und Geheimnis des Lebens, wie wir es kennen, liegt im Körper, der es manifestiert, und diesen lebendigen Körper ignorieren die Definitionen.

Die wesentlichen Punkte im lebenden Körper, wie man ihn in seinen höheren Entwicklungen sieht, sind erstens, dass er durchgehend aus hochkomplexen, aber sehr instabilen Materieformen besteht, von denen sich jedes Teilchen in einem kontinuierlichen Wachstums- oder Zerfallszustand befindet; dass es tote Materie von außen aufnimmt oder sich aneignet; nimmt diese Materie in das Innere seines Körpers auf; Wirkt mechanisch und chemisch auf ihn ein und weist alles zurück, was nutzlos oder schädlich ist; und den Rest so umwandeln, dass jedes Atom seiner eigenen inneren und äußeren Struktur erneuert wird, wobei gleichzeitig Teilchen für Teilchen alle abgenutzten oder toten Teile seiner eigenen Substanz abgeworfen werden. Um dies alles tun zu können, ist zweitens der gesamte Körper von verzweigten Gefäßen oder porösen Geweben durchzogen, durch die Flüssigkeiten und Gase jeden Teil erreichen und die oben genannten verschiedenen Prozesse der Ernährung und Ausscheidung durchführen können. Wie Professor Burdon Sanderson es treffend ausdrückt: „Die charakteristischste Besonderheit lebender Materie im Vergleich zu unbelebter Materie ist, dass sie sich ständig verändert, während sie immer gleich bleibt." Und diese Veränderungen sind umso bemerkenswerter, als sie von einer sehr großen Menge mechanischer Arbeit begleitet und sogar hervorgerufen werden – bei Tieren durch ihre normalen Aktivitäten auf der Suche nach Nahrung, bei der Assimilation dieser Nahrung, bei der ständigen Erneuerung und dem Aufbau ihrer Nahrung ganzen Organismus und auf viele andere Arten; in Pflanzen durch den Aufbau ihrer Struktur, wozu oft das Heben von Tonnen Material in die Luft gehört, wie bei Waldbäumen. Wie ein neuerer Autor es ausdrückt: „Das herausragendste und vielleicht grundlegendste Phänomen des Lebens ist das, was man als *Energieverkehr* oder die Funktion des *Energiehandels bezeichnen kann* ." Die physikalische Hauptfunktion lebender Materie scheint darin zu bestehen, Energie zu absorbieren, sie in einem höheren Potentialzustand zu speichern und sie anschließend teilweise in der kinetischen oder aktiven Form zu verbrauchen. [11]

Drittens – und vielleicht das Wunderbarste von allem – haben alle lebenden Organismen die Fähigkeit zur Fortpflanzung oder Vermehrung, in den niedrigsten Formen durch einen Prozess der Selbstteilung oder „Spaltung", wie es genannt wird, in den höheren durch Fortpflanzungszellen. die zwar in ihrem frühesten Stadium physikalisch oder chemisch bei sehr unterschiedlichen Arten völlig ununterscheidbar sind, aber dennoch die geheimnisvolle Fähigkeit besitzen, einen perfekten Organismus zu entwickeln, der in all seinen Teilen, Formen und Organen mit seinen Eltern identisch ist und ihnen so wunderbar ähnelt, dass die Die kleinsten charakteristischen Details von Größe, Form und Farbe, in Haaren oder Federn, in Zähnen oder Krallen, in Schuppen, Stacheln oder Kämmen werden mit sehr großer Genauigkeit reproduziert, obwohl sie oft metamorphe Veränderungen während des Wachstums von so seltsamer Natur beinhalten, dass Wenn sie uns nicht bekannt wären, sondern erzählt würden, dass sie nur in einer entfernten und fast unzugänglichen Region vorkommen, würden wir sie als Reiseerzählungen behandeln, unglaublich und unmöglich wie die von Sindbad dem Seefahrer.

Damit die Substanz lebender Körper in der Lage ist, diese ständigen Veränderungen zu durchlaufen und dabei die gleiche Form und Struktur bis ins kleinste Detail beizubehalten, dass sie sich sozusagen in einem ständigen Flusszustand befinden und dabei gefühlsmäßig unverändert bleiben, ist es notwendig dass die Moleküle, aus denen sie aufgebaut sind, so verbunden sein sollten, dass sie sich leicht trennen und ebenso leicht vereinigen lassen – sie sollten, wie man es nennt, *labil* oder fließend sein; und dies wird durch ihre chemische Zusammensetzung bewirkt, die zwar aus wenigen Elementen besteht, aber dennoch eine äußerst komplexe Struktur aufweist, wobei eine große Anzahl chemischer Atome auf unendlich vielfältige Weise kombiniert sind.

Die physikalische Grundlage des Lebens, wie Huxley es nannte, ist Protoplasma, eine Substanz, die im Wesentlichen aus nur vier gemeinsamen Elementen besteht, den drei Gasen Stickstoff, Wasserstoff und Sauerstoff, mit dem nichtmetallischen Feststoff Kohlenstoff; Daher werden alle besonderen Produkte von Pflanzen und Tieren als Kohlenstoffverbindungen bezeichnet, und ihre Untersuchung stellt einen der umfangreichsten und kompliziertesten Zweige der modernen Chemie dar. Ihre Komplexität wird durch die Tatsache deutlich, dass das Zuckermolekül 45 und das Stearinmolekül nicht weniger als 173 Atome enthält. Die chemischen Verbindungen des Kohlenstoffs sind weitaus zahlreicher als die aller anderen chemischen Elemente zusammen; und es ist diese wunderbare Vielfalt und die Komplexität ihrer möglichen Kombinationen, die die Tatsache erklären, dass alle verschiedenen tierischen Gewebe – Haut, Horn, Haare, Nägel, Zähne, Muskeln, Nerven usw. – aus denselben vier Elementen bestehen (mit (in einigen von ihnen enthalten sie gelegentlich geringe Mengen Schwefel, Phosphor, Kalk oder Kieselsäure), was durch die wunderbare Tatsache bewiesen wird, dass diese Gewebe sowohl von grasfressenden Schafen oder Ochsen als auch von Fischen oder fleischfressenden Robben produziert werden oder Tiger. Und das Wunder wird noch größer, wenn wir bedenken, dass die unzähligen verschiedenen Substanzen, die Pflanzen und Tiere produzieren, alle aus denselben drei oder vier Elementen bestehen. Dies ist die endlose Vielfalt organischer Säuren, von Blausäure bis zu denen der verschiedenen Früchte; die vielen Arten von Zucker, Gummi und Stärke; die Anzahl der verschiedenen Arten von Öl, Wachs usw.; die Vielfalt der ätherischen Öle, bei denen es sich hauptsächlich um Terpentinöle mit Substanzen wie Kampfer, Harzen, Kautschuk und Guttapercha handelt; und die umfangreiche Reihe pflanzlicher Alkaloide, wie Nikotin aus Tabak, Morphin aus Opium, Strychnin, Curarin und andere Gifte; Chinin, Belladonna und ähnliche medizinische Alkaloide; zusammen mit den wesentlichen Prinzipien unserer Erfrischungsgetränke Tee, Kaffee und Kakao und anderer, die zu zahlreich sind, um sie hier alle aufzuzählen – sie alle bestehen ausschließlich aus den vier gemeinsamen Elementen, aus denen fast unser gesamter Organismus aufgebaut ist. Wäre dies nicht unwiderlegbar bewiesen, wäre es kaum glaubwürdig.

Professor FJ Allen ist der Ansicht, dass Stickstoff das wichtigste Element im Protoplasma und das ist, was ihm seine wesentlichsten Eigenschaften im lebenden Organismus verleiht – seine extreme Mobilität und Transponibilität. Obwohl dieses Element an sich inert ist, geht es bei Zufuhr von Energie leicht Verbindungen ein. Das eindrucksvollste Beispiel dafür ist die Bildung von Ammoniak, einer Verbindung aus Stickstoff und Wasserstoff, die durch elektrische Entladungen in der Atmosphäre entsteht. Ammoniak und bestimmte Stickstoffoxide, die auf die gleiche Weise in der Atmosphäre erzeugt werden, sind die Hauptquellen für den von Pflanzen und durch sie von Tieren assimilierten Stickstoff; Denn obwohl Pflanzen ständig mit dem freien Stickstoff der Atmosphäre in Berührung kommen, sind sie nicht in der Lage, diesen aufzunehmen. Über ihre Blätter nehmen sie Sauerstoff und Kohlendioxid auf, um ihr Holzgewebe aufzubauen, während sie über ihre Wurzeln Wasser aufnehmen, in dem Ammoniak und Stickstoffoxide gelöst sind, und daraus das Protoplasma erzeugen, das die gesamte Substanz des Tieres aufbaut Welt. Die für die Produktion dieser Stickstoffverbindungen erforderliche Energie wird von ihnen bei weiteren Veränderungen abgegeben, und so stellen die Erzeugung von Ammoniak durch Elektrizität in der Atmosphäre und sein Transport durch Regen in den Boden die ersten Schritte in dieser langen Reihe dar Operationen, die in der Produktion höherer Lebensformen gipfeln.

Aber die bemerkenswerten Transformationen und Kombinationen, die in jedem lebenden Körper ständig stattfinden und die tatsächlich die wesentlichen Bedingungen seines Lebens sind, hängen selbst von bestimmten physischen Bedingungen ab, die immer vorhanden sein müssen. Professor Allen bemerkt: „Die Empfindlichkeit von Stickstoff, seine Neigung, seinen Kombinationszustand und seine Energie zu ändern, scheint von bestimmten Temperatur-, Druck- usw. Bedingungen abzuhängen, die auf der Erdoberfläche herrschen." Die meisten lebenswichtigen Phänomene ereignen sich zwischen der Temperatur des gefrierenden Wassers und 104° F. Wenn die allgemeine Temperatur der Erdoberfläche um 72° F steigen oder fallen würde (ein relativ kleiner Betrag), würde sich der gesamte Verlauf des Lebens ändern, vielleicht sogar bis zum Aussterben .'

Eine weitere wichtige und noch wesentlichere Tatsache im Zusammenhang mit dem Leben ist die Existenz eines kleinen, aber nahezu konstanten Anteils von Kohlensäuregas in der Atmosphäre, das die Quelle ist, aus der der gesamte Kohlenstoff im Pflanzen- und Tierreich stammt primär abgeleitet. Die Blätter von Pflanzen absorbieren Kohlensäuregas aus der Atmosphäre, und die besondere Substanz Chlorophyll, aus der sie ihre grüne Farbe beziehen, hat die Kraft, sie unter dem Einfluss von Sonnenlicht zu zersetzen und dabei den Kohlenstoff zum Aufbau ihrer eigenen Struktur zu nutzen und den Sauerstoff abgeben. Im Labor kann der Kohlenstoff nur durch Hitzeeinwirkung vom Sauerstoff getrennt werden, wobei bestimmte Metalle verbrennen, indem sie sich mit dem Sauerstoff verbinden und so den Kohlenstoff freisetzen. Chlorophyll hat eine hochkomplexe chemische Struktur, die nur sehr unvollständig bekannt ist, aber es soll nur dann produziert werden, wenn Eisen im Boden vorhanden ist.

Die Blätter von Pflanzen, die so oft als bloße Zieranhängsel angesehen werden, gehören zu den wunderbarsten Strukturen lebender Organismen, da sie bei der Zersetzung von Kohlensäure bei normalen Temperaturen etwas tun, was kein anderer Mechanismus in der Natur leisten kann. Dabei nutzen sie eine spezielle Gruppe von Ätherwellen, die offenbar allein über diese Kraft verfügen. Die Komplexität der in Blättern ablaufenden Prozesse wird durch das folgende Zitat deutlich:

„Wir haben gesehen, wie grüne Blätter mit Gasen, Wasser und gelösten Salzen versorgt werden und wie sie spezielle Ätherwellen einfangen können." Die aktive Energie dieser Wellen wird genutzt, um die einfachen anorganischen Verbindungen in komplexe organische Verbindungen umzuwandeln, die im Prozess der Atmung wieder in einfachere Substanzen reduziert und die potentielle Energie in kinetische umgewandelt werden. Diese Stoffwechselveränderungen finden in lebenden Zellen voller intensiver Aktivitäten statt. Ströme fließen durch das Protoplasma und den Zellsaft in alle Richtungen und zwischen den Zellen, die ebenfalls durch Protoplasmastränge verbunden sind. Die bei der Atmung und Assimilation verwendeten und abgegebenen Gase schweben ein und aus, und jedes verbrannte oder unverbrannte Protoplasmateilchen ist das Zentrum eines Störungsbereichs. Reines Protoplasma wird von allen Strahlen gleichermaßen beeinflusst: Das mit Chlorophyll verbundene wird insbesondere von bestimmten roten und violetten Strahlen beeinflusst. Diese, besonders die roten, bewirken die Dissoziation der Elemente der Kohlensäure, die Assimilation des Kohlenstoffs und die Ausscheidung des Sauerstoffs." [12]

Es ist diese kraftvolle Lebensaktivität, die stets in den Blättern, Wurzeln und Saftzellen am Werk ist und die Pflanze in all ihrer wunderbaren Schönheit von Knospen und Blättern, Blüten und Früchten aufbaut; Und gleichzeitig produziert es, sei es als nützliches Produkt oder als Abfallprodukt, den ganzen Reichtum an Gerüchen und Geschmäckern, an Farben und Texturen, an Fasern und verschiedenen Hölzern, an Wurzeln und Knollen, an Gummi, Ölen und Harzen, die unzählig sind Insgesamt machen sie die Welt des Pflanzenlebens vielleicht vielfältiger, schöner, angenehmer und für unsere höhere Natur unverzichtbarer als sogar die der Tiere. Aber es gibt wirklich keinen Vergleich zwischen ihnen. Wir *könnten* Pflanzen ohne Tiere haben; Ohne Pflanzen könnten wir *keine* Tiere haben. Und all dieses Wunder und Mysterium des Pflanzenlebens, ein Mysterium, über das wir selten nachdenken, weil seine Wirkungen so vertraut sind, wird üblicherweise durch die Aussage, dass alles auf die besonderen Eigenschaften des Protoplasmas zurückzuführen sei, ausreichend erklärt. Huxley könnte durchaus sagen, dass Protoplasma nicht nur eine Substanz, sondern eine Struktur oder ein Mechanismus ist, ein Mechanismus, der durch

Sonnenwärme und Licht am Laufen gehalten wird und tausendmal vielfältigere und wunderbarere Ergebnisse hervorbringen kann als alle jemals von Menschen erfundenen Mechanismen.

Aber neben der Aufnahme von Kohlensäure aus der Atmosphäre, der Trennung und Nutzung des Kohlenstoffs und der Abgabe von Sauerstoff absorbieren sowohl Pflanzen als auch Tiere kontinuierlich Sauerstoff aus der Atmosphäre, und dies ist so allgemein der Fall, dass Sauerstoff als Nahrung für Protoplasma gilt. ohne die es nicht weiterleben kann; und es ist die eigentümliche, aber völlig unsichtbare Struktur des Protoplasmas, die es ihm ermöglicht, dies zu tun und bei Pflanzen auch eine enorme Menge Wasser aufzunehmen.

Aber obwohl Protoplasma chemisch so komplex ist, dass es sich einer genauen Analyse entzieht, da es sich um eine komplizierte Struktur aus Atomen handelt, die zu einem Molekül aufgebaut sind, in dem jedes Atom seinen wahren Platz einnehmen muss (wie jeder geschnitzte Stein in einer gotischen Kathedrale), ist es doch so, wie es ist waren nur der Ausgangspunkt oder das Material, aus dem die unendlich vielfältigen Strukturen lebender Körper geformt werden. Die extreme Beweglichkeit und Veränderlichkeit der Struktur dieser Moleküle ermöglicht es, das Protoplasma sowohl in seiner Konstitution als auch in seiner Form kontinuierlich zu verändern und durch den Ersatz oder die Hinzufügung anderer Elemente besonderen Zwecken zu dienen. Wenn also Schwefel in kleinen Mengen absorbiert und in die Molekülstruktur eingebaut wird, entstehen Proteine. Diese kommen am häufigsten in tierischen Strukturen vor und verleihen Fleisch, Käse, Eiern und anderen tierischen Lebensmitteln nährende Eigenschaften. Sie kommen aber auch im Pflanzenreich vor, insbesondere in Nüssen und Samen wie Getreide, Erbsen usw. Diese werden allgemein als stickstoffhaltige Lebensmittel bezeichnet und sind sehr nahrhaft, aber nicht so leicht verdaulich wie Fleisch. Proteine kommen in sehr unterschiedlichen Formen vor und enthalten oft sowohl Phosphor als auch Schwefel, ihr Hauptmerkmal ist jedoch der große Anteil an Stickstoff, den sie enthalten, während sie viele andere tierische und pflanzliche Produkte, wie die meisten Wurzeln, Knollen und Körner, und sogar Fette und Öle enthalten bestehen hauptsächlich aus Stärke und Zucker. In seinen chemischen und physiologischen Aspekten wird Protein von Professor WD Haliburton folgendermaßen beschrieben: „Proteine werden nur im lebenden Labor von Tieren und Pflanzen hergestellt; Proteinmaterial ist das alles entscheidende Material im Protoplasma. Dieses Molekül ist das komplexeste, das wir kennen; es enthält immer fünf und oft sechs oder sogar sieben Elemente. Die Aufgabe, seine Zusammensetzung gründlich zu verstehen, ist zwangsläufig umfangreich und lässt sich nur langsam vorantreiben. Aber nach und nach wird das Rätsel gelöst, und wenn diese endgültige Eroberung der organischen Chemie tatsächlich eintrifft, wird sie den Physiologen neues Licht in viele der dunklen Bereiche der physiologischen Wissenschaft bringen." [13]

Was Protoplasma und seine Modifikationen noch erstaunlicher macht, ist die Fähigkeit, eine Reihe anderer Elemente in verschiedenen Teilen lebender Organismen für spezielle Zwecke zu absorbieren und zu formen. Dazu gehören Kieselerde in den Stängeln der Gräser, Kalk und Magnesia in den Knochen von Tieren, Eisen im Blut und viele andere. Neben den vier Elementen, aus denen das Protoplasma besteht, enthalten die meisten Tiere und Pflanzen in einigen Teilen ihrer Struktur auch Schwefel, Phosphor, Chlor, Silizium, Natrium, Kalium, Kalzium, Magnesium und Eisen; während, seltener, auch Fluor, Jod, Brom, Lithium, Kupfer, Mangan und Aluminium in speziellen Organen oder Strukturen vorkommen; und die Moleküle all dieser werden von den protoplasmatischen Flüssigkeiten zu den Stellen transportiert, wo sie benötigt werden, und in die lebende Struktur eingebaut, mit der gleichen Präzision und für ähnliche Zwecke, wie Ziegel und Stein, Eisen, Schiefer, Holz und Glas jeweils verwendet werden an ihrem richtigen Platz in jedem großen Gebäude. [14] Der Organismus wird jedoch nicht gebaut, sondern wächst. Jedes Organ, jede Faser, Zelle oder jedes Gewebe besteht aus verschiedenen Materialien, die zunächst in ihre elementaren Moleküle zerlegt, durch das Protoplasma oder durch daraus gebildete spezielle Lösungsmittel umgewandelt und von den lebenswichtigen Flüssigkeiten an die Orte transportiert werden, an denen sie benötigt werden. und dort Atom für Atom oder Molekül für Molekül zu den besonderen Strukturen aufgebaut, von denen sie einen Teil bilden sollen.

Aber selbst dieses Wunder des Wachstums und der Reparatur jedes einzelnen Organismus wird von dem größeren Wunder der Fortpflanzung bei weitem übertroffen. Jedes Lebewesen höherer Ordnung entsteht aus einer einzigen mikroskopischen Zelle, wenn es, wie man es nennt, durch die Aufnahme einer anderen mikroskopischen Zelle eines anderen Individuums befruchtet wird. Diese Zellen sind selbst bei höchster Vergrößerung des Mikroskops oft kaum von anderen Zellen zu unterscheiden, die in allen Tieren und Pflanzen vorkommen und aus denen ihre Struktur aufgebaut ist; Doch diese besonderen Zellen beginnen auf völlig andere Weise zu wachsen und entwickeln sich, anstatt einen bestimmten Teil des Organismus zu bilden, unweigerlich zu einem vollständigen Lebewesen mit allen Organen, Kräften und Besonderheiten seiner Eltern, so dass es erkennbar von ihnen ist die gleiche Art. Wenn das einfache Wachstum des vollständig ausgebildeten Organismus ein Mysterium ist, was ist dann mit diesem Wachstum Tausender komplexer Organismen, von denen jeder alle seine besonderen Besonderheiten aufweist, die jedoch alle aus winzigen Keimen oder Zellen hervorgehen, deren unterschiedliche Natur durch die höchsten

Kräfte völlig ununterscheidbar ist? das Mikroskop? Auch dies soll die Arbeit des Protoplasmas unter dem Einfluss von Hitze und Feuchtigkeit sein, und moderne Physiologen hoffen, eines Tages zu erfahren, „wie das geschieht". Es ist vielleicht angebracht, hier die Ansichten eines modernen Schriftstellers zu diesem Punkt wiederzugeben. Bezogen auf ein Problem, das Clerk-Maxwell vor 25 Jahren festgestellt hatte, nämlich, dass in der Fortpflanzungszelle kein Platz für die Millionen von Molekülen sei, die als Wachstumseinheiten für all die verschiedenen Strukturen im Körper des Menschen dienen würden Bei höheren Tieren sagt Professor M'Kendrick: „Aber heute ist es aufgrund der vorhandenen Daten vernünftig anzunehmen, dass die Keimbläschen eine Million und Abermillionen organischer Moleküle enthalten könnten." Komplexe Anordnungen dieser Moleküle, die für die Entwicklung aller Teile eines hochkomplizierten Organismus geeignet sind, könnten alle Anforderungen der Vererbungstheorie erfüllen. Zweifellos war der Keim durch und durch ein materielles System. Die Vorstellung des Physikers war, dass sich Moleküle in verschiedenen Bewegungszuständen befanden; und die Denker strebten nach einer kinetischen Theorie der Moleküle und Atome fester Materie, die ebenso fruchtbar sein könnte wie die kinetische Theorie der Gase. Es gab atomare und molekulare Bewegungen. Es war denkbar, dass die Besonderheiten der Lebenstätigkeit durch die Art der Bewegung bestimmt würden, die in den Molekülen dessen stattfand, was wir lebende Materie nennen. Es könnte sich in seiner Art von einigen Anträgen unterscheiden, mit denen sich Physiker befassen. Leben wird fortwährend aus unbelebtem Material erschaffen – so zumindest die bestehende Auffassung von Wachstum durch die Aufnahme von Nahrung. Die Entstehung lebender Materie aus unbelebter Materie könnte die Übertragung molekularer Bewegungen auf die tote Materie sein, die ihrer Form nach *sui generis sind* . Dies ist die moderne physiologische Sichtweise darüber, „wie es gemacht werden kann", und sie scheint kaum verständlicher zu sein als die sehr alte Theorie über den Ursprung von Steinäxten, die Adrianus Tollius 1649 aufgestellt und von Herrn EB Tylor zitiert hat, der sagt :-'Er gibt Zeichnungen einiger gewöhnlicher Steinäxte und -hämmer und erzählt, wie Naturforscher sagen, dass sie am Himmel durch einen fulgurigen Ausatem erzeugt werden, der durch den umgebenden Humor in einer Wolke zusammengeballt wird, und sozusagen durch intensive Hitze hart gebacken werden , und die Waffe wird durch die mit ihr vermischte Feuchtigkeit, die aus dem trockenen Teil ausströmt und das andere Ende dichter macht, spitz, aber die Ausdünstungen drücken so stark auf sie, dass sie die Wolke durchbricht und Donner und Blitze erzeugt. Aber – so sagt er – wenn sie wirklich auf diese Weise entstehen, ist es seltsam, dass sie nicht rund sind und Löcher durch sich haben. Es ist kaum zu glauben, denkt er.' [15] Und so führen die Physiologen, die entschlossen sind, die Annahme von etwas anderem als Materie und Bewegung im Keim zu vermeiden, die gesamte

Entwicklung und das Wachstum des Elefanten oder des Menschen aus winzigen Zellen im Inneren auf „Arten der Bewegung" zurück " und die „Übermittlung von Anträgen, die der Form nach *sui generis sind* ", werden viele von uns geneigt sein, mit dem alten Autor zu sagen: „Das ist kaum zu glauben, denke ich."

Diese kurze Darstellung der Schlussfolgerungen, zu denen Chemiker und Physiologen über die Zusammensetzung und Struktur organisierter Lebewesen gelangt sind, wurde als ratsam erachtet, da der nichtwissenschaftliche Leser oft keine Vorstellung von dem unvergleichlichen Wunder und Geheimnis der Lebensprozesse hat, über die er verfügt immer gesehen, wie er sich lautlos und fast unbemerkt in der Welt um ihn herum abspielte. Und dies ist umso mehr der Fall, da zwei Drittel unserer Bevölkerung in Städten zusammengedrängt sind, wo sie, fern von allen Beschäftigungen, Reizen und Interessen des Landlebens, dazu getrieben werden, Beschäftigung und Aufregung im Theater zu suchen Musiksaal oder die Taverne. Wie wenig wissen diese, was sie verlieren, wenn sie auf diese Weise von jedem stillen Verkehr mit der Natur ausgeschlossen sind; seine beruhigenden Anblicke und Geräusche; seine exquisiten Schönheiten in Form und Farbe; seine endlosen Geheimnisse von Geburt, Leben und Tod. Die meisten Menschen trauen Wissenschaftlern viel größere Kenntnisse zu, als sie auf diesem Gebiet besitzen; und ich bin mir sicher, dass viele gebildete Leser überrascht sein werden, wenn sie feststellen, dass selbst so scheinbar einfache Phänomene wie das Aufsteigen des Saftes in Bäumen noch nicht vollständig erklärt sind. Was die tieferen Probleme des Lebens, des Wachstums und der Fortpflanzung betrifft, so können unsere Physiologen uns keine verständliche Erklärung dafür geben, obwohl sie unendlich viele merkwürdige oder lehrreiche Tatsachen erfahren haben.

Die unendliche Komplexität und die verwirrende Menge an Details in allen Abhandlungen über die Physiologie von Tieren und Pflanzen sind so groß, dass der durchschnittliche Leser von der Fülle an Wissen, die ihm präsentiert wird, überwältigt ist und zu dem Schluss kommt, dass nach solch aufwändigen Forschungen alles bekannt sein muss, und das auch Die fast universellen Proteste gegen die Notwendigkeit anderer Ursachen als der mechanischen, physikalischen und chemischen Gesetze und Kräfte sind begründet. Ich habe es daher für ratsam gehalten, das Thema aus der Vogelperspektive zu betrachten und mit den Worten der größten lebenden Autoritäten auf diesem Gebiet zu zeigen, wie komplex die Phänomene sind und wie weit unsere Lehrer davon entfernt sind in der Lage zu sein, uns eine angemessene Erklärung dafür zu geben.

Ich wage zu hoffen, dass die sehr kurze Skizze des Themas, die ich geben konnte, es meinen Lesern ermöglichen wird, sich eine ungefähre allgemeine Vorstellung von der unendlichen Komplexität des Lebens und den verschiedenen damit verbundenen Problemen zu machen; und dass sie dadurch besser in die Lage versetzt werden, die extreme Feinheit dieser Anpassungen, dieser Kräfte und dieser komplexen Bedingungen der Umwelt zu würdigen, die allein das Leben und vor allem das großartige, jahrhundertelange Panorama der Entwicklung des Lebens ermöglichen auf jede erdenkliche Weise. Auf diese Bedingungen, wie sie in der Welt um uns herum herrschen, werden wir nun unsere Aufmerksamkeit richten.

KAPITEL XI

DIE KÖRPERLICHEN BEDINGUNGEN, DIE FÜR

ORGANISCHES LEBEN

DIE physikalischen Bedingungen auf der Oberfläche unserer Erde, die für die Entwicklung und Erhaltung lebender Organismen notwendig erscheinen, können unter folgenden Überschriften behandelt werden:

1. Regelmäßigkeit der Wärmezufuhr, was zu einem begrenzten Temperaturbereich führt.

2. Eine ausreichende Menge Sonnenlicht und Wärme.

3. Wasser in großer Menge und überall verteilt.

4. Eine Atmosphäre ausreichender Dichte, die aus Gasen besteht, die für das Leben von Pflanzen und Tieren unerlässlich sind. Dies sind Sauerstoff, Kohlensäuregas, wässriger Dampf, Stickstoff und Ammoniak. Diese müssen alle in geeigneten Mengenverhältnissen vorhanden sein.

5. Wechsel von Tag und Nacht.

KLEINER TEMPERATURBEREICH ERFORDERLICH FÜR

WACHSTUM UND ENTWICKLUNG

Lebenswichtige Phänomene ereignen sich zumeist zwischen den Temperaturen von eiskaltem Wasser und 104° Fahrenheit, und dies soll hauptsächlich auf die Eigenschaften von Stickstoff und seinen Verbindungen zurückzuführen sein, die zwischen diesen Temperaturen nur jene Eigenheiten bewahren können, die für das Leben wesentlich sind —extreme Empfindlichkeit und Labilität; Möglichkeit der Veränderung hinsichtlich chemischer Kombination und Energie; und andere Eigenschaften, die allein Ernährung, Wachstum und kontinuierliche Reparatur ermöglichen. Ein sehr geringer Temperaturanstieg oder -abfall über diese Grenzen hinaus würde, wenn er über einen längeren Zeitraum anhält, mit Sicherheit die meisten existierenden Lebensformen zerstören und wahrscheinlich keine weitere Entwicklung des Lebens unmöglich machen, außer in einigen seiner niedrigsten Formen.

Als ein Beispiel für die direkten Auswirkungen erhöhter Temperatur können wir die Gerinnung von Eiweiß anführen. Diese Substanz gehört zu den Proteinen und spielt eine wichtige Rolle bei den lebenswichtigen Phänomenen sowohl von Pflanzen als auch von Tieren, und ihre Fließfähigkeit und Fähigkeit, sich leicht zu verbinden und ihre Form zu ändern, gehen bei jedem Grad der Koagulation, der bei etwa 160° Fahren stattfindet, verloren .

Die außerordentliche Bedeutung einer gemäßigten Temperatur für alle höheren Organismen wird deutlich durch die komplexen und erfolgreichen Vorkehrungen zur Aufrechterhaltung eines gleichmäßigen Wärmegrades im Inneren des Körpers. Die normale Bluttemperatur eines Mannes beträgt 98° Fahrenheit, und diese wird ständig auf einem oder zwei Grad gehalten, obwohl die Außentemperatur mehr als fünfzig Grad unter dem Gefrierpunkt liegen kann. Die hohen Temperaturen auf der Erdoberfläche weichen nicht so weit vom Mittelwert ab wie die niedrigen. Im größten Teil der Tropen erreicht die Lufttemperatur selten 96° Fahrenheit, obwohl sie in trockenen Gebieten und Wüsten, die hauptsächlich an den Rändern der nördlichen und südlichen Tropen vorkommen, nicht selten und sogar gelegentlich 110° Fahrenheit überschreitet steigt in Australien und Zentralindien auf 115° oder 120°. Doch bei geeigneter Ernährung und mäßiger Pflege würde die Bluttemperatur eines gesunden Menschen nicht um mehr als ein, höchstens zwei Grad steigen oder fallen. Die große Bedeutung dieser Gleichmäßigkeit der Temperatur in allen lebenswichtigen Organen zeigt sich deutlich daran, dass, wenn die Temperatur des Patienten während des Fiebers um sechs Grad über den Normalwert ansteigt, sein Zustand kritisch ist, während ein Anstieg um sieben oder acht Grad vorliegt Grad ist ein fast sicherer Hinweis auf einen tödlichen Ausgang. Selbst im Pflanzenreich keimen Samen nicht bei einer Temperatur von vier oder fünf Grad über dem Gefrierpunkt.

Nun wird diese extreme Empfindlichkeit gegenüber Schwankungen der Innentemperatur durchaus verständlich, wenn wir die Komplexität und Instabilität des Protoplasmas und aller Proteine im lebenden Organismus bedenken und wie wichtig es ist, dass die Prozesse der Ernährung und des Wachstums mit der ständigen Bewegung von Flüssigkeiten einhergehen und unaufhörliche molekulare Zersetzungen und Rekombinationen sollten mit größter Regelmäßigkeit erfolgen. Und obwohl einige der höheren Tiere, darunter auch der Mensch, so perfekt organisiert sind, dass sie sich anpassen oder schützen können, um unter sehr extremen Temperaturbedingungen leben zu können, ist dies bei der großen Mehrheit nicht der Fall mit den niedrigeren Arten, was durch das fast vollständige Fehlen von Reptilien in den arktischen Regionen belegt wird.

Es muss auch beachtet werden, dass extreme Kälte und extreme Hitze nirgendwo ewig sind. Es gibt immer eine gewisse Vielfalt an Jahreszeiten, und es gibt kein Landtier, das sein ganzes Leben dort verbringt, wo die Temperatur nie über den Gefrierpunkt steigt.

DIE NOTWENDIGKEIT VON SOLARLICHT

Ob sich die höheren Tiere und der Mensch ohne Sonnenlicht auf der Erde hätten entwickeln können, selbst wenn alle anderen wesentlichen Voraussetzungen gegeben wären, ist zweifelhaft. Das ist jedoch nicht der

Punkt, über den ich derzeit nachdenke, sondern ein viel grundlegenderer. Ohne pflanzliches Leben hätten Landtiere auf keinen Fall entstehen können, weil sie nicht die Fähigkeit besitzen, aus anorganischer Materie Protoplasma zu erzeugen. Die Pflanze allein kann den Kohlenstoff aus dem geringen Anteil an Kohlensäure in der Atmosphäre entnehmen und mit ihm und den anderen notwendigen Elementen, wie bereits beschrieben, jene wunderbaren Kohlenstoffverbindungen aufbauen, die die Grundlage des tierischen Lebens bilden. Dies geschieht jedoch ausschließlich durch Sonnenlicht und nutzt sogar einen besonderen Teil dieses Lichts. Daher wird nicht nur eine Sonne benötigt, um Licht und Wärme zu spenden, sondern es ist durchaus möglich, dass *jede* Sonne diesen Zweck nicht erfüllen würde. Es wird eine Sonne benötigt, deren Licht über die besonderen Strahlen verfügt, die für diesen Vorgang wirksam sind, und da wir wissen, dass sich die Sterne in ihren Spektren und damit in der Art ihres Lichts stark unterscheiden, sind möglicherweise nicht alle in der Lage, diese große Transformation herbeizuführen. Dies ist einer der allerersten Schritte, um tierisches Leben auf unserer Erde und damit wahrscheinlich auf allen Erden zu ermöglichen.

WASSER IST EIN WESENTLICHER BESTANDTEIL DES
ORGANISCHEN LEBENS

Es ist kaum nötig, auf die absolute Notwendigkeit von Wasser hinzuweisen, da es tatsächlich einen sehr großen Teil der Materie jedes lebenden Organismus und etwa drei Viertel unseres eigenen Körpers ausmacht. Daher muss Wasser in der einen oder anderen Form überall auf der Erde vorhanden sein, wo Leben möglich ist. Weder Tier noch Pflanze können ohne sie existieren. Es muss außerdem in einer solchen Menge vorhanden und so verteilt sein, dass es ständig überall auf der Erde verfügbar ist, wo das Leben aufrechterhalten werden soll. und es ist ebenso notwendig, dass es in den enormen geologischen Epochen, in denen sich das Leben entwickelt hat, in gleicher Fülle bestehen blieb. Wir werden später sehen, wie ganz besonders die Bedingungen sind, die diese kontinuierliche Wasserverteilung auf unserer Erde sichergestellt haben, und wir werden auch erfahren, dass diese große Wassermenge, ihre weite Verteilung und ihre Anordnung im Hinblick auf die Landoberfläche, ist ein wesentlicher Faktor bei der Erzeugung dieses begrenzten Temperaturbereichs, der, wie wir gesehen haben, eine Grundvoraussetzung für die Entwicklung und Erhaltung des Lebens ist.

DIE ATMOSPHÄRE MUSS EINE AUSREICHENDE
DICHTE HABEN

UND AUS GEEIGNETEN GASEN ZUSAMMENGESETZT

Die Atmosphäre jedes Planeten, auf dem sich Leben entwickeln kann, muss mehrere Eigenschaften aufweisen, die nicht miteinander verbunden sind und deren Zusammentreffen im Universum ein seltenes Phänomen sein kann. Die erste davon ist eine ausreichende Dichte, die für zwei Zwecke erforderlich ist – als Wärmespeicher und um Sauerstoff, Kohlensäure und Wasserdampf in ausreichenden Mengen für den Bedarf des pflanzlichen und tierischen Lebens bereitzustellen.

Als Wärmespeicher und Temperaturregulator ist eine ziemlich dichte Atmosphäre in Verbindung mit der im letzten Abschnitt erwähnten großen Menge und weiten Verteilung von Wasser eine erste Notwendigkeit. Der sehr unterschiedliche Charakter unserer Südwest- und Nordostwinde ist ein gutes Beispiel für die Fähigkeit, Wärme und Feuchtigkeit zu verteilen. Dies geschieht aufgrund der besonderen Eigenschaft, die es besitzt, die Sonnenstrahlen ungehindert zur Erde durchzulassen, die es erwärmt, gleichzeitig aber wie eine Decke zu verhindern, dass die so erzeugte nicht leuchtende Wärme schnell entweicht. Aber die tagsüber gespeicherte Wärme wird nachts wieder abgegeben und sorgt so für eine Temperaturgleichmäßigkeit, die sonst nicht gegeben wäre. Auffallend ist dieser Effekt in großen Höhen, wo die Temperatur immer niedriger wird, bis in nicht allzu großer Höhe, selbst in den Tropen, das ganze Jahr über Schnee auf dem Boden liegt. Dies ist fast ausschließlich auf die Seltenheit der Luft zurückzuführen, die daher nicht so viel Wärme aufnehmen kann. Außerdem kann die aufgenommene Wärme freier abstrahlen als dichtere Luft, so dass die Nächte viel kälter sind. In etwa 18.000 Fuß Höhe hat unsere Atmosphäre genau die Hälfte ihrer Dichte auf Meereshöhe. Dies ist erheblich höher als die übliche Schneegrenze, selbst unter dem Äquator, woraus folgt, dass die Erde für höhere Formen tierischen Lebens ungeeignet wäre, wenn unsere Atmosphäre nur die Hälfte ihrer gegenwärtigen Dichte hätte. Es ist nicht einfach, genau zu sagen, was sich in Bezug auf das Klima ergeben würde; aber es scheint wahrscheinlich, dass, außer vielleicht in begrenzten Gebieten in den Tropen, wo die Bedingungen sehr günstig waren, die gesamte Landoberfläche unter Schnee und Eis begraben würde. Dies scheint unvermeidlich, da die Verdunstung aus den Ozeanen durch direkte Sonnenwärme schneller erfolgen würde als jetzt; Aber wenn der Dampf in der seltenen Atmosphäre aufstieg, gefror er schnell, und es fiel fast ununterbrochen Schnee, auch wenn er im äquatorialen Tiefland möglicherweise nicht dauerhaft auf dem Boden lag. Es scheint daher sicher, dass Leben auf der Erde allein aufgrund der gesunkenen Temperatur bei der Hälfte unseres derzeitigen Atmosphärenmasses kaum möglich wäre. Und da die notwendige Versorgung der Tiere mit Sauerstoff und die Versorgung der Pflanzen mit Kohlensäure sicherlich zusätzlich erschwert würden, ist es sehr wahrscheinlich, dass eine Reduzierung der Dichte um nur ein Viertel ausreichen könnte, um einen großen Teil der Erde in Schnee zu verwandeln und eisbedeckter Abfall, und der Rest ist so extremen klimatischen

Bedingungen ausgesetzt, dass nur niedrige Lebensformen entstanden und dauerhaft erhalten bleiben konnten.

DIE GASE DER ATMOSPHÄRE

Betrachtet man nun die Gasbestandteile der Atmosphäre, so gibt es Grund zu der Annahme, dass sie eine Mischung bilden, die im Hinblick auf das tierische und pflanzliche Leben ebenso gut ausbalanciert ist wie die Dichte und die Temperatur. Bei einem ersten Blick auf das Thema könnten wir zu dem Schluss kommen, dass Sauerstoff das einzig Wesentliche für das Leben von Tieren ist und dass alles andere von geringer Bedeutung ist. Eine weitere Betrachtung zeigt uns jedoch, dass Stickstoff, obwohl er lediglich ein Sauerstoffverdünner für die Atmung von Tieren ist, für Pflanzen von größter Bedeutung ist, die ihn aus dem in der Atmosphäre gebildeten und durch den Regen in den Boden getragenen Ammoniak gewinnen. Obwohl auf eine Million Luft nur ein Teil Ammoniak kommt, hängt die Existenz der Tierwelt von diesem winzigen Verhältnis ab, da weder Tiere noch Pflanzen den freien Stickstoff der Luft in ihr Gewebe aufnehmen können.

Ein weiteres grundlegend wichtiges Gas in der Atmosphäre ist Kohlensäure, die etwa vier Teile in zehntausend Teilen Luft ausmacht und, wie bereits erwähnt, die Quelle ist, aus der Pflanzen den größten Teil ihres Gewebes sowie dieser Protoplasmen aufbauen Proteine, die als Futter für Tiere unbedingt notwendig sind. Eine wichtige Tatsache, die hier zu beachten ist, ist, dass Kohlensäure, die für Pflanzen und durch Pflanzen für Tiere so wichtig ist, für Tiere dennoch ein Gift ist. Wenn es in viel größeren als der normalen Menge vorhanden ist, wie es häufig in Städten und in schlecht belüfteten Gebäuden der Fall ist, kann es äußerst gesundheitsschädlich sein; Es wird jedoch angenommen, dass dies teilweise auf die verschiedenen körperlichen Ausstrahlungen und andere damit verbundene Verunreinigungen zurückzuführen ist. Reines Kohlensäuregas in einer Menge von sogar einem Prozent. Man sagt, dass man in ansonsten reiner Luft eine Zeit lang ohne schädliche Auswirkungen einatmen kann, aber alles, was über diesem Verhältnis liegt, führt bald zum Ersticken. Es ist daher wahrscheinlich, dass ein sehr viel kleinerer Anteil als ein Prozent, wenn er ständig vorhanden wäre, lebensgefährlich wäre; Wenn dies jedoch schon immer der Fall gewesen wäre, hätte sich das Leben zweifellos in Anpassung daran entwickelt. Bedenkt man jedoch, dass dieses giftige Gas größtenteils von höheren Tieren als Produkt der Atmung abgegeben wird, wäre es offensichtlich für die Dauer des Lebens gefährlich, wenn die Menge, die einen konstanten Bestandteil der Atmosphäre bildet, viel größer wäre als sie ist.

WÄSSRIGER DAMPF IN DER ATMOSPHÄRE

Obwohl dieses Wassergas in der Atmosphäre in sehr unterschiedlichen Mengen vorkommt, ist es dennoch in zweierlei Hinsicht wesentlich für organisches Leben. Es verhindert den zu schnellen Feuchtigkeitsverlust der Blätter von Pflanzen bei Sonneneinstrahlung und wird außerdem von der Blattoberseite und den jungen Trieben aufgenommen, die so bei der Versorgung sowohl Wasser als auch geringe Mengen Ammoniak erhalten durch die Wurzeln reicht nicht aus. Aber es ist von noch größerer Bedeutung für die Bereitstellung von Wasserstoff, der, wenn er sich durch elektrische Entladungen mit dem Stickstoff der Atmosphäre verbindet, Ammoniak erzeugt, das die Hauptquelle aller Proteine der Pflanze ist, deren Grundlage diese Proteine sind Tierleben.

Aus dieser kurzen Darstellung der Zwecke, denen die verschiedenen Gase, die unsere Atmosphäre bilden, dienen, erkennen wir, dass sie in gewissem Maße gegensätzlich sind und dass jede beträchtliche Zunahme des einen oder anderen zu Ergebnissen führen würde, die entweder direkt oder letztlich schädlich sein könnten Ergebnisse. Und da die Elemente, aus denen die Masse aller lebenden Materie besteht, Eigenschaften besitzen, die sie allein für diesen Zweck geeignet machen, können wir schlussfolgern, dass die Verhältnisse, in denen sie in unserer Atmosphäre vorkommen, nicht allzu weit von den Verhältnissen abweichen können, in denen organische Formen entwickelt werden.

DER WECHSEL VON TAG UND NACHT

Obwohl es schwierig ist, positiv zu entscheiden, ob der Wechsel von Licht und Dunkelheit in kurzen Abständen für die Entwicklung der verschiedenen höheren Lebensformen unbedingt notwendig ist oder ob eine Welt, in der das Licht konstant ist, auch ausreichen könnte, scheint es doch im Großen und Ganzen so zu sein wahrscheinlich sind Tag und Nacht wirklich wichtige Faktoren. Die ganze Natur ist voller rhythmischer Bewegungen unendlich unterschiedlicher Art, Intensität und Dauer. Alle Bewegungen und Funktionen von Lebewesen sind periodisch; Wachstum und Reparatur, Assimilation und Verschwendung wechseln sich ab. Alle unsere Organe unterliegen Ermüdungserscheinungen und benötigen Ruhe. Alle Arten von Reizen müssen von kurzer Dauer sein, sonst sind schädliche Folgen die Folge. Daher der Vorteil der Dunkelheit, wenn die Reize von Licht und Wärme teilweise entfernt werden und wir den „süßen Erfrischer der müden Natur, den milden Schlaf" willkommen heißen – der allen Sinnen und Fähigkeiten von Körper und Geist Ruhe schenkt und uns mit neuer Kraft ausstattet eine weitere Zeit voller Aktivität und Lebensfreude.

Sowohl Pflanzen als auch Tiere werden durch diese nächtliche Ruhe gestärkt; und alle profitieren gleichermaßen von diesen längeren Perioden mit mehr und weniger Arbeit, die durch Sommer und Winter, Trocken- und

Regenzeiten verursacht werden. Es ist eine bezeichnende Tatsache, dass dort, wo der Einfluss von Wärme und Licht am größten ist – in den Tropen – die Tage und Nächte gleich lang sind, was zu gleichen Perioden der Aktivität und Ruhe führt. Aber in kalten und arktischen Regionen, wo während des kurzen Sommers das Licht fast ununterbrochen ist und alle Funktionen des Lebens, insbesondere in der Vegetation, extrem schnell ablaufen, folgt darauf der lange Rest des Winters mit seinen kurzen Tagen und stark verlängerte Dunkelheitsperioden.

Natürlich ist das alles eher ein Hinweis als ein Beweis. Es ist möglich, dass sich das Leben in einer Welt mit ewigem Tag oder ewiger Nacht entwickelt hat . Aber andererseits könnte angesichts der großen Vielfalt an physischen Bedingungen, die für die Entwicklung und Erhaltung des Lebens in seinen endlosen Varianten als notwendig erachtet werden, jeder nachteilige Einfluss, wie geringfügig er auch sein mag, den Ausschlag geben und diese harmonische und kontinuierliche Entwicklung verhindern von dem wir wissen, dass es passiert sein *muss* .

Bisher habe ich die Frage von Tag und Nacht nur im Hinblick auf die Anwesenheit oder Abwesenheit von Licht betrachtet. Aber der Wärmeaspekt ist wahrscheinlich weitaus wichtiger; und hier wird seine Periode von großer, vielleicht lebenswichtiger Bedeutung. Bei ihrer gegenwärtigen Dauer von durchschnittlich zwölf Stunden am Tag und zwölf Stunden in der Nacht bleibt selbst zwischen den Wendekreisen keine Zeit, dass die Erde so übermäßig erhitzt wird, dass sie lebensfeindlich wird; während ein beträchtlicher Teil der im Boden, im Wasser und in der Atmosphäre gespeicherten Wärme nachts abgegeben wird und so einen zu plötzlichen und schädlichen Kontrast von Hitze und Kälte verhindert. Wenn Tag und Nacht jeweils sehr viel länger wären – sagen wir 50 oder 100 Stunden –, wäre es ganz sicher, dass die Hitze während eines Tages dieser Dauer so groß werden würde, dass sie für die meisten Lebensformen schädlich, vielleicht sogar unerschwinglich wäre; während das Fehlen jeglicher Sonnenwärme über einen ebenso langen Zeitraum zu einer Temperatur weit unter dem Gefrierpunkt des Wassers führen würde. Es ist zweifelhaft, ob unter solch großen und kontinuierlichen Temperaturkontrasten irgendwelche hohen Formen tierischen Lebens entstanden sein könnten.

Wir werden nun damit fortfahren, die Besonderheiten aufzuzeigen, die in unserer Erde zusammen die vielfältigen und komplexen Bedingungen hervorgebracht und aufrechterhalten haben, die wir als wesentlich für das Leben, wie es um uns herum existiert, erkannt haben.

KAPITEL XII

DIE ERDE IN IHREM ZUSAMMENHANG MIT DER ENTWICKLUNG

UND ERHALTUNG DES LEBENS

DER erste Umstand, der im Zusammenhang mit der Bewohnbarkeit eines Planeten berücksichtigt werden muss, ist seine Entfernung von der Sonne. Wir wissen, dass die Heizkraft der Sonne auf unserer Erde ausreichend für die Entwicklung von Leben in einer nahezu unendlichen Vielfalt von Formen ist; und wir verfügen über zahlreiche Beweise dafür, dass die von der Sonne empfangene Wärme manchmal zu groß und manchmal zu gering wäre, wenn es nicht die ausgleichende Kraft von Luft und Wasser gäbe, die bei uns so verteilt ist. In einigen Teilen Afrikas, Australiens und Indiens wird der sandige Boden so heiß, dass ein Ei gekocht werden kann, indem man es direkt unter die Oberfläche legt. Andererseits auf einer Höhe von etwa 12.000 Fuß in Breitengrad. Bei 40° friert es jede Nacht und tagsüber an allen sonnengeschützten Orten. Nun sind diese beiden Temperaturen schädlich für das Leben, und wenn eine von ihnen über einen beträchtlichen Teil der Erde anhalten würde, wäre die Entwicklung von Leben unmöglich gewesen. Aber die von der Sonne abgegebene Wärme ist umgekehrt proportional zum Quadrat der Entfernung, so dass wir bei der halben Entfernung viermal so viel Wärme haben würden, bei der doppelten Entfernung jedoch nur ein Viertel der Wärme. Selbst bei zwei Dritteln der Distanz müssten wir mehr als doppelt so viel Wärme abbekommen; und wenn man die Tatsachen über die extreme Empfindlichkeit des Protoplasmas und die Gerinnung des Eiweißes berücksichtigt, scheint es sicher, dass wir uns in der sogenannten gemäßigten Zone des Sonnensystems befinden und dass wir nicht weit von unserer gegenwärtigen Position entfernt werden können ohne einen beträchtlichen Teil des Lebens, das jetzt auf der Erde existiert, zu gefährden und aller Wahrscheinlichkeit nach die tatsächliche Entwicklung des Lebens in all seinen Phasen und Abstufungen unmöglich zu machen.

DIE SCHIEFE DER EKLIPTIK

Die Auswirkung der Neigung des Erdäquators zu seiner Bahn um die Sonne, von der unsere unterschiedlichen Jahreszeiten und die Ungleichheit von Tag und Nacht in allen gemäßigten Zonen abhängen, ist allgemein bekannt. Allerdings wird üblicherweise nicht davon ausgegangen, dass diese Neigung für die Eignung der Erde für die Entwicklung und Erhaltung des Lebens von großer Bedeutung ist; und es scheint als ein kaum beachteter Unfall übergangen worden zu sein, da fast jede andere oder gar keine Schräglage gleichermaßen vorteilhaft gewesen wäre. Aber wenn wir darüber nachdenken, welche Richtung die Erdachse möglicherweise gehabt haben könnte, werden wir feststellen, dass dies aus unserer gegenwärtigen Sicht tatsächlich eine Angelegenheit von großer Bedeutung ist.

Nehmen wir zunächst an, dass die Erdachse wie die des Uranus fast genau in der Ebene seiner Umlaufbahn lag oder auf die Sonne gerichtet war. Es besteht kaum ein Zweifel daran, dass eine solche Situation unsere Welt für die Entwicklung des Lebens ungeeignet gemacht hätte. Denn das Ergebnis wären die gewaltigsten Kontraste der Jahreszeiten; mitten im Winter herrschte auf der einen Hälfte der Erde arktische Nacht und mehr als arktische Kälte; während es auf der anderen Hälfte einen Hochsommer mit durchgehendem Tag mit senkrecht stehender Sonne und so viel Hitze gäbe, wie es sie nirgends bei uns gibt. An den beiden Tag- und Nachtgleichen herrscht auf der ganzen Welt Tag und Nacht gleich, wobei in allen unseren heutigen Tropen und einem Teil der subtropischen Zone die Sonne mittags so nahe am Zenit steht, dass das Wesentliche eines tropischen Klimas herrscht. Aber der Übergang zu etwa einem Monat ständigem Sonnenschein oder einem Monat ununterbrochener Nacht würde so schnell erfolgen, dass es fast unmöglich erscheint, dass sich unter solch schrecklichen Bedingungen jemals pflanzliches oder tierisches Leben entwickelt hätte.

Die andere extreme Richtung der Erdachse, genau im rechten Winkel zur Ebene der Umlaufbahn, wäre wesentlich günstiger, hätte aber dennoch ihre Nachteile. Die gesamte Oberfläche vom Äquator bis zu den Polen würde Tag und Nacht gleich sein, und jeder Teil würde das ganze Jahr über die gleiche Menge Sonnenwärme erhalten, so dass es keinen Wechsel der Jahreszeiten gäbe; aber die empfangene Wärme würde je nach Breitengrad variieren. In unseren Breitengraden würde die Sonnenhöhe mittags das ganze Jahr über weniger als 40° betragen, was auch jetzt an den Tagundnachtgleichen der Fall ist, und wir könnten daher hinsichtlich der Temperatur einen ewigen Frühling haben. Aber die Konstanz der Hitze in den äquatorialen und tropischen Regionen und der Kälte zu den Polen hin würde zu einer konstanteren und schnelleren Luftzirkulation führen, und wir würden wahrscheinlich so anhaltende Nordwestwinde erleben, dass unser Klima immer kalt und kalt wird wahrscheinlich sehr feucht. In der Nähe der Pole würde die Sonne immer am oder nahe am Horizont stehen und so wenig Wärme abgeben, dass das Meer ständig gefroren und das Land tief verschneit sein könnte; und diese Bedingungen würden sich wahrscheinlich bis in die gemäßigte Zone und möglicherweise bis in den Süden erstrecken, um Leben in unseren Breitengraden unmöglich zu machen, da alle sich ergebenden Ergebnisse auf dauerhafte Ursachen zurückzuführen wären und wir wissen, wie mächtig Schnee und Eis sind, um ihre Herrschaft auszudehnen angrenzende Gebiete, wenn dem nicht Sommerhitze oder warme, feuchte Winde entgegenwirken. Im Großen und Ganzen scheint es daher wahrscheinlich, dass diese Position der Erdachse dazu führen würde, dass ein viel kleinerer Teil ihrer Oberfläche in der Lage wäre, ein üppiges und vielfältiges Pflanzen- und Tierleben zu beherbergen, als dies heute der Fall ist; Während die extreme Gleichmäßigkeit der überall herrschenden Bedingungen dem großen Gesetz des Rhythmus, das das Universum zu durchdringen scheint, so widersprechend und auf andere Weise so ungünstig sein könnte, dass die Lebensentwicklung wahrscheinlich einen ganz anderen Verlauf genommen hätte als bisher genommen.

Es scheint daher fast sicher, dass eine Zwischenposition der Achse am günstigsten wäre; und das, was tatsächlich existiert, scheint den Vorteil des Jahreszeitenwechsels mit guten klimatischen Bedingungen auf einem möglichst großen Gebiet zu verbinden. Wir wissen, dass dieses Gebiet während des größten Teils der Epoche der Lebensentwicklung viel größer war als heute, da sich eine üppige Vegetation aus Laub- und immergrünen Bäumen und Sträuchern bis zum und innerhalb des Polarkreises erstreckte, was zur Bildung von Kohle- und Schichten sowohl im Paläozoikum als auch im Tertiär; Die äußerst günstigen Bedingungen für organisches Leben, die damals auf einem so großen Teil der Erdoberfläche herrschten und bis in eine verhältnismäßig junge Epoche anhielten, führen zu der Schlussfolgerung, dass kein günstigerer Grad an Neigung möglich war als der, den wir tatsächlich besitzen. Es folgt nun ein kurzer Überblick über die Beweise zu diesem interessanten Thema.

FORTBESTEHEN MILDER KLIMAZONEN DURCH

GEOLOGISCHE ZEIT

Die Gesamtheit der geologischen Beweise zeigt, dass das Klima der Erde in fernen Zeitaltern im Allgemeinen gleichmäßiger, wenn auch vielleicht nicht wärmer war als heute, und dies lässt sich am besten durch eine leicht unterschiedliche Verteilung von Meer und Land erklären ermöglichte es dem warmen Wasser der tropischen Ozeane, in verschiedene Teile der Kontinente einzudringen (die damals stärker zersplittert waren als heute) und sich auch freier in die arktischen Regionen auszudehnen. Sobald wir in das Tertiär zurückgehen, finden wir Hinweise auf ein wärmeres Klima in der nördlichen gemäßigten Zone; und wenn wir die Mitte dieses Zeitraums erreichen, finden wir sowohl in pflanzlichen als auch in tierischen Überresten zahlreiche Hinweise auf milde Klimazonen in der Nähe des Polarkreises oder tatsächlich innerhalb desselben.

An der Westküste Grönlands, im 70. nördlichen Breitengrad, gibt es eine Fülle sehr schön erhaltener fossiler Pflanzen, darunter viele verschiedene Arten von Eichen, Buchen, Pappeln, Platanen, Weinreben, Walnüssen, Pflaumen und Kastanien , Mammutbäume und zahlreiche Sträucher — insgesamt 137 Arten, was auf eine Vegetation hinweist, wie sie heute in den nördlichen gemäßigten Teilen Amerikas und Ostasiens wächst. Und noch weiter nördlich, in Spitzbergen, in N. lat. 78° und 79° findet man eine etwas ähnliche Flora, nicht ganz so vielfältig, aber mit Eichen, Pappeln, Birken, Platanen, Linden, Haselnüssen, Kiefern und vielen Wasserpflanzen, wie sie heute in Westnorwegen und in Alaska zu finden sind , fast zwanzig Grad weiter südlich.

Noch weiter entfernt, in der Kreidezeit, wurden in Grönland fossile Pflanzen gefunden, bestehend aus Farnen, Palmfarnen, Nadelbäumen und solchen Bäumen und Sträuchern wie Pappeln, Sassafras, Andromedas, Magnolien, Myrten und vielen anderen, die in ihrem Charakter und oft ähnlich waren Sie sind in ihren Arten identisch mit Fossilien aus derselben Zeit, die in Mitteleuropa und den Vereinigten Staaten gefunden wurden, was auf eine weit verbreitete Gleichförmigkeit des Klimas hinweist, wie sie durch die großen Meeresströmungen hervorgerufen wurde, die das warme Wasser der Tropen in die arktischen Meere transportierten.

Noch weiter zurück, in der Jurazeit, haben wir Beweise für ein mildes Klima in Ostsibirien und in Andö in Norwegen, direkt am Polarkreis, in zahlreichen Pflanzenresten und auch in Überresten großer Reptilien, die mit denen verwandt sind, die in denselben Schichten gefunden wurden alle Teile der Welt. Ähnliche Phänomene treten in der noch früheren Trias auf; aber wir werden zur viel weiter entfernten Karbonperiode übergehen, in der die meisten der großen Kohlevorkommen der Welt aus einer üppigen Vegetation entstanden, die hauptsächlich aus Farnen, riesigen Schachtelhalmen und primitiven Nadelbäumen bestand. Die Üppigkeit dieser Pflanzen, die oft wunderschön erhalten und in riesigen Mengen zu finden sind, soll auf eine Atmosphäre hinweisen, in der Kohlensäuregas viel häufiger vorkam als heute; und dies wird durch die geringe Anzahl und geringe Art der Landtiere, bestehend aus einigen Insekten und Amphibien, wahrscheinlich gemacht.

Aber der interessante Punkt ist, dass auf Spitzbergen und auf der Bäreninsel in Ostsibirien, beide weit innerhalb des Polarkreises, echte Kohleflöze mit ähnlichen Fossilien wie die unserer eigenen Kohlelager gefunden werden, was wiederum auf eine große Gleichmäßigkeit des Klimas hinweist , und wahrscheinlich eine dichtere und dampfreichere Atmosphäre, die als Decke über der Erde fungieren und die Wärme bewahren würde, die durch die Meeresströmungen aus den wärmeren Regionen in die arktischen Meere gebracht wird.

Die noch früheren silurischen Gesteine kommen auch in den arktischen Regionen reichlich vor, ihre Fossilien stammen jedoch ausschließlich von Meerestieren. Dennoch zeigen sie hinsichtlich des Klimas die gleichen Phänomene, da die in den arktischen Schichten gefundenen Korallen und Kopffüßermollusken denen aller anderen Teile der Erde sehr ähneln. [16]

Viele andere Tatsachen weisen darauf hin, dass sich die großen Naturphänomene in den enormen Zeiträumen, die für die Entwicklung der verschiedenen Lebensformen auf der Erde erforderlich waren, kaum von denen unterschieden, die in unserer Zeit vorherrschen. Die langsamen und sanften Prozesse, mit denen die verschiedenen pflanzlichen und tierischen Überreste konserviert wurden, zeigen sich im perfekten Zustand vieler Fossilien. Oftmals findet man Baumstämme, Palmfarne und Baumfarne aufrecht stehend, deren Wurzeln noch in der Erde verankert sind, in der sie gewachsen sind. Große Blätter von Pappeln, Ahornen, Eichen und anderen Bäumen sind oft so perfekt erhalten, als ob sie so wären Von einem Botaniker gesammelt und zwischen Papier für sein Herbarium getrocknet, und das Gleiche gilt insbesondere für die wunderschönen Farne aus der Perm- und Karbonzeit. Überall in diesen und den meisten anderen Formationen findet man gut erhaltene Wellenspuren im erstarrten Schlamm oder Sand alter Meeresküsten, die sich in keiner Hinsicht von ähnlichen Markierungen unterscheiden, die heute an fast jeder Küste zu finden sind. Ebenso interessant sind die Spuren von Regentropfen, die in den Gesteinen fast aller Zeitalter erhalten geblieben sind. Sir Charles Lyell hat Illustrationen von jüngsten Eindrücken von Regentropfen auf den ausgedehnten Wattflächen von Nova Scotia gegeben und auch eine Illustration von Regentropfen auf einer Schieferplatte aus der Karbonformation desselben Landes; und die beiden sind sich so ähnlich wie die Abdrücke zweier unterschiedlicher Regenschauer im Abstand von ein paar Tagen. Die allgemeine Größe und Form der Tropfen sind nahezu identisch und lassen auf eine große Ähnlichkeit der allgemeinen atmosphärischen Bedingungen schließen.

Wir dürfen nicht vergessen, dass die Anwesenheit von Regen über die geologische Zeit hinweg, wie wir in unserem letzten Kapitel gesehen haben, eine konstante und universelle Verteilung des atmosphärischen Staubs impliziert. Die beiden Hauptquellen dieses Staubs – dessen Gesamtmenge in der Atmosphäre enorm sein muss – sind Vulkane und Wüsten, und wir sind daher sicher, dass diese beiden großen Naturphänomene schon immer vorhanden waren. Von Vulkanen haben wir zahlreiche unabhängige Beweise für das Vorhandensein von Laven und Vulkanasche sowie tatsächliche Stümpfe oder Kerne alter Vulkane in allen geologischen Formationen; und wir können kaum daran zweifeln, dass es auch Wüsten gab, wenn auch vielleicht nicht immer so groß wie heute. Es ist eine sehr eindrucksvolle Tatsache, dass diese beiden Phänomene, die normalerweise als Schandflecken auf dem Gesicht der Natur angesehen werden und sogar im Widerspruch zum Glauben an einen gütigen Schöpfer stehen, sich nun als wirklich wesentlich für die Bewohnbarkeit der Erde erweisen.

Ungeachtet dieser vorherrschenden warmen und gleichmäßigen Bedingungen gibt es auch Hinweise auf erhebliche Klimaveränderungen; und in zwei Perioden – im Eozän und im fernen Perm – gibt es sogar Hinweise auf Eiswirkung, so dass einige Geologen glauben, dass es damals tatsächliche Eiszeiten gab. Es scheint jedoch wahrscheinlicher, dass sie lediglich auf eine lokale Vereisung schließen lassen, da in bestimmten Gebieten Hochland und andere geeignete Bedingungen für die Gletscherproduktion vorhanden waren.

Die gesamte Bedeutung der geologischen Beweise weist auf die wunderbare Kontinuität günstiger Bedingungen für das Leben und zum größten Teil auf klimatische Bedingungen hin, die günstiger sind als die jetzt vorherrschenden, da zum Nordpol hin eine größere Landfläche für eine üppige Vegetation zur Verfügung stand aller Wahrscheinlichkeit nach für ein ebenso reichhaltiges Tierleben. Wir wissen auch, dass es nie einen völligen Bruch in der Lebensentwicklung gab; keine Epoche, in der die Temperatur so stark sinkt oder steigt, dass alles Leben zerstört wird; keine solche allgemeine Senkung, dass die gesamte Landoberfläche überschwemmt wäre. Obwohl die geologischen Aufzeichnungen teilweise sehr unvollkommen sind, sind sie doch im Großen und Ganzen wunderbar vollständig; und es stellt für uns einen kontinuierlichen Fortschritt dar, vom Einfachen zum Komplexen, vom Niedrigen zum Höheren. Eine Art nach der anderen spezialisiert sich hochspezialisiert auf die Anpassung an lokale oder klimatische Bedingungen und stirbt dann aus, wodurch Platz für die Entstehung eines anderen Typs geschaffen wird, der sich im Einklang mit den veränderten Bedingungen spezialisiert. Der allgemeine Charakter der anorganischen Veränderung scheint von mehr insulären zu eher kontinentalen Bedingungen zu reichen, begleitet von einem Wechsel von einheitlicherem zu weniger einheitlichem Klima, von einer fast subtropischen Wärme und Feuchtigkeit, die sich bis zum Polarkreis erstreckt Vielfalt tropischer, gemäßigter und kalter Gebiete, die in der Lage ist, die größtmögliche Vielfalt an Lebensformen zu beherbergen, und die besonders geeignet zu sein scheint, die Menschheit durch den notwendigen Kampf gegen und die Nutzung der Vielfalt zur Zivilisation und sozialen Entwicklung anzuregen Naturgewalten.

WASSER, SEINE MENGE UND VERTEILUNG

AUF DER ERDE

Obwohl allgemein bekannt ist, dass die Ozeane mehr als zwei Drittel der gesamten Erdoberfläche einnehmen, wird die enorme Wassermenge im Verhältnis zur Landfläche, die sich über ihre Oberfläche erhebt, kaum jemals geschätzt. Da es sich hier jedoch um eine Angelegenheit von größter Bedeutung handelt, sowohl im Hinblick auf die geologische Geschichte des

Globus als auch auf das spezielle Thema, das wir hier diskutieren, wird es notwendig sein, diesbezüglich auf einige Einzelheiten einzugehen.

Nach den besten aktuellen Schätzungen beträgt die Landfläche des Globus 0,28 % der Gesamtoberfläche und die Wasserfläche 0,72 %. Aber die mittlere Höhe des Landes über dem Meeresspiegel beträgt 2250 Fuß, während die mittlere Tiefe der Meere und Ozeane 13.860 Fuß beträgt; Obwohl die Wasserfläche zweieinhalb Mal so groß ist wie die Landfläche, beträgt die mittlere Wassertiefe mehr als das Sechsfache der mittleren Landhöhe. Dies ist natürlich auf die Tatsache zurückzuführen, dass das Tiefland den größten Teil der Landfläche einnimmt, während die Hochebenen und Hochgebirge einen verhältnismäßig kleinen Teil davon einnehmen; Obwohl die größten Tiefen der Ozeane in etwa den größten Höhen der Berge entsprechen, sind die Ozeane über riesige Gebiete doch tief genug, um alle Berge Europas und des gemäßigten Nordamerikas zu überfluten, mit Ausnahme der äußersten Gipfel eines oder zweier von ihnen. Daraus folgt, dass die Masse der Ozeane, selbst wenn man alle Flachmeere außer Acht lässt, mehr als dreizehnmal so groß ist wie das Land über dem Meeresspiegel; und wenn alle Landoberflächen und Meeresböden auf eine Ebene reduziert würden, das heißt, wenn die feste Masse des Globus ein echter abgeflachter Sphäroid wäre, wäre das Ganze mit Wasser von etwa zwei Meilen Tiefe bedeckt. Das hier gegebene Diagramm wird dies verständlicher machen und zur Veranschaulichung des Folgenden dienen.

Diagramm der proportionalen mittleren Höhe des Landes und der Tiefe der Ozeane.

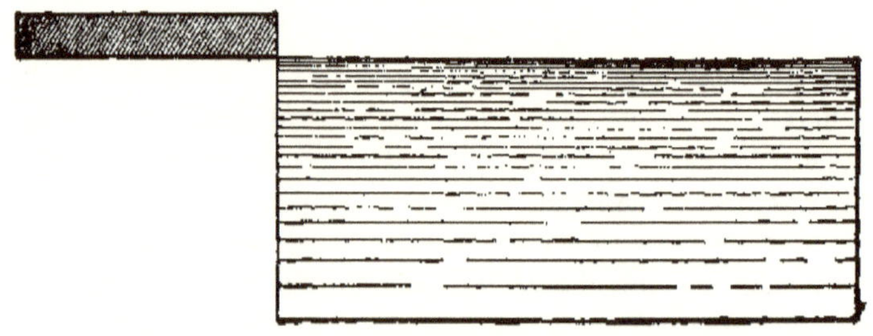

Landfläche
. .28 der Fläche des Globus. Meeresfläche
0,72 der Fläche des Globus.

In diesem Diagramm sind die Längen der Abschnitte, die Land und Ozean darstellen, proportional zu ihrer Fläche, während die Dicke jedes Abschnitts proportional zu ihrer mittleren Höhe bzw. mittleren Tiefe ist. Daher stehen die beiden Abschnitte im richtigen Verhältnis zu ihrem Kubikinhalt.

Eine bloße Betrachtung dieses Diagramms reicht aus, um die alte Vorstellung zu widerlegen, die immer noch von einigen wenigen Geologen und vielen Biologen vertreten wird, dass Ozeane und Kontinente im Laufe geologischer Zeiten wiederholt ihren Platz gewechselt haben oder dass die großen Ozeane immer wieder überbrückt wurden erleichtern die Verbreitung von Käfern oder Vögeln, Reptilien oder Säugetieren. Wir müssen bedenken, dass das Diagramm zwar die Kontinente und Ozeane als Ganzes zeigt, aber auch mit ausreichender Genauigkeit die Proportionen jedes einzelnen der großen Kontinente zu den angrenzenden Ozeanen zeigt. Es muss auch berücksichtigt werden, dass es keine Erhebung im großen Maßstab ohne eine entsprechende Senkung an anderer Stelle geben kann; denn wenn es das nicht gäbe, würde unter dem ansteigenden Land oder in einem angrenzenden Teil eine riesige, nicht unterstützte Mulde zurückbleiben.

Betrachten Sie nun das Diagramm und eine Karte oder einen Globus und stellen Sie sich vor, dass der Meeresboden allmählich ansteigt, um einen Kontinent zu bilden, der Afrika mit Südamerika oder Australien verbindet (beides wird von vielen Biologen gefordert): Das ist klar Während eine solche Erhöhung stattfand, musste entweder ein Kontinentalland oder ein anderer Teil des Meeresbodens um ein entsprechendes Maß absinken. Wir werden dann sehen, dass es fast unmöglich gewesen wäre, zu verhindern, dass ein ganzer Kontinent (oder sogar alle Kontinente) untergetaucht wäre, wenn solche Höhenänderungen auf kontinentaler Ebene immer wieder zu unterschiedlichen Zeiten stattgefunden hätten. um Senkung und Hebung auszugleichen, während neue Kontinente aus den Abgrundtiefen des Ozeans emporgehoben wurden. Wir kommen daher zu dem Schluss, dass die großen Meerestiefen mit Ausnahme eines verhältnismäßig schmalen Gürtels um die Kontinente, der grob durch die tausend Klafter-Linie angedeutet werden kann, dauerhafte Merkmale der Erdoberfläche sind. Es ist diese Stabilität der allgemeinen Verteilung von Land und Wasser, die den Fortbestand des Lebens auf der Erde gesichert hat. Wären dagegen die großen Ozeanbecken instabil gewesen und hätten in verschiedenen geologischen Zeiträumen ihren Platz mit dem Land gewechselt, hätten sie mit ziemlicher Sicherheit immer wieder das Land in ihren riesigen Abgründen verschlungen und so alles zerstört das organische Leben der Welt.

Es gibt viele bestätigende Beweise für diese Ansicht (die mittlerweile von Geologen und Physikern weithin akzeptiert wird), und einige davon seien kurz angeführt.

1. Keiner der Kontinente weist Meeresablagerungen eines bestimmten geologischen Zeitalters auf, die einen großen Teil der Oberfläche jedes Kontinents einnehmen, wie es der Fall gewesen wäre, wenn sie jemals tief im Ozean versunken und wieder angehoben worden wären; Keines von ihnen enthält auch ausgedehnte Formationen, die den tiefen ozeanischen Tonen und Schlicken entsprechen, was wiederum der Fall gewesen sein muss, wenn sie jemals aus den Tiefen des Ozeans emporgehoben worden wären.

2. Alle Kontinente weisen eine fast vollständige und kontinuierliche Reihe von Gesteinen aller *geologischen* Zeitalter auf, und in jeder der großen geologischen Perioden wurden Süßwasser- und Flussmündungsablagerungen und sogar alte Landoberflächen gefunden, die die Kontinuität kontinentaler oder insularer Bedingungen belegen .

3. Alle großen Ozeane besitzen über sie verstreut einige oder viele Inseln, die als „Ozean" bezeichnet werden und durch eine vulkanische oder korallenartige Struktur gekennzeichnet sind, wobei keine von ihnen alte geschichtete Gesteine enthält; und in keinem dieser Gebiete wurde ein einziges einheimisches Landsäugetier oder eine einzige Amphibie gefunden. Es ist unglaublich, dass, wenn diese Ozeane jemals ausgedehnte Kontinente enthielten und wenn diese ozeanischen Inseln – wie auch heute noch oft behauptet wird – Teile dieser jetzt untergetauchten Kontinente sind, kein einziges Fragment eines der alten geschichteten Gesteine, die Alle existierenden Kontinente charakterisieren, sollten erhalten bleiben, um ihre Herkunft zu zeigen. Im Atlantik liegen die Azoren, Madeira und St. Helena; im Indischen Ozean, auf Mauritius, Bourbon und auf der Kerguelen-Insel; im Pazifik, auf den Fidschi-, Samoa-, Gesellschafts-, Sandwich- und Galapagosinseln erzählen uns alle ausnahmslos die gleiche Geschichte, dass sie aus den Tiefen des Ozeans durch unterseeische Vulkane und Korallenwucherungen entstanden sind, aber nie Teil des Festlandes gewesen sind Bereiche.

4. Die Konturen der Böden aller großen Ozeane, die heute durch die Sondierungen von Forschungsschiffen und durch U-Boot-Telegraphenlinien recht gut bekannt sind, liefern ebenfalls einen bestätigenden Beweis dafür, dass es sich nie um Festland handelte. Denn wenn irgendein Teil von ihnen ein versunkener Kontinent war, muss dieser Teil einen Eindruck von seinem Ursprung bewahrt haben. Einige der zahlreichen Gebirgszüge, die *jeden* Kontinent charakterisieren, wären erhalten geblieben. Wir sollten Gefälle von 20° bis 50° nicht ungewöhnlich finden, während Täler, die von felsigen Abgründen begrenzt sind, wie im Vierwaldstättersee und hundert anderen, oder isolierte, von Felswänden umgebene Berge wie Roraima, oder Abgrundketten wie in den Ghâts von Indien oder Die Fjorde Norwegens waren häufig anzutreffen. Aber noch nie wurde ein einziges Merkmal dieser Art in den Abgründen des Ozeans gefunden. Stattdessen haben wir weite Ebenen, die, wenn man das Wasser entfernen würde, fast genau eben erscheinen würden, ohne nirgendwo abrupte Abhänge. Wenn man bedenkt, dass Ablagerungen vom Land niemals diese abgelegenen Meerestiefen erreichen und dass es unter einigen hundert Fuß keine Wellenbewegung gibt, wären diese kontinentalen Strukturen, sobald sie untergetaucht sind, unzerstörbar; und ihr völliges Fehlen ist daher selbst ein Beweis dafür, dass

sich keiner der großen Ozeane an der Stelle versunkener Kontinente befindet.

WIE MEERESTIEFEN ENTSTANDEN

Es ist ein sehr schwieriges Problem zu bestimmen, wie die riesigen Becken, die von den großen Ozeanen, insbesondere dem Pazifik, gefüllt werden, ursprünglich entstanden sind. Als die Erdoberfläche noch in einem geschmolzenen Zustand war, musste sie zwangsläufig die Form eines echten abgeflachten Sphäroids annehmen, mit einer Kompression an den Polen aufgrund seiner Rotationsgeschwindigkeit, die sehr groß gewesen sein soll. Die durch das allmähliche Abkühlen eines solchen Globus gebildete Kruste hätte die gleiche allgemeine Form und würde, da sie dünn ist, leicht brechen oder sich verbiegen, um sich an ungleiche Belastungen aus dem Inneren anzupassen. Als die Kruste dicker wurde und die gesamte Masse langsam abkühlte und sich zusammenzog, kam es zu Rissen und Falten, wobei erstere als Auslass für vulkanische Aktivitäten dienten, deren Folgen in allen geologischen Zeitaltern zu finden sind; Letzteres erzeugt Gebirgsketten, in denen die Gesteine fast immer gekrümmt, gefaltet oder sogar übereinander geschoben sind, was auf die gewaltigen Kräfte hinweist, die durch die Anpassung einer festen Kruste an ein schrumpfendes flüssiges oder halbflüssiges Inneres entstehen.

Aber während dieses gesamten Prozesses scheinen keine Kräfte am Werk zu sein, die zur Entstehung eines solchen Gebildes wie des Pazifiks führen könnten, einer riesigen Depression, die fast ein Drittel der gesamten Erdoberfläche bedeckt. Da der Atlantische Ozean kleiner ist und dem Stillen Ozean fast gegenüberliegt, aber annähernd gleich tief ist, kann man ihn als ein komplementäres Phänomen ansehen, das wahrscheinlich aus den gleichen Ursachen wie der größere Hohlraum erklärt werden kann.

Soweit mir bekannt ist, gibt es nur eine vermutete Ursache für die Entstehung dieser großen Ozeane, die angemessen erscheint; und da diese Ursache bis zu einem gewissen Grad durch völlig unabhängige astronomische Beweise gestützt wird und auch direkt mit dem Hauptthema des vorliegenden Bandes zusammenhängt, muss sie kurz betrachtet werden.

Vor einigen Jahren kam Professor George Darwin aus Cambridge zu einer bestimmten Schlussfolgerung über den Ursprung des Mondes, die heute durch Sir Robert Balls populären Bericht darüber in seinem kleinen Band „Time *and Tide" vergleichsweise gut bekannt ist* . Kurz gesagt ist es wie folgt. Die Gezeiten erzeugen Reibung auf der Erde und verlängern ganz langsam die Länge unseres Tages. Außerdem entfernen sie den Mond weiter von uns. Der Tag verlängert sich in tausend Jahren nur um den Bruchteil einer Sekunde, und der Mond entfernt sich mit ebenso unmerklicher Geschwindigkeit. Aber da diese Kräfte konstant sind und immer auf die Erde und den Mond gewirkt haben, kommen wir, wenn wir immer wieder in die fast unendliche Vergangenheit zurückkreisen, zu einer Zeit, in der die Erdrotation so schnell war, dass die Schwerkraft am Äquator kaum aufrechterhalten werden konnte Sein äußerer Teil wurde so ausgebreitet, dass die Form der gesamten Masse etwa einem Käse mit abgerundeten Kanten ähnelte. Und etwa zur gleichen Zeit wurde festgestellt, dass die Entfernung des Mondes so gering war, dass er tatsächlich die Erde berührte. All dies ist das Ergebnis mathematischer Berechnungen auf der Grundlage der bekannten Gesetze der Gravitation und der Gezeiteneffekte; und da es schwierig ist, zu erkennen, wie ein so großer Körper wie der Mond auf andere Weise entstanden sein könnte, wird angenommen, dass Mond und Erde zu einer noch früheren Zeit eins waren und dass sich der Mond dadurch von der Muttermasse trennte Zentrifugalkraft, die durch die schnelle Rotation der Erde entsteht. Ob die Erde zu diesem Zeitpunkt flüssig oder fest war und wie genau die Trennung erfolgte, wird weder von Professor Darwin noch von Sir Robert Ball erklärt; aber es ist eine sehr aufschlussreiche Tatsache, dass erst vor kurzem mit Hilfe des Spektroskops gezeigt wurde, dass Doppelsterne kurzer Periode tatsächlich auf diese Weise aus einem einzelnen Stern entstehen, wie bereits in unserem sechsten Kapitel beschrieben ; aber in diesen Fällen scheint es wahrscheinlich, dass sich der Mutterstern in einem gasförmigen Zustand befindet.

„Physik der Erdkruste ") genutzt, um die Becken der großen Ozeane zu erklären, wobei der Pazifik der Abgrund war, der damals entstand Der größte Teil der Masse des Mondes löste sich von der Erde.

Wenn wir, wie ich, die Theorie des Ursprungs der Erde durch meteorische Ansammlung fester Materie übernehmen, müssen wir davon ausgehen, dass unser Planet aus einem dieser riesigen Ringe von Meteoriten entstanden ist, die immer noch in großer Zahl um die Sonne kreisen, aber nicht in der viel früheren, jetzt betrachteten Zeit waren sowohl zahlreicher als auch viel umfangreicher. Aufgrund von Unregelmäßigkeiten in der Verteilung in einem solchen Ring und durch Störungen durch andere Körper würden unweigerlich Ansammlungen unterschiedlicher Größe entstehen, und die größte von ihnen würde mit der Zeit alle anderen an sich ziehen und so einen Planeten bilden. In den frühen Stadien dieses Prozesses wären die Partikel so klein und würden sich so allmählich zusammenfügen, dass nur wenig Wärme erzeugt würde und es lediglich zu einer lockeren Ansammlung kalter Materie käme. Aber als der Prozess weiterging und die Masse des entstehenden Planeten beträchtlich wurde – vielleicht halb so groß wie die der Erde –, würde der Rest des Rings mit immer größerer Geschwindigkeit hineinfallen; und dies, zusammen mit der gravitativen Kompression der wachsenden Masse, könnte, wenn sie fast ihre gegenwärtige Größe erreicht hätte, ausreichend Wärme erzeugt haben, um die äußeren Schichten zu verflüssigen, während der mittlere Teil fest und bis zu einem gewissen Grad inkohärent blieb und wahrscheinlich große Mengen schwerer Gase enthielt die Zwischenräume. Wenn die Menge der meteorischen Ansammlungen so stark abnahm, dass sie nicht mehr ausreichte, um die Hitze bis zum Schmelzpunkt aufrechtzuerhalten, bildete sich eine Kruste, die etwa die Hälfte oder drei Viertel ihrer gegenwärtigen Dicke erreicht haben könnte, als der Mond sich trennte.

Versuchen wir nun, uns vorzustellen, was passiert ist. Wir sollten einen Globus haben, der etwas größer ist als unsere heutige Erde, sowohl weil er damals die Materie des Mondes enthielt, als auch weil er heißer war und sich so schnell drehte, dass er an den Polen sehr stark abgeflacht war; während sich der Äquatorgürtel enorm ausweitete und sich wahrscheinlich in Form eines Rings getrennt hätte, wenn die Rotationszeit, die etwa vier Stunden betragen soll, nur geringfügig verlängert worden wäre. Dieser Globus hätte eine vergleichsweise dünne Kruste, unter der sich geschmolzenes Gestein bis zu einer unbekannten Tiefe befand, vielleicht ein paar Hundert, vielleicht mehr als tausend Meilen. Zu dieser Zeit erzeugte die Anziehungskraft der Sonne, die auf das geschmolzene Innere einwirkte, darin Gezeiten, die dazu führten, dass die dünne Kruste alle zwei Stunden angehoben und abgesenkt wurde, jedoch in einem so geringen Ausmaß – nur etwa einen Fuß oder so – , dass sie nicht unbedingt zerbrach ; Es wird jedoch berechnet, dass diese leichte rhythmische Wellung mit der normalen Wellungsperiode aufgrund einer so großen Masse schwerer Flüssigkeit zusammenfiel und daher dazu neigte, die Instabilität aufgrund der schnellen Rotation zu erhöhen.

Die Masse des Mondes beträgt etwa ein Fünfzigstel der Fläche der Erde, und eine einfache Berechnung zeigt uns, dass dies erforderlich wäre, wenn man die Fläche des Pazifiks, des Atlantiks und des Indischen Ozeans zusammen als etwa zwei Drittel der Erdfläche annimmt eine Mächtigkeit (oder Tiefe) von etwa vierzig Meilen, um das Material für den Mond zu liefern. Wir müssen natürlich davon ausgehen, dass es einige Ungleichheiten in der Dicke der Kruste und in ihrer relativen Steifheit gab, so dass die Erde im kritischen Moment ihre äquatoriale Ausstülpung nicht länger gegen die Zentrifugalkraft aufgrund der Rotation in Verbindung mit der Erdkruste halten konnte Durch die von der Sonne verursachten Gezeitenwellen löste sich die Kruste nicht langsam von einem kontinuierlichen Ring ab, sondern in zwei oder mehr großen Massen, wo sie am schwächsten war, und als die Flutwelle unter ihr hindurchzog, stieg eine Menge des flüssigen Substrats mit ihr an , würde das Ganze zerfallen und sich in kurzer Entfernung von der Erde zu einer subkugelförmigen Masse sammeln, die sich noch einige Zeit mit ihr weiterdreht, etwa mit der gleichen Geschwindigkeit, mit der sich die Oberfläche gedreht hat. Da aber die Gezeitenwirkung auf gegenüberliegenden Seiten eines Globus immer gleich ist, gäbe es dort eine ähnliche Störung, die vermutlich das Atlantische Becken bilden würde, das, wie man auf einem kleinen Globus sehen kann, fast genau gegenüber einem Teil liegt des Zentralpazifiks. Sobald sich diese beiden großen Massen von der Erde getrennt hatten, würde sich diese allmählich in einen Gleichgewichtszustand begeben, und die geschmolzene Materie im Inneren würde nun die großen ozeanischen Becken bis zu einer Höhe von einigen Meilen darunter füllen Die allgemeine Oberfläche würde bald genug abkühlen, um eine dünne Kruste zu bilden. Der größere Teil des entstehenden Mondes würde nach und nach einen oder mehrere kleinere Teile an sich ziehen und unseren Satelliten bilden; und von diesem Zeitpunkt an begann die Gezeitenreibung durch Mond und Sonne zu wirken und würde unseren Tag und, noch schneller, unseren Monat allmählich verlängern, wie in Sir Robert Balls Buch erläutert.

Nun kann auf einen sehr interessanten Punkt hingewiesen werden, der den Ursprung der großen Ozeanbecken zu bestätigen scheint. In der Arbeit von Herrn Osmond Fisher wird erklärt, wie die Schwankungen der Schwerkraft an zahlreichen Punkten auf der ganzen Welt durch Beobachtungen mit dem Pendel bestimmt wurden und wie diese Schwankungen ein Maß für die Dicke der festen Kruste liefern , das ein geringeres spezifisches Gewicht hat als das geschmolzene Innere, auf dem es ruht. Auf diese Weise wurde ein sehr interessantes Ergebnis erzielt. Die Beobachtungen auf zahlreichen ozeanischen Inseln zeigten, dass die subozeanische Kruste erheblich dichter als die Kruste unter den Kontinenten, aber auch dünner war, was dazu führte, dass die durchschnittliche Masse der subozeanischen Kruste und der Ozeane der von entspricht die kontinentale Kruste, und dies führt dazu, dass sich die wirbelnde Erde in einem Gleichgewichtszustand befindet. Nun scheinen sowohl die Dünnheit als auch die erhöhte Dichte der Kruste durch diese Theorie über die Entstehung der ozeanischen Becken gut erklärt zu werden. Die neue Kruste würde zwangsläufig für eine lange Zeit dünner sein als der ältere Teil, weil sie so viel später entstand, aber sie würde sehr bald so kühl werden, dass sich der wässrige Dampf der Atmosphäre und der durch Risse aus dem geschmolzenen Inneren abgegebene Dampf ansammeln könnten in den Ozeanbecken, die fortan schneller abgekühlt und auf einer gleichmäßigen Temperatur und auch unter einem gleichmäßigen Druck gehalten würden, und diese Bedingungen würden zu einer stetigen und kontinuierlichen Zunahme der Dicke mit einer größeren Kompaktheit der Struktur als in den kontinentalen Gebieten führen . Dieser Gleichmäßigkeit der Bedingungen mit einem Absinken der Bodentemperatur während des größten Teils der geologischen Zeit, bis sie nur noch wenige Grad über dem Gefrierpunkt liegt, ist es zweifellos zu verdanken, dass wir die bemerkenswerte Beständigkeit der Weite und Tiefe verdanken

Meeresbecken, von denen, wie wir gesehen haben, der Fortbestand des Lebens auf der Erde weitgehend abhängt.

Es gibt noch eine weitere Tatsache, die diese Theorie über den Ursprung der Ozeanbecken einigermaßen stützt: ihre nahezu vollständige Symmetrie in Bezug auf den Äquator. Sowohl das atlantische als auch das pazifische Becken erstrecken sich in gleicher Entfernung nördlich und südlich des Äquators, eine Gleichheit, die kaum durch eine Ursache entstanden sein kann, die nicht direkt mit der Erdrotation zusammenhängt. Die Polarmeere, die an die beiden großen Ozeane grenzen, sind sehr viel flacher und können daher nicht als Teil der wahren ozeanischen Becken betrachtet werden.

WASSER ALS TEMPERATURAUSGLEICHER

Die Bedeutung von Wasser für die Regulierung der Temperatur der Erde ist so groß, dass es fast sicher ist, dass die Erde dies nicht haben könnte, selbst wenn wir auf dem Land genug Wasser für den gesamten Bedarf von Pflanzen und Tieren, aber keine großen Ozeane hätten die verschiedenen Lebensformen, die es heute besitzt, hervorgebracht und erhalten.

Die Wirkung der Ozeane ist zweifach. Aufgrund der großen spezifischen Wärme des Wassers, d Am Abend eines hellen Tages sind sie bis zu einer Tiefe von mehreren Fuß ziemlich warm geworden. Aber Luft hat viel weniger spezifische Wärme als Wasser, ein Pfund Wasser, das um ein Grad abkühlt, kann vier Pfund Luft um ein Grad erwärmen; Aber da Luft 770-mal so leicht ist wie Wasser, folgt daraus, dass die Wärme von einem Kubikfuß Wasser mehr als 3000 Kubikfuß Luft genauso stark erwärmt, wie sie sich selbst abkühlt. Daher erwärmt die enorme Oberfläche der Meere und Ozeane, deren größter Teil in den Tropen liegt, insbesondere in der Nacht die gesamten unteren und dichteren Teile der Luft, und diese Wärme wird durch sie in alle Teile der Erde getragen die Winde und verbessert so das Klima. Ein weiterer ganz deutlicher Effekt ist auf die großen Meeresströmungen wie den Golfstrom und den Japanstrom zurückzuführen, die das warme Wasser der Tropen in gemäßigte und arktische Regionen befördern und so viele Länder bewohnbar machen, die andernfalls unter der strengen Trockenheit leiden würden arktischer Winter. Diese Strömungen sind jedoch direkt auf die Winde zurückzuführen und gehören eigentlich zum Abschnitt über die Atmosphäre.

Die andere ausgleichende Wirkung, die hauptsächlich auf die große Fläche der Meere und Ozeane zurückzuführen ist, ist ein Ergebnis der riesigen Verdunstungsfläche, aus der das Land fast sein gesamtes Wasser in Form von Regen und Flüssen bezieht. und es ist ganz offensichtlich, dass trockene Gebiete immer mehr der Erdoberfläche einnehmen würden, wenn nicht genügend Wasseroberfläche vorhanden wäre, um zu diesem Zweck einen ausreichenden Dampfvorrat zu erzeugen. Wie viel Wasserfläche zum Leben notwendig ist, wissen wir nicht; aber wenn die Verhältnisse von Wasser- und Landoberflächen umgekehrt würden, wäre es wahrscheinlich, dass der größere Teil der Erde unbewohnbar wäre. Der so erzeugte Dampf hat auch eine sehr große Wirkung auf den Temperaturausgleich; Aber auch dies ist ein Punkt, der in unserem nächsten Kapitel über die Atmosphäre näher erläutert wird.

Es gibt jedoch einige Aspekte im Zusammenhang mit der Wasserversorgung der Erde und ihrer Beziehung zur Entwicklung des Lebens, die hier einige Bemerkungen erfordern. Was die Gesamtwassermenge auf der Erde oder auf anderen Planeten bestimmt, scheint nicht bekannt zu sein; aber vermutlich würde es teilweise oder vollständig davon abhängen, dass die Masse des Planeten ausreicht, um ihn durch seine Gravitationskraft in die Lage zu versetzen, den Sauerstoff und Wasserstoff, aus denen Wasser besteht, festzuhalten. Da sich die beiden Gase sehr leicht zu Wasser verbinden, sich aber nur unter besonderen Bedingungen trennen lassen, wäre ihre Menge von der Versorgung mit Wasserstoff abhängig, der auf der Erde nur selten in freier Form vorkommt. Die wichtige Tatsache ist jedoch, dass wir tatsächlich über eine so große Wassermenge verfügen, dass, wenn die gesamte Erdoberfläche so regelmäßig konturiert wäre wie die Kontinente und lediglich von Gebirgsketten zerfurcht wäre, das vorhandene Wasser die Wassermenge bedecken würde Der gesamte Erdball ist fast zwei Meilen tief und überragt nur die Gipfel hoher Berge als Reihen kleiner Inseln, während einige größere Inseln von den heutigen Hochebenen Tibets und den südlichen Anden gebildet werden.

Nun scheint es keinen Grund zu geben, warum diese Verteilung des Wassers nicht hätte stattfinden sollen – tatsächlich scheint es wahrscheinlich, dass sie stattgefunden hätte, wenn es nicht den glücklichen Zufall gegeben hätte, dass sich enorm tiefe Meeresbecken gebildet hätten. Soweit mir bekannt ist, wurde außer der von Herrn Osmond Fisher, wie hier beschrieben, keine ausreichende Erklärung für die Bildung dieser Becken gegeben, und diese hängt von drei einzigartigen Umständen ab: (1) der Bildung eines Satelliten zu einem bestimmten Zeitpunkt späte Phase der Planetenentwicklung, als es bereits eine ziemlich dicke Kruste gab; (2) der Satellit ist im Verhältnis zu seinem Primärsatelliten viel größer als jeder andere im Sonnensystem; und (3) es ist durch Spaltung seines Primärkörpers aufgrund einer extrem schnellen Rotation in Kombination mit Sonnengezeiten in seinem geschmolzenen Inneren und einer Oszillationsrate dieses geschmolzenen Inneren, die mit der Gezeitenperiode zusammenfällt, entstanden. [17]

Ob diese sehr bemerkenswerte Theorie über den Ursprung unseres Mondes wahr ist und wenn ja, ob die Erklärung, die sie für die großen Ozeanbecken zu liefern scheint, richtig ist, kann ich nicht als Mathematiker beurteilen. Die Gezeitentheorie über den Ursprung des Mondes, wie sie von Professor GH Darwin mathematisch ausgearbeitet wurde, wurde von Sir Robert Ball unterstützt und von vielen anderen Astronomen akzeptiert; während die Forschungen von Rev. Osmond Fisher zur *Physik der Erdkruste* zusammen mit seinen mathematischen Fähigkeiten und seiner praktischen Arbeit als Geologe seiner Meinung zur Frage der Entstehungsweise der Ozeanbecken höchsten Respekt einräumen. Und wie wir gesehen haben, spielte die Existenz dieser riesigen und tiefen Meeresbecken, die durch eine Reihe von Ereignissen entstanden sind, die so bemerkenswert sind, dass sie im Sonnensystem einzigartig sind, eine wichtige Rolle dabei, die Erde für diese Entwicklung fit zu machen der höheren Formen des tierischen Lebens, während es ohne sie nicht unwahrscheinlich erscheint, dass die Bedingungen so gewesen wären, dass jegliche vielfältige Formen des irdischen Lebens kaum möglich gewesen wären.

KAPITEL XIII

DIE ERDE IM ZUSAMMENHANG MIT DEM LEBEN: ATMOSPHÄRISCH

BEDINGUNGEN

WIR gesehen, dass die physikalische Grundlage des Lebens – das Protoplasma – aus den vier Elementen Sauerstoff, Stickstoff, Wasserstoff und Kohlenstoff besteht und dass sowohl Pflanzen als auch Tiere für ihre Fortbewegung weitgehend auf den freien Sauerstoff in der Luft angewiesen sind lebenswichtige Prozesse; während die Kohlensäure und das Ammoniak in der Atmosphäre für Pflanzen absolut lebenswichtig zu sein scheinen. Ob das Leben in einer Atmosphäre entstanden sein und sich hochentwickelt haben konnte, die aus anderen Elementen als der unseren bestand, lässt sich natürlich nicht sagen; Aber es gibt bestimmte physikalische Bedingungen, die absolut wesentlich erscheinen, egal aus welchen Elementen sie bestehen.

Das erste dieser wesentlichen Dinge ist eine Atmosphäre, die an der Oberfläche des Planeten eine solche Dichte und ein so großes Volumen haben muss, dass sie nicht zu selten ist, um ihre verschiedenen Funktionen in allen Höhenlagen zu erfüllen, in denen es eine beträchtliche Landfläche gibt . Was die Gesamtmenge gasförmiger Materie auf der Oberfläche eines Planeten bestimmt, ist hauptsächlich seine Masse zusammen mit der durchschnittlichen Temperatur seiner Oberfläche.

Die Moleküle von Gasen befinden sich in einem Zustand schneller Bewegung in alle Richtungen, und die leichteren Gase haben die schnellsten Bewegungen. Die durchschnittliche Bewegungsgeschwindigkeit der Moleküle wurde unter verschiedenen Druck- und Temperaturbedingungen sowie die wahrscheinlichen maximalen und minimalen Geschwindigkeiten grob bestimmt. Aus diesen Daten und bestimmten bekannten Fakten über Planetenatmosphären, Herr G. Johnstone Stoney , FRS, hat berechnet, welche Gase aus den Atmosphären der Erde und der anderen Planeten entweichen werden. Er stellt fest, dass alle Gase, die Bestandteile der Luft sind, vergleichsweise geringe molekulare Bewegungsgeschwindigkeiten haben, dass die Schwerkraft an den oberen Grenzen der Erdatmosphäre völlig ausreicht, um sie zurückzuhalten; daher die Stabilität in seiner Zusammensetzung. Aber es gibt zwei andere Gase, Wasserstoff und Helium, von denen bekannt ist, dass sie in die Atmosphäre gelangen, sich aber nie ansammeln, um einen messbaren Teil davon zu bilden, und es wurde festgestellt, dass diese über ausreichende molekulare Bewegung verfügen, um aus der Atmosphäre zu entweichen. Was den Wasserstoff betrifft: Wenn die Erde viel größer und massiver wäre, als sie ist, um den Wasserstoff zurückzuhalten, könnte dies katastrophale Folgen haben, denn wenn sich eine ausreichende Menge dieses Gases ansammelt, würde es mit dem Sauerstoff eine explosive Mischung bilden der Atmosphäre, und ein Blitz oder auch nur die kleinste Flamme würde zu so heftigen und zerstörerischen Explosionen führen, dass ein solcher Planet möglicherweise für die Entwicklung von Leben ungeeignet wäre. Wir scheinen uns daher gerade an der Hauptgrenze der Masse zu befinden, um die Bewohnbarkeit sicherzustellen, außer auf solchen Planeten, die möglicherweise nicht über eine kontinuierliche Versorgung mit freiem Wasserstoff verfügen.

Die vielleicht wichtigsten mechanischen Funktionen der Atmosphäre, die von ihrer Dichte abhängen, sind: (1) die Erzeugung von Winden, die in vielerlei Hinsicht einen Temperaturausgleich bewirken und auch Oberflächenströmungen auf dem Ozean erzeugen; und (2) die Verteilung der Feuchtigkeit über die Erde mittels Wolken, die auch andere wichtige Funktionen haben.

Winde hängen in erster Linie von der lokalen Wärmeverteilung in der Luft ab, insbesondere von der großen Wärmemenge, die ständig in der Äquatorzone vorhanden ist, da die Sonne mittags immer fast senkrecht steht und einmal im Jahr in jedem Wendekreis ähnlich senkrecht steht , mit einem längeren Tag, was zu noch höheren Temperaturen als am Äquator führt und auch den kontinuierlichen Gürtel trockener Länder oder Wüsten erzeugt, der in der Region der Tropen fast den Globus umgibt. Da erwärmte Luft leichter ist, strömt ihr ständig die kältere Luft aus den gemäßigten Zonen entgegen, hebt sie an und lässt sie sozusagen nach Norden und Süden überströmen. Da jedoch der Zustrom von einem Gebiet mit weniger schneller Rotation zu einem Gebiet mit schnellerer Rotation erfolgt, wird der Luftstrom umgeleitet und es entstehen die Nordost- und Südoststströmungen; während der Überlauf vom Äquator in ein Gebiet mit weniger schneller Rotation geht, sich nach Westen dreht und die Südwestwinde erzeugt, die im Nordatlantik und in der nördlichen gemäßigten Zone im Allgemeinen sowie im Nordwesten auf der Südhalbkugel vorherrschen.

Außerhalb der Zone der gleichmäßigen Passatwinde und in einer Region einige Grad auf beiden Seiten der Tropen herrschen zerstörerische Hurrikane und Taifune vor. Aufgrund der stark erhitzten Atmosphäre über den bereits erwähnten Trockengebieten handelt es sich hierbei um wirklich enorme Wirbelstürme, die einen Zustrom kühler Luft aus verschiedenen Richtungen verursachen und so eine immer schneller werdende Rotationsbewegung in Gang setzen, bis das Gleichgewicht wiederhergestellt ist. Dadurch werden die Hurrikane auf den Westindischen Inseln und auf Mauritius sowie die Taifune in den Ostmeeren verursacht. Einige dieser Stürme sind so heftig, dass keine menschlichen Strukturen ihnen widerstehen können, während die größten und kräftigsten Bäume von ihnen in Stücke gerissen oder umgeworfen werden. Aber wenn unsere Atmosphäre viel dichter wäre, als sie ist, würde ihr erhöhtes Gewicht ihr eine noch größere Zerstörungskraft verleihen; und wenn dazu noch eine etwas größere Menge Sonnenwärme hinzukäme – was entweder auf unsere größere Nähe zur Sonne oder auf die größere Größe oder größere Hitzeintensität der Sonne zurückzuführen sein könnte –, könnten diese Stürme an Häufigkeit und Heftigkeit so stark zunehmen große Teile der Erde unbewohnbar zu machen.

Die konstanten und gleichmäßigen Passatwinde haben eine sehr wichtige Funktion bei der Auslösung jener weitreichenden Meeresströmungen, die für den Temperaturausgleich von größter Bedeutung sind. Der bekannte Golfstrom ist für uns die wichtigste dieser Strömungen, weil er die Hauptrolle dabei spielt, uns das milde Klima zu verleihen, das wir gemeinsam mit ganz Westeuropa genießen, eine Milde, die bis in beträchtliche Entfernungen innerhalb der Arktis zu spüren ist Kreis; und in Verbindung mit der japanischen Strömung, die das Gleiche für die gesamten gemäßigten Regionen des Nordpazifiks bewirkt, werden große Teile der Erde für das Leben besser geeignet, als dies ohne diese wohltuenden Einflüsse der Fall wäre.

Diese ausgleichenden Strömungen sind jedoch fast ausschließlich auf die Form und Lage der Kontinente und insbesondere auf die Tatsache zurückzuführen, dass sie so gelegen sind, dass sie entlang der Äquatorzone weite Ozeanflächen hinterlassen, die sich nach Norden und Süden bis zur Arktis erstrecken antarktische Regionen. Wären die Kontinente bei gleicher Landfläche so gruppiert worden, dass sie einen beträchtlichen Teil der äquatorialen Ozeane einnehmen würden – was der Fall gewesen wäre, wenn Afrika so gedreht worden wäre, dass es sich Südamerika anschloss, und Asien nach Süden verlegt worden wäre – nach Osten, um einen Teil des äquatorialen Pazifiks zu ersetzen, dann könnten die großen Meeresströmungen nur schwach gewesen sein oder kaum existiert haben. Ohne diese Strömungen wären große Teile der nördlichen und südlichen gemäßigten Gebiete im Eis begraben, während der größte Teil der Kontinente so stark erhitzt worden wäre, dass er möglicherweise für die Entwicklung der höheren Formen des Tierlebens ungeeignet wäre, wie es bei uns der Fall ist In den Kapiteln X. und XI. wird gezeigt, wie empfindlich das Gleichgewicht ist und wie eng die Temperaturgrenzen sind, die erforderlich sind.

Es scheint überhaupt keinen Grund zu geben, warum eine solche Verteilung von Meer und Land nicht hätte existieren sollen, wären da nicht die zugegebenermaßen außergewöhnlichen Bedingungen gewesen, die zur Entstehung unseres Satelliten führten und so notwendigerweise riesige Abgründe entlang der Äquatorregion bildeten wo die Zentrifugalkraft sowie die inneren Gezeiten der Sonne am stärksten waren und die dünne Kruste daher gezwungen war, nachzugeben. Und da die höchsten Autoritäten erklären, dass es bei keinem anderen Planeten Hinweise auf einen solchen Ursprung von Satelliten gibt, ist die ganze Reihe günstiger Bedingungen für das Leben auf der Erde umso bemerkenswerter.

WOLKEN, IHRE BEDEUTUNG UND IHRE URSACHEN

Nur wenige Menschen haben eine angemessene Vorstellung von der wahren Natur der Wolken und der wichtigen Rolle, die sie dabei spielen, unsere Welt bewohnbar und angenehm zu machen.

Im Durchschnitt ist der Niederschlag über den Ozeanen viel geringer als über dem Land, da die gesamte Region der Passatwinde normalerweise einen wolkenlosen Himmel und sehr wenig Regen hat; Aber im dazwischenliegenden Windstillengürtel in der Nähe des Äquators kommt es häufig zu bewölktem Himmel und heftigen Regenfällen. Dies liegt daran, dass die warme, feuchte Luft über dem Ozean durch die kalte und schwere Luft aus Norden und Süden nach oben in eine kühlere Region gehoben wird, wo sie nicht so viel Wasserdampf aufnehmen kann, der dort kondensiert und als Regen fällt . Generell gilt: Überall dort, wo der Wind über weite Wasserflächen auf das Land weht, besonders wenn es Berge oder Hochebenen gibt, die dazu führen, dass die feuchtigkeitshaltige Luft in Höhen mit niedrigeren Temperaturen aufsteigt, bilden sich Wolken und es fällt mehr oder weniger Regen . Wenn das Land jedoch von trockener Natur ist und von der Sonne stark erhitzt wird, kann die Luft noch mehr Wasserdampf aufnehmen, und selbst dichte Regenwolken zerstreuen sich, ohne dass es zu Niederschlag kommt. Aus diesen einfachen Gründen ist bei der großen Meeresfläche im Vergleich zum Land auf unserer Erde der weitaus größere Teil der Oberfläche gut mit Regen versorgt, der in den höher gelegenen und daher kühleren Regionen am reichlichsten fällt und den Boden versickert und lässt jene unzähligen Quellen und Bäche entstehen, die die Erde befeuchten und verschönern und die, wenn sie sich vereinen, Bäche und Flüsse bilden, die in die Meere und Ozeane zurückkehren, aus denen sie ursprünglich stammen.

WOLKEN UND REGEN HÄNGEN VOM
ATMOSPHÄRISCHEN STAUB AB

Lange glaubte man, dass das schöne System der Wasserzirkulation mittels der Atmosphäre, wie oben skizziert, den gesamten Prozess erklären würde und keiner weiteren Erläuterung bedarf; Doch vor etwa einem Vierteljahrhundert wurde ein merkwürdiges Experiment durchgeführt, das darauf hinwies, dass es in diesem Prozess noch einen weiteren Faktor gab, der völlig übersehen worden war. Wenn ein kleiner Dampfstrahl in zwei große Glasbehälter geleitet wird, von denen der eine mit normaler Luft gefüllt ist, der andere mit Luft, die gefiltert wurde, indem sie durch eine dicke Schicht Watte geleitet wurde, um alle Partikel fester Materie zurückzuhalten, den ersten Das Gefäß wird sofort mit kondensiertem, trüb aussehendem Dampf gefüllt, während im anderen Gefäß Luft und Dampf völlig transparent und unsichtbar bleiben. Anschließend wurde ein weiteres Experiment durchgeführt, um die Vorgänge in der Natur möglichst genau nachzuahmen. Die beiden Gefäße wurden wie zuvor vorbereitet, aber in jedes Gefäß wurde eine kleine Menge Wasser gegeben und verdunsten gelassen, bis die Luft fast mit Dampf gesättigt war, der in beiden unsichtbar blieb. Beide Gefäße wurden dann leicht abgekühlt, wobei sich in dem mit ungefilterter Luft gefüllten Gefäß augenblicklich eine dichte Wolke bildete, während das andere völlig klar blieb. Diese Experimente bewiesen, dass die bloße Abkühlung der Luft unter den Taupunkt nicht dazu führt, dass der darin enthaltene Wasserdampf zu Tropfen kondensiert und so Nebel, Nebel oder Wolken entsteht, es sei denn, es sind kleine Partikel fester oder flüssiger Materie vorhanden, die als Keime fungieren woraufhin die Kondensation beginnt. Die Dichte einer Wolke hängt daher nicht nur von der Dampfmenge in der Luft ab, sondern auch vom Vorhandensein einer Fülle winziger Staubpartikel, auf denen die Kondensation beginnen kann.

Dass solcher Staub überall in der Luft, sogar bis in große Höhen, existiert, ist keine Vermutung, sondern eine erwiesene Tatsache. Durch Aussetzen von mit Glyzerin bedeckten Glasplatten an verschiedenen Orten und in verschiedenen Höhen wurde die Anzahl dieser Partikel in jedem Kubikfuß Luft bestimmt; und es wurde festgestellt, dass sie nicht nur überall in niedrigen Höhen vorhanden sind, sondern dass es sogar auf den Gipfeln der höchsten Berge eine beträchtliche Anzahl gibt. Diese festen Partikel wirken auch auf andere Weise. Durch Strahlung in der höheren Atmosphäre werden sie sehr kalt und kondensieren so den Dampf durch Kontakt, so wie die Spitzen von Grashalmen ihn zu Tau kondensieren.

Wenn aus einem Motor Dampf austritt, sehen wir eine Masse aus dichtem weißem Dampf, eine Miniaturwolke; und wenn wir uns bei kaltem, feuchtem Wetter in seiner Nähe aufhalten, spüren wir, wie daraus kleine Regentropfen entstehen. Aber an einem schönen, warmen Tag steigt es schnell an, schmilzt bald dahin und verschwindet ganz. Genau das Gleiche passiert in größerem Maßstab in der Natur. Bei schönem Wetter ziehen zwar ständig zahlreiche Wolken hoch über unseren Köpfen vorbei, doch es kommt nie zu Regen, denn wenn die winzigen Wasserkügelchen langsam auf die Erde fallen, werden sie von der warmen, trockenen Luft wieder in unsichtbaren Dampf verwandelt. Auch hier sehen wir bei schönem Wetter oft eine kleine Wolke auf einem Berggipfel, die dort längere Zeit verweilt, obwohl ein lebhafter Wind weht. Der Berggipfel ist kälter als die umgebende Luft, und der unsichtbare Dampf kondensiert beim Überqueren zu Wolken. Sobald diese

Wolkenpartikel jedoch am Gipfel vorbei in die wärmere und trockenere Luft getragen werden, verdampfen sie erneut und verschwinden. Auf dem Tafelberg in der Nähe von Kapstadt tritt dieses Phänomen in großem Maßstab auf und wird als „Tischdecke" bezeichnet. Die Masse der weißen Schäfchenwolke scheint in einiger Entfernung über dem flachen Berggipfel zu hängen, wo sie mehrere Monate lang verbleibt Rundherum gibt es strahlenden Sonnenschein.

Ein weiteres Phänomen, das auf die universelle Präsenz von Staub in enormen Höhen in der Atmosphäre hinweist, ist die blaue Farbe des Himmels. Dies wird dadurch verursacht, dass in einer enormen Dicke der höheren Atmosphäre – wahrscheinlich bis zu einer Höhe von zwanzig oder dreißig Meilen oder mehr – so übermäßig kleine Staubpartikel vorhanden sind, dass sie nur kurzwelliges Licht aus dem Blauen reflektieren Ende des Spektrums. Auch dies wurde experimentell bewiesen. Wenn ein mehrere Fuß langer Glaszylinder mit reiner Luft gefüllt wird, aus der alle festen Partikel entfernt wurden, indem man sie filtriert und über rotglühende Platindrähte leitet, und ein elektrischer Lichtstrahl durch ihn hindurchgeht, so entsteht, von der Seite betrachtet, das Innere , erscheint ziemlich dunkel, da das Licht in einer geraden Linie durchdringt und die Luft nicht beleuchtet. Wenn jedoch etwas mehr Luft so schnell durch den Filter geleitet wird, dass nur noch die kleinsten Staubpartikel eindringen können, füllt sich das Gefäß allmählich mit einem blauen Dunst, der sich allmählich in ein wunderschönes Blau vertieft, vergleichbar mit dem des Himmel. Wird nun etwas von der ungefilterten Luft eingelassen, verblasst das Blau in der gewöhnlichen Tönung des Tageslichts.

Da bekannt ist, dass flüssiger Sauerstoff blau ist, sind viele Menschen zu dem Schluss gekommen, dass dies die blaue Farbe des Himmels erklärt. Aber es hat wirklich nichts mit dem fraglichen Punkt zu tun. Das Blau des flüssigen Sauerstoffs wird in dem Gas, das durch den farblosen Stickstoff noch weiter abgeschwächt wird, so übermäßig schwach, dass es in der gesamten Dicke unserer Atmosphäre keine wahrnehmbare Farbe mehr hätte. Auch wenn es einen wahrnehmbaren blauen Farbton hätte, könnten wir es vor der Schwärze des dahinter liegenden Raums nicht erkennen; aber weiße Objekte, die man durch sie sieht, wie der Mond und die Wolken, sollten alle blau erscheinen, was sie nicht tun. Das Blau, das wir sehen, stammt vom gesamten Himmel und ist daher reflektiertes Licht; und da reine Luft ziemlich durchsichtig ist, müssen feste oder flüssige Partikel vorhanden sein, die so klein sind, dass sie nur blaues Licht reflektieren. In der unteren Atmosphäre sind die regenerzeugenden Partikel größer und reflektieren alle Strahlen, wodurch die blaue Farbe in der Nähe des Horizonts verdünnt wird und durch die Kombination von Brechung und Reflexion die verschiedenen wunderschönen Farbtöne von Sonnenaufgang und Sonnenuntergang entstehen.

Diese Erzeugung exquisiter Farben durch den Staub in der Atmosphäre trägt zwar wesentlich zum Lebensgenuss bei, kann aber nicht als wesentlich dafür angesehen werden; Aber es gibt noch einen anderen Umstand, der mit atmosphärischem Staub zusammenhängt und der, obwohl wenig erkannt, Auswirkungen haben könnte, die kaum berechnet werden können. Gäbe es keinen Staub in der Atmosphäre, würde der Himmel sogar mittags schwarz erscheinen, außer in der tatsächlichen Richtung der Sonne; und die Sterne wären sowohl tagsüber als auch nachts sichtbar. Dies würde folgen, weil Luft kein Licht reflektiert und nicht sichtbar ist. Wir würden daher kein Licht vom Himmel selbst empfangen, wie wir es jetzt tun, und die Nordseite jedes Hügels, Hauses und anderer fester Objekte wäre völlig dunkel, es sei denn, es gäbe in dieser Richtung Oberflächen, die das Licht reflektieren. Die Oberfläche des Bodens in einiger Entfernung würde in der Sonne liegen, und dies wäre die einzige Lichtquelle dort, wo direktes Sonnenlicht abgeschnitten wäre. Um ausreichend angenehmes Licht in Häuser zu bringen, wäre es notwendig, sie auf nahezu ebenem Boden oder auf einem nach Norden ansteigenden Boden zu bauen und mit Glaswänden rundherum und bis zum Boden zu versehen, um möglichst viel Licht zu erhalten möglich des vom Boden reflektierten Lichts. Welche Auswirkungen diese Art von Licht auf die Vegetation haben würde, ist schwer zu sagen, aber Bäume und Sträucher würden wahrscheinlich seitlich nach Süden, Osten und Westen wachsen, um so viel direktes Sonnenlicht wie möglich zu bekommen.

Ein wichtigeres Ergebnis wäre, dass, da die Sonne tagsüber ununterbrochen scheint, so viel Verdunstung stattfinden würde, dass der Boden an Orten, die jetzt mit Vegetation und Pflanzen wie den Kakteen von Arizona und den USA bedeckt sind, trocken und fast kahl werden würde Euphorbien Südafrikas würden einen großen Teil der Oberfläche einnehmen.

Kehren wir nun von diesem nebensächlichen Thema von Licht und Farbe zum wichtigeren Aspekt der Frage zurück – dem Fehlen von Wolken und Regen –, müssen wir überlegen, was passieren würde und auf welche Weise die enorme Menge Wasser verdunsten würde, die bei anhaltendem Sonnenschein verdunsten würde würde zur Erde zurückgeführt werden.

Das erste und naheliegendste Mittel wäre ungewöhnlich reichlich Tau, der sich fast jede Nacht auf jeder Form von Blattvegetation niederschlägt. Nicht nur alle Gräser und Gräser, sondern auch alle äußeren Blätter von Sträuchern und Bäumen würden so viel Feuchtigkeit kondensieren, dass sie den Regen ersetzen würden, soweit es die Bedürfnisse dieser Vegetation betraf. Ohne Vorkehrungen zur Bewässerung wäre der Anbau jedoch nahezu unmöglich, da sich der kahle Boden tagsüber stark erwärmen würde und in der Nacht so viel von seiner Wärme speichern würde, dass sich kein Tau darauf bilden würde.

Daher wäre eine wirksamere Methode erforderlich, um den wässrigen Dampf der Atmosphäre zur Erde und zum Ozean zurückzuführen, und dies würde meines Erachtens durch Hügel und Berge erreicht, die so hoch sind, dass sie deutlich kälter werden als das Tiefland . Die Luft über den Ozeanen wäre ständig mit Feuchtigkeit beladen, und wann immer der Wind auf das Land wehte, würde die Luft die Hänge der Hügel hinauf in die kälteren Regionen getragen und dort schnell auf der Vegetation und auch auf der Vegetation kondensiert die nackte Erde und die Felsen der Nordhänge und überall dort, wo sie am Nachmittag oder in der Nacht so weit abgekühlt sind, dass sie unter die Lufttemperatur fallen. Die auf diese Weise kondensierte Dampfmenge würde den atmosphärischen Druck verringern, was dazu führen würde, dass Luft von unten eindringt und mehr Dampf mit sich bringt, was zu ständigen Sturzbächen, insbesondere an Nord- und Osthängen, führen kann. Aber da die Verdunstung aufgrund des ständigen Sonnenscheins viel größer wäre als heute, würde auch das zur Erde zurückkehrende Wasser größer sein, und da es nicht so gleichmäßig über das Land verteilt wäre wie jetzt, wäre das Ergebnis Möglicherweise würden ausgedehnte Berghänge durch heftige Sturzbäche verwüstet, was eine dauerhafte Vegetation nahezu unmöglich machen würde. während andere und ausgedehntere Gebiete ohne Regen zu trockenen Einöden würden, die nur die wenigen besonderen Vegetationstypen beherbergen würden, die für solche Regionen charakteristisch sind.

Ob solche Bedingungen, wie sie hier angenommen werden, die Entwicklung der höheren Lebensformen verhindern würden, lässt sich nicht sagen, aber es ist sicher, dass sie sehr ungünstig wären und viel verheerendere Folgen haben könnten, als alle, die wir hier vorgeschlagen haben. Wir können kaum annehmen, dass bei Winden und Felsformationen, wie sie jetzt sind, irgendeine Welt völlig frei von atmosphärischem Staub sein könnte. Wenn jedoch die Atmosphäre selbst viel weniger dicht wäre als sie ist, sagen wir, die Hälfte, was sehr leicht der Fall gewesen wäre, dann hätten die Winde weniger Tragkraft, und in den Höhen, in denen sich normalerweise Wolken bilden, wäre das der Fall nicht genügend Staubpartikel vorhanden sein, um ihre Bildung zu unterstützen. Daher würden Nebel nahe der Erdoberfläche weitgehend an die Stelle weit darüber schwebender Wolken treten, und diese wären für das menschliche Leben und das vieler höherer Tiere sicherlich ungünstiger als die bestehenden Bedingungen.

Die weltweite Verteilung von atmosphärischem Staub ist ein bemerkenswertes Phänomen. Da die blaue Farbe des Himmels universell ist, muss die gesamte höhere Atmosphäre von Myriaden ultramikroskopischer

Teilchen durchdrungen sein, die, indem sie nur die blauen Strahlen reflektieren, uns nicht nur das azurblaue Gewölbe des Himmels geben, sondern in Kombination mit der gröbere Staub tieferer Höhen, das diffuse Tageslicht, die großartigen Formen und Bewegungen der Schäfchenwolken und der „sanfte Regen vom Himmel", der die ausgedörrte Erde erfrischt und sie mit Laub und Blumen schön macht. Über jedem Teil des riesigen Pazifischen Ozeans, dessen Inseln ein Minimum an Staub produzieren müssen, ist der Himmel immer blau, und seine tausend Inseln leiden nicht unter Regenmangel. Über der großen Waldebene des Amazonas-Tals, wo die Staubproduktion sehr gering sein dürfte, gibt es dennoch eine Fülle von Regenwolken und Regen. Dies ist in erster Linie auf die beiden großen natürlichen Staubquellen zurückzuführen – die aktiven Vulkane sowie die Wüsten und trockeneren Regionen der Welt; und zweitens auf die Dichte und wunderbare Beweglichkeit der Atmosphäre, die nicht nur die feinsten Staubteilchen in eine enorme Höhe trägt, sondern sie auch über ihre gesamte Ausdehnung mit solch wunderbarer Gleichmäßigkeit verteilt.

Jedes Staubteilchen ist natürlich viel schwerer als Luft und würde in verhältnismäßig kurzer Zeit, wenn die Atmosphäre ruhig wäre, zu Boden fallen. Tyndall stellte fest, dass die Luft in einem Keller unter der Royal Institution in der Albemarle Street, der mehrere Monate lang nicht geöffnet worden war, so rein war, dass der Weg eines elektrischen Lichtstrahls, der durch ihn geschickt wurde, völlig unsichtbar war. Aber sorgfältige Experimente zeigen, dass die Luft nicht nur in ständiger Bewegung ist, sondern dass die Bewegung auch übermäßig unregelmäßig ist und kaum jemals ganz horizontal verläuft, sondern nach oben und unten und in jede Zwischenrichtung sowie in unzähligen Wirbeln und Wirbeln; und diese Komplexität der Bewegung muss sich über eine enorme Höhe erstrecken, wahrscheinlich bis zu fünfzig Meilen oder mehr, um eine ausreichende Dicke der kleinsten Teilchen zu gewährleisten, die das Blau des Himmels erzeugen.

All diese Komplexität der Bewegung ist auf die Wirkung der Sonne bei der Erwärmung der Erdoberfläche und die extreme Unregelmäßigkeit dieser Oberfläche sowohl hinsichtlich der Kontur als auch ihrer Fähigkeit zur Wärmeabsorption zurückzuführen. In einer Gegend gibt es Sand, Felsen oder nackten Lehm, der bei strahlendem Sonnenschein brennend heiß wird. in einem anderen Gebiet haben wir eine dichte Vegetation, die aufgrund der Verdunstung durch die Sonneneinstrahlung verhältnismäßig kühl bleibt, und auch die noch kühleren Oberflächen von Flüssen und Alpenseen. Aber wenn die Luft viel weniger dicht wäre als sie ist, wären diese Bewegungen weniger energisch, während der gesamte Staub, der in eine beträchtliche Höhe gehoben wird, durch sein eigenes Gewicht viel schneller als jetzt wieder auf die Erde zurückfallen würde . Dadurch würde sich dauerhaft viel weniger Staub in der Atmosphäre befinden, was unweigerlich zu geringeren

Niederschlägen und teilweise auch zu den anderen bereits beschriebenen schädlichen Auswirkungen führen würde.

ATMOSPHÄRISCHE ELEKTRIZITÄT

Wir haben bereits gesehen, dass pflanzliche Organismen den Hauptteil des Stickstoffs in ihren Geweben aus Ammoniak beziehen, das in der Atmosphäre produziert und durch Regen in die Erde getragen wird. Diese Substanz kann auf diese Weise nur durch elektrische Entladungen oder Blitze erzeugt werden, die die Verbindung des Wasserstoffs im Wasserdampf mit dem freien Stickstoff der Luft bewirken. Aber Wolken sind wichtige Akteure bei der Ansammlung von Elektrizität in ausreichender Menge, um die heftigen Entladungen zu erzeugen, die wir als Blitze kennen, und es ist zweifelhaft, ob es ohne sie Entladungen durch die Atmosphäre geben würde, die in der Lage wären, den darin enthaltenen Wasserdampf zu zersetzen. Wolken sind nicht nur vorteilhaft für die Regenproduktion und mildern die Intensität der anhaltenden Sonnenhitze, sondern sie sind auch für die Bildung chemischer Verbindungen in Gemüse erforderlich, die für das gesamte Tierreich von größter Bedeutung sind. Soweit wir wissen, könnte ohne diese Stickstoffquelle und damit ohne Wolken und Blitze kein tierisches Leben auf der Erdoberfläche existieren; und diese hängen, wie wir gerade gesehen haben, in erster Linie von einem angemessenen Staubanteil in der Atmosphäre ab.

Dieser angemessene Staubanteil wird jedoch hauptsächlich von Vulkanen und Wüsten geliefert, und seine Verteilung und ständige Präsenz in der Luft hängt von der Dichte der Atmosphäre ab. Dies hängt wiederum von zwei weiteren Faktoren ab: der Schwerkraft aufgrund der Masse des Planeten und der absoluten Menge der freien Gase, aus denen die Atmosphäre besteht.

So stellen wir fest, dass der riesige, unsichtbare Luftozean, in dem wir leben und der für uns so wichtig ist, dass der Entzug davon für ein paar Minuten lebenszerstörend ist, auch viele andere wohltuende Wirkungen hervorruft, die wir normalerweise kaum berücksichtigen. Außer in Zeiten, in denen Sturm oder Unwetter oder übermäßige Hitze oder Kälte uns daran erinnern, wie heikel das Gleichgewicht der Bedingungen ist, von denen unser Wohlbefinden und sogar unser Leben abhängt.

Aber die Skizze, die ich hier versucht habe, seine vielfältigen Funktionen zu geben, zeigt uns, dass es sich tatsächlich um ein äußerst komplexes Gebilde handelt, sozusagen um ein wunderbares Stück Maschinerie, das in seinen verschiedenen Gasbestandteilen, seinen Wirkungen und Reaktionen auf das Wasser und die Land, seine Produktion elektrischer Entladungen und seine Bereitstellung der Elemente, aus denen das gesamte Gewebe des organischen Lebens besteht und sich ständig erneuert, können tatsächlich als die eigentliche Quelle und Grundlage des Lebens selbst angesehen werden.

Dies zeigt sich nicht nur in der Tatsache, dass wir in jeder Minute unseres Lebens absolut darauf angewiesen sind, sondern auch in den schrecklichen Auswirkungen, die bereits ein geringer Grad an Verunreinigung in diesem lebenswichtigen Element hervorruft. Doch gerade bei den Nationen, die behaupten, am zivilisiertesten zu sein, bei denen, die behaupten, sich von der Kenntnis der Naturgesetze leiten zu lassen, bei denen, die den Fortschritt der Wissenschaft am meisten rühmen, finden wir die größte Apathie, die größte Rücksichtslosigkeit. indem sie dieses überaus wichtige Lebensnotwendige fortwährend verunreinigen, und zwar in einem solchen Ausmaß, dass die Gesundheit des größeren Teils ihrer Bevölkerung geschädigt und ihre Vitalität gemindert wird, und zwar durch Bedingungen, die sie dazu zwingen, mehr oder weniger schlechte und unreine Luft für die Allgemeinheit zu atmen Teil ihres Lebens. Die riesigen und immer größer werdenden Städte, die riesigen Industriestädte, die Rauch und giftige Gase ausstoßen, mit den überfüllten Wohnungen, in denen Millionen gezwungen sind, unter schrecklichsten unhygienischen Bedingungen zu leben, sind die Zeugen dieser kriminellen Apathie, dieser unglaublichen Rücksichtslosigkeit und Unmenschlichkeit .

Seit über fünfzig Jahren sind die unvermeidlichen Folgen solcher Zustände vollständig bekannt; Doch bis zum heutigen Tag *wurde* nichts Bedeutendes getan, nichts wird getan. In diesem wunderschönen Land gibt es reichlich Platz und eine Fülle an reiner Luft für jeden Einzelnen. Doch unsere wohlhabenden und gebildeten Klassen, unsere Herrscher und Gesetzgeber, unsere Religionslehrer und unsere Männer der Wissenschaft widmen ihr Leben und ihre Energie gleichermaßen allem und jedem außer diesem. Dennoch ist *dies* das einzig große und wichtigste Wesentliche für die Gesundheit und das Wohlergehen eines Volkes, dem für die damalige Zeit *alles* untergeordnet sein sollte. Bis dies getan ist, und zwar gründlich und vollständig, ist unsere Zivilisation nichts, unsere Wissenschaft ist nichts, unsere Religion ist nichts, und unsere Politik ist weniger als nichts – sind absolut verabscheuungswürdig; sind unter Verachtung.

Es war die Betrachtung unserer wundervollen Atmosphäre in ihren verschiedenen Beziehungen zum menschlichen Leben und zu allem Leben, die mich zu diesem Schrei für die Kinder und für die empörte Menschheit gezwungen hat. Wird sich keine Gruppe humaner Männer und Frauen zusammenschließen und keine Ruhe finden, bis dieses schreiende Übel abgeschafft ist und mit ihm neun Zehntel aller anderen Übel, die uns jetzt plagen? Lass dem *alles* nachgeben. So wie in einem Eroberungs- oder Angriffskrieg dem Sieg nichts im Wege stehen darf und alle privaten Rechte dem angeblichen Gemeinwohl untergeordnet werden, so soll in diesem Krieg gegen Schmutz, Krankheit und Elend nichts im Weg stehen – weder private Interessen noch Besitzrechte – und wir werden mit Sicherheit siegen. Dies ist das Evangelium, das zu jeder Zeit und außerhalb der Zeit gepredigt werden sollte, bis die Nation zuhört und überzeugt ist. Das sei unser Anspruch: Reine Luft und reines Wasser für jeden Bewohner der Britischen Inseln. Stimmen Sie für niemanden, der sagt: „Das geht nicht." Stimmen Sie nur für diejenigen, die erklären: „Es soll geschehen." Es kann fünf, zehn oder zwanzig Jahre dauern, aber alle kleinen Verbesserungen, alle punktuellen Reformen müssen warten, bis diese grundlegende Reform durchgeführt wird. Wenn wir es unserem Volk dann ermöglicht haben, reine Luft zu atmen und reines Wasser zu trinken, von einfacher Nahrung zu leben und unter gesunden Bedingungen zu arbeiten, zu spielen und sich auszuruhen, werden sie (zum ersten Mal) in der Lage sein, zu entscheiden, was sonst noch so ist Reformen sind wirklich notwendig.

Erinnern! Wir behaupten, ein Volk von hoher Zivilisation, fortschrittlicher Wissenschaft, großer Menschlichkeit und enormem Reichtum zu sein! Lasst uns aus großer Schande nicht sagen: „Wir *können* die Dinge nicht so arrangieren, dass unser Volk alle reine, unvergiftete Luft atmen kann!"

KAPITEL XIV

Die Erde ist der einzige bewohnbare Planet der Welt

DAS SONNENSYSTEM

NACHDEM wir in den letzten drei Kapiteln gezeigt haben, wie zahlreich und komplex die Bedingungen sind, die allein das Leben auf unserer Erde ermöglichen, wie gut ausbalanciert die gegensätzlichen Kräfte sind und wie seltsam und delikat die Mittel sind, mit denen die wesentlichen Kombinationen der Elemente zustande kommen , wird es eine vergleichsweise einfache Aufgabe sein zu zeigen, wie völlig ungeeignet alle anderen Planeten sind, um höhere Lebensformen zu entwickeln oder zu bewahren, und in den meisten Fällen alle Formen über den niedrigsten und rudimentärsten. Um dies zu verdeutlichen, werden wir die wichtigsten Bedingungen der Reihe nach betrachten und sehen, wie die verschiedenen Planeten sie erfüllen.

MASSE EINES PLANETEN UND SEINE ATMOSPHÄRE

Die Höhe und Dichte der Atmosphäre eines Planeten ist in mehrfacher Hinsicht wichtig für das Leben. Von seiner Dichte hängt seine Fähigkeit ab, Feuchtigkeit zu transportieren; einen ausreichenden Vorrat an Staubpartikeln für die Bildung von Wolken vorzuhalten; ultramikroskopische Partikel in eine solche Höhe und Menge zu befördern, dass sie das Licht der Sonne durch Reflexion vom gesamten Himmel streuen; Wellen im Ozean zu erzeugen und so sein Wasser zu belüften, und Meeresströmungen zu erzeugen, die einen so großen Temperaturausgleich bewirken. Diese Dichte hängt nun von zwei Faktoren ab: der Masse des Planeten und der Menge der atmosphärischen Gase. Aber es gibt guten Grund zu der Annahme, dass Letzteres direkt von Ersterem abhängt, denn nur wenn eine bestimmte Masse erreicht ist, können leichtere Permanentgase auf der Oberfläche eines Planeten gehalten werden. Daher kann der Mond laut Dr. G. Johnstone Stoney, der sich speziell mit diesem Thema befasst hat, nicht einmal ein so schweres Gas wie Kohlensäure oder den noch schwereren Schwefelkohlenstoff zurückhalten; während auf ihm möglicherweise kein Sauerstoff-, Stickstoff- oder Wasserdampfteilchen zurückbleiben kann, da seine Masse nur etwa ein Achtzigstel der Erdmasse beträgt. Es wird angenommen, dass es in den Sternenräumen und wahrscheinlich auch im Sonnensystem beträchtliche Mengen an Gasen gibt, möglicherweise jedoch in flüssiger oder fester Form. In diesem Zustand könnten sie von jeder kleinen Masse wie dem Mond angezogen werden, aber die Hitze seiner Oberfläche, wenn sie den Sonnenstrahlen ausgesetzt wird, würde sie schnell wieder in den gasförmigen Zustand versetzen, in dem sie sofort entkommen würden.

Erst wenn ein Planet eine Masse von mindestens einem Viertel der Erdmasse erreicht, ist er in der Lage, Wasserdampf, eines der wesentlichsten Gase, zu speichern; Aber bei einer so geringen Masse wie dieser wäre seine gesamte Atmosphäre wahrscheinlich in ihrer Menge so begrenzt und auf der Oberfläche des Planeten so selten, dass sie überhaupt nicht in der Lage wäre, die verschiedenen Zwecke zu erfüllen, für die eine Atmosphäre zur Unterstützung des Lebens erforderlich ist. Um sie ausreichend zu erfüllen, darf die Masse eines Planeten nicht viel geringer sein als die der Erde. Hier kommen wir zu einer dieser schönen Anpassungen, auf die bereits so viele hingewiesen wurden. Dr. Johnstone Stoney kommt zu dem Schluss, dass Wasserstoff aus der Erde entweicht. Es wird kontinuierlich in kleinen Mengen durch Unterwasservulkane, durch Spalten in Vulkanregionen, durch verfallende Vegetation und aus einigen anderen Quellen produziert; doch obwohl es manchmal in winzigen Mengen vorkommt, ist es kein regelmäßiger Bestandteil unserer Atmosphäre. [18]

Die Menge an Wasserstoff, die zusammen mit Sauerstoff die Wassermasse in unseren riesigen und tiefen Ozeanen bildet, ist enorm. Doch wenn es nur ein Zehntel mehr gewesen wäre, als es tatsächlich ist, wäre die heutige Landoberfläche fast vollständig überschwemmt gewesen. Wie die Anpassungen erfolgten, sodass genau genug Wasserstoff vorhanden war, um die riesigen Ozeanbecken bis zu einer solchen Tiefe mit Wasser zu füllen, dass genügend Landoberfläche für die reichliche Entwicklung von Pflanzen- und Tierleben übrig blieb, und dennoch nicht so viel, dass es schädlich wäre Klima ist schwer vorstellbar. Doch die Anpassung starrt uns direkt ins Gesicht. Erstens haben wir es mit einem Satelliten zu tun, der im Vergleich zu seinem Primärsatelliten in seiner Größe einzigartig ist und offensichtlich auch in seiner Spätherkunft; dann haben wir einen Ursprungsmodus für diesen Satelliten, der im Sonnensystem sicherlich einzigartig sein soll; Es wird angenommen, dass wir aufgrund dieses Ursprungs enorm tiefe Ozeanbecken haben, die symmetrisch zum Äquator angeordnet sind – eine Anordnung, die für die Ozeanzirkulation sehr wichtig ist; Dann müssen wir die richtige Menge Wasserstoff gehabt haben, die auf unbekannte Weise gewonnen wurde und ausreichend Wasser bildete, um diese Abgründe zu füllen, so dass eine große Fläche trockenen Landes übrig blieb, die aber von einem Zehntel mehr Wasser verschlungen worden wäre; und schließlich haben wir noch genug Sauerstoff, um eine Atmosphäre mit ausreichender Dichte für alle Lebensbedürfnisse zu bilden. Es konnte nicht sein, dass der überschüssige Wasserstoff entwich, als das Wasser erzeugt wurde, denn er entweicht sehr langsam und verbindet sich so leicht mit freiem Sauerstoff, selbst durch einen Funken, dass sichergestellt ist, dass der *gesamte* verfügbare Wasserstoff aufgebraucht war in den Meeresgewässern, und dass die Zufuhr aus dem Erdinneren seitdem vergleichsweise gering ist.

Es ist noch eine weitere Anpassung zu bemerken. Alle jetzt angeführten Tatsachen zeigen, dass die Masse der Erde ausreicht, um günstige Bedingungen für das Leben zu schaffen. Aber wenn unser Globus etwas größer und entsprechend dichter gewesen wäre, wäre aller Wahrscheinlichkeit nach kein Leben möglich gewesen. Zwischen einem Planeten mit 8.000 Meilen und einem Planeten mit 9.500 Meilen Durchmesser besteht im Vergleich zu den enormen Größenunterschieden der anderen Planeten kein großer Unterschied. Diese geringfügige Vergrößerung des Durchmessers würde jedoch zu einer Vergrößerung des Volumens um zwei Drittel führen, und bei einer entsprechenden Erhöhung der Dichte aufgrund der größeren Schwerkraft wäre die Masse etwa doppelt so groß. Aber bei doppelter Masse wäre die Menge an Gasen aller Art, die von der Schwerkraft angezogen und zurückgehalten werden, wahrscheinlich doppelt so groß gewesen; und in diesem Fall wäre die doppelte Menge Wasser entstanden, da dann kein Wasserstoff entweichen könnte. Aber die *Erdoberfläche* wäre nur halb so groß wie heute, und in diesem Fall hätte das Wasser ausgereicht, um die gesamte Erdoberfläche mehrere Meilen tief zu bedecken.

BEWOHNBARKEIT ANDERER PLANETEN

Wenn wir auf die anderen Planeten unseres Systems schauen, sehen wir überall Beispiele für das Verhältnis von Größe und Masse zur Bewohnbarkeit. Die kleineren Planeten Merkur und Mars haben nicht genügend Masse, um Wasserdampf zu speichern, und ohne sie sind sie nicht bewohnbar. Alle größeren Planeten können trotz ihrer enormen Masse sehr wenig feste Materie enthalten, was an ihrer sehr geringen Dichte zu erkennen ist. Es gibt daher sehr gute Gründe für die Annahme, dass die Anpassungsfähigkeit eines Planeten für die volle Entwicklung des Lebens in sehr engen Grenzen *in erster Linie* von seiner Größe und direkter von seiner Masse abhängt. Wenn aber die Erde ihre speziell zusammengesetzte Atmosphäre und ihre gut angepasste Wassermenge solchen allgemeinen Ursachen verdankt, wie sie hier angedeutet wurden, und dieselben Ursachen auch für die anderen Planeten des Sonnensystems gelten, dann ist Venus der einzige Planet, auf dem Leben möglich sein kann . Da jedoch die Auffassung vertreten werden kann, dass außergewöhnliche Ursachen anderen Planeten in Bezug auf Luft und Wasser den gleichen Vorteil verschafft haben könnten, werden wir kurz einige der anderen Bedingungen betrachten, die wir im Fall der Erde als wesentlich erachtet haben: Es ist jedoch fast unmöglich, sich vorzustellen, dass es auf einem der anderen Planeten des Sonnensystems im erforderlichen Ausmaß existiert.

EIN KLEINER UND EINDEUTIGER
TEMPERATURBEREICH

Wir haben bereits gesehen, innerhalb welcher engen Grenzen die Temperatur auf der Oberfläche eines Planeten gehalten werden muss, um Leben zu entwickeln und zu ermöglichen. Wir haben auch gesehen, wie zahlreich und wie heikel die Bedingungen sind, wie die Dichte der Atmosphäre, die Ausdehnung und Beständigkeit der Ozeane sowie die Verteilung von Meer und Land, die auch bei uns erforderlich sind, um die kontinuierliche Erhaltung eines zu ermöglichen ausreichend gleichmäßige Temperatur. Geringfügige Veränderungen auf die eine oder andere Weise könnten die Erde fast unbewohnbar machen, da sie Wechseln von zu großer Hitze oder übermäßiger Kälte ausgesetzt ist. Wie können wir dann annehmen, dass irgendein anderer Planet, der entweder sehr viel mehr oder sehr viel weniger Sonnenwärme hat, als wir empfangen, durch irgendeine mögliche Änderung der Bedingungen in die Lage versetzt werden könnte, ein erfülltes und vielfältiges Leben hervorzubringen und zu unterstützen? - Entwicklung?

Der Mars erhält pro Flächeneinheit weniger als die Hälfte der Sonnenwärme wie wir. Und da es fast sicher ist, dass es kein Wasser enthält (sein Polarschnee wird durch Kohlensäure oder ein anderes schweres Gas verursacht), folgt daraus, dass es, obwohl es Pflanzenleben einiger niedriger Arten hervorbringen kann, für das Leben der Pflanzen völlig ungeeignet sein muss höhere Tiere. Aufgrund seiner geringen Größe und Masse (letztere beträgt nur ein Neuntel der Masse der Erde) kann er wahrscheinlich eine sehr seltene Atmosphäre aus Sauerstoff und Stickstoff besitzen, wenn diese Gase dort existieren, und dieser Mangel an Dichte würde es ihm unmöglich machen, ihn während dieser Zeit zu speichern in der Nacht die sehr mäßige Wärmemenge, die es tagsüber absorbieren könnte. Diese Schlussfolgerung wird durch sein geringes Reflexionsvermögen gestützt, das zeigt, dass es in seiner spärlichen Atmosphäre kaum Wolken gibt. Während des größten Teils der vierundzwanzig Stunden würde seine Oberflächentemperatur daher wahrscheinlich weit unter dem Gefrierpunkt von Wasser liegen; und dies, in Verbindung mit der völligen Abwesenheit von Wasserdampf oder flüssigem Wasser, würde seine Ungeeignetheit für das Tierleben noch verstärken.

Auf der Venus sind die Bedingungen in der anderen Richtung ebenso ungünstig. Es erhält von der Sonne fast das Doppelte der Wärmemenge, die wir erhalten, und dies allein würde eine außergewöhnliche Kombination modifizierender Kräfte erfordern, um die übermäßig hohe Temperatur zu verringern und gleichmäßig zu machen. Aber es ist jetzt bekannt, dass Venus eine Besonderheit aufweist, die für tierisches Leben und wahrscheinlich sogar für die niedrigsten Formen pflanzlichen Lebens nahezu unerschwinglich ist. Diese Besonderheit besteht darin, dass durch die von der Sonne verursachte Gezeitenwirkung ihr Tag mit ihrem Jahr zusammenfällt, oder genauer gesagt, dass sie sich in der gleichen Zeit um ihre

Achse dreht, in der sie sich um die Sonne dreht. Daher präsentiert es der Sonne immer das gleiche Gesicht; und während die eine Hälfte einen ewigen Tag hat, herrscht in der anderen Hälfte eine ewige Nacht, mit ewiger Dämmerung durch Brechung in einem schmalen Gürtel, der an die beleuchtete Hälfte angrenzt. Aber die Seite, die niemals die direkten Sonnenstrahlen empfängt, muss sehr kalt sein und sich in den zentralen Teilen dem Temperaturnullpunkt nähern, während die Hälfte, die ständigem Sonnenschein von doppelter Intensität ausgesetzt ist, mit ziemlicher Sicherheit auf eine Temperatur ansteigen muss, die weit entfernt ist zu groß für die Existenz von Protoplasma und daher wahrscheinlich auch für irgendeine Form tierischen Lebens.

Die Venus scheint eine dichte Atmosphäre zu haben, und ihr Glanz lässt darauf schließen, dass wir die obere Oberfläche einer Wolkendecke sehen, und dies würde zweifellos die übermäßige Sonnenwärme erheblich reduzieren. Seine Masse, die etwas mehr als drei Viertel der Masse der Erde beträgt, würde es ihm ermöglichen, die gleichen Gase zu speichern, die wir besitzen. Aber unter den außergewöhnlichen Bedingungen, die auf der Oberfläche dieses Planeten herrschen, ist es kaum möglich, dass die Temperatur der beleuchteten Seite in einem ausreichend gleichmäßigen Zustand gehalten werden kann, damit sich Leben in einer seiner höheren Formen entwickeln kann.

Merkur besitzt die gleiche Eigentümlichkeit, immer ein Gesicht der Sonne zuzuwenden, und da er so viel kleiner und so viel näher an der Sonne ist, müssen seine Kontraste von Hitze und Kälte noch übertriebener sein, und wir brauchen kaum über die Möglichkeit der Existenz dieses Planeten zu diskutieren bewohnbar. Da seine Masse nur ein Dreißigstel der Erdmasse beträgt, wird ihm mit Sicherheit Wasserdampf und höchstwahrscheinlich auch Stickstoff und Sauerstoff entweichen, so dass er nur sehr wenig Atmosphäre besitzen kann; und dies wird durch sein geringes Reflexionsvermögen angezeigt, das nicht weniger als 83 Prozent beträgt. des Sonnenlichts absorbiert, und zwar nur 17 Prozent. reflektiert, während Wolken 72 Prozent reflektieren. Dieser Planet ist daher auf der einen Seite stark erhitzt und auf der anderen gefroren; es hat kein Wasser und kaum Atmosphäre und ist daher in jeder Hinsicht völlig ungeeignet, lebende Organismen zu beherbergen.

Selbst wenn man annimmt, dass im Fall der Venus ihre ständige Wolkendecke die Oberflächentemperatur innerhalb der für das Leben von Tieren notwendigen Grenzen niedrig halten kann, sind die außergewöhnlichen Turbulenzen in ihrer Atmosphäre, die durch die übermäßig unterschiedlichen Temperaturen ihrer dunklen und hellen Hemisphären verursacht werden muss äußerst lebensfeindlich sein, wenn nicht sogar völlig verbietend. Denn auf dem größten Teil der Hemisphäre, der niemals einen Licht- oder Wärmestrahl von der Sonne empfängt, muss das gesamte Wasser und der wässrige Dampf in Eis oder Schnee verwandelt werden, und es scheint fast unmöglich, dass die Luft selbst der Erstarrung entgehen kann. Dies wäre nur durch eine sehr schnelle Zirkulation der gesamten Atmosphäre möglich, und diese würde sicherlich durch den enormen und dauerhaften Temperaturunterschied zwischen den beiden Hemisphären hervorgerufen. Hinweise auf die Brechung durch eine dichte Atmosphäre sind beim Transit des Planeten über die Sonnenscheibe und auch bei Konjunktion mit der Sonne sichtbar. Die Brechung ist so groß, dass man annimmt, dass die Atmosphäre der Venus viel höher ist als unsere. Aber während der schnellen Zirkulation einer solchen Atmosphäre, die auf der einen Hälfte des Planeten erhitzt und auf der anderen abgekühlt ist, muss der größte Teil des Wasserdampfes auf der dunklen Seite genauso schnell, wenn auch ausreichend, aus ihr entfernt werden, wie er auf der erhitzten Seite entsteht Möglicherweise bleibt ein Baldachin aus sehr hohen Wolken analog zu unseren Cirri übrig. Die gelegentliche Sichtbarkeit der dunklen Seite der Venus kann durch ein elektrisches Leuchten aufgrund der Reibung der ständig über- und einströmenden Atmosphäre verursacht werden, das durch die Reflexion einer riesigen Oberfläche aus ewigem Schnee verstärkt wird. Wenn wir alle außergewöhnlichen Merkmale dieses Planeten berücksichtigen, scheint es sicher, dass die klimatischen Bedingungen jetzt nicht so sein können, dass eine Temperatur innerhalb der engen Grenzen gehalten wird, die für das Leben notwendig sind, während die Wahrscheinlichkeit gering ist, dass dies zu einem früheren Zeitpunkt der Fall sein könnte verfügte über die nötige Stabilität und bewahrte sie während der langen Epochen, die für seine Entwicklung erforderlich sind.

Bevor wir den Zustand der größeren Planeten betrachten, ist es gut, sich auf ein Argument zu beziehen, das die bereits erwähnten Schwierigkeiten bei den Planeten minimieren soll, die der Erde in Größe und Entfernung von der Sonne am nächsten kommen.

DAS ARGUMENT DER EXTREMEN BEDINGUNGEN,

AUF DER ERDE

Als Antwort auf die Beweise dafür, wie schön die Anpassungen sind, die für die Entwicklung des Lebens erforderlich sind, wird oft eingewandt, dass Leben *heute* unter sehr extremen Bedingungen existiert – unter tropischer Hitze und arktischem Schnee; in der verbrannten Wüste ebenso wie im feuchten Tropenwald; sowohl in der Luft als auch im Wasser; sowohl auf hohen Bergen als auch im flachen Tiefland. Das ist zweifellos wahr, aber es beweist nicht, dass sich Leben in einer Welt entwickelt haben könnte, in der eines dieser Klimaextreme die gesamte Oberfläche prägte. Die Wüsten sind bewohnt, weil es Oasen gibt, in denen Wasser verfügbar ist, sowie in den umliegenden fruchtbaren Gebieten. Die arktischen Regionen sind bewohnt, weil es einen Sommer gibt und in diesem Sommer Vegetation herrscht. Wenn die Bodenoberfläche immer gefroren wäre, gäbe es keine Vegetation und kein Tierleben.

Der verstorbene Herr RA Proctor brachte dieses Argument der Vielfalt der Bedingungen, unter denen tatsächlich Leben auf der Erde existiert, so treffend vor, wie man es wohl kaum formulieren kann. Er sagt: „Wenn wir die verschiedenen Bedingungen betrachten, unter denen das Leben vorherrscht, gibt es keinen Unterschied in den klimatischen Verhältnissen oder in der Höhenlage, in der Land- oder Luft- oder Wasserwelt, im Boden im Land, in der Frische oder im Salzgehalt im Land „Wenn Wasser von der Dichte in der Luft scheint (soweit unsere Forschungen ausgedehnt wurden), das Leben unmöglich zu machen, müssen wir schlussfolgern, dass die Fähigkeit, das Leben zu unterstützen, eine Eigenschaft ist, die in der Natur ein außerordentlich breites Spektrum aufweist.“

Das stimmt, allerdings mit gewissen Vorbehalten. Die einzige Tierart, die unter den unterschiedlichsten Klimabedingungen wirklich existiert, ist der Mensch, und er tut dies, weil sein Intellekt ihn gewissermaßen zum Herrscher der Natur macht. Keines der niederen Tiere hat ein so großes Verbreitungsgebiet, und die Vielfalt der Bedingungen ist nicht wirklich so groß, wie es scheint. Die strengen Grenzwerte werden nirgendwo dauerhaft überschritten, und es gibt immer einen Wechsel vom Winter zum Sommer und die Möglichkeit der Abwanderung in weniger unwirtliche Gebiete.

DIE GROSSEN PLANETEN SIND ALLE UNBEWOHNBAR

Nachdem wir bereits gezeigt haben, dass der Zustand des Mars sowohl in Bezug auf Wasser, Atmosphäre als auch Temperatur für die Erhaltung von Leben völlig ungeeignet ist – eine Ansicht, in der sowohl die allgemeinen Prinzipien als auch die teleskopische Untersuchung vollkommen übereinstimmen – können wir zu den äußeren Planeten übergehen, die Allerdings wurden sie selbst von den eifrigsten Befürwortern eines „Lebens in anderen Welten“ schon lange als für das Leben geeignet aufgegeben. Ihre Entfernung von der Sonne – sogar Jupiter ist fünfmal so weit entfernt wie die Erde und empfängt daher nur ein Fünfundzwanzigstel des Lichts und der Wärme, die wir pro Flächeneinheit empfangen – macht es fast unmöglich, selbst wenn andere Bedingungen günstig wären. dass sie Oberflächentemperaturen besitzen sollten, die den Bedürfnissen des organischen Lebens genügen. Aber ihre sehr geringe Dichte in Kombination mit ihrer sehr großen Größe macht es sicher, dass keines von ihnen eine verfestigte Oberfläche hat oder auch nur die Elemente, aus denen eine solche Oberfläche gebildet werden könnte.

Es wird angenommen, dass Jupiter und Saturn sowie Uranus und Neptun eine beträchtliche Menge an innerer Wärme speichern, die jedoch sicherlich nicht ausreicht, um die metallischen und anderen Elemente, aus denen Sonne und Erde bestehen, in einem Dampfzustand zu halten, denn wenn ja, dann ist das der Fall Sie wären Planetensterne und würden in ihrem eigenen Licht leuchten. Und wenn ein beträchtlicher Teil ihrer Masse aus diesen Elementen bestünde, sei es in festem oder flüssigem Zustand, wäre ihre Dichte notwendigerweise viel größer als die der Erde und nicht sehr viel geringer – Jupiter hat weniger als ein Viertel der Dichte der Erde Erde, Saturn unter einem Achtel, während Uranus und Neptun von mittlerer Dichte sind, wenn auch viel kleiner als Saturn.

Es scheint also, dass das Sonnensystem aus zwei Gruppen von Planeten besteht, die sich stark voneinander unterscheiden. Die äußere Gruppe der vier sehr großen Planeten besteht fast ausschließlich aus Gas und besteht wahrscheinlich aus permanenten Gasen – solchen, die nur bei sehr niedrigen Temperaturen verflüssigt oder erstarrt werden können. Anders lässt sich ihre geringe Dichte bei gleichzeitig enormer Masse nicht erklären.

Die innere Gruppe, die ebenfalls aus vier Planeten besteht, unterscheidet sich völlig von der vorherigen. Sie sind alle klein, wobei die Erde die größte ist. Sie alle haben eine Dichte, die in etwa proportional zu ihrer Masse ist. Die Erde ist sowohl die größte als auch die dichteste dieser Gruppe; Es liegt nicht nur in einer solchen Entfernung von der Sonne, dass Wasser allein durch die Sonnenwärme fast auf seiner gesamten Oberfläche im flüssigen Zustand bleibt, sondern es verfügt auch über zahlreiche Eigenschaften, die eine sehr gleichmäßige Temperatur gewährleisten und gewährleistet haben Es herrscht nahezu die gleiche Temperatur wie in den enormen geologischen Perioden, in denen das Leben auf der Erde existiert hat. Wir haben bereits gezeigt, dass derzeit kein anderer Planet diese Eigenschaften besitzt, und es ist fast ebenso sicher, dass er sie in der Vergangenheit nie besaß und auch in Zukunft nie besitzen wird.

EIN LETZTES ARGUMENT FÜR DIE BEWOHNBARKEIT
VON

DIE PLANETEN

Obwohl der verstorbene Mr. Proctor und einige andere Astronomen zugegeben haben, dass die meisten Planeten *heute nicht* bewohnbar sind, wird oft darauf hingewiesen, dass dies möglicherweise in der Vergangenheit der Fall war oder in Zukunft der Fall sein könnte. Einige sind jetzt zu heiß, andere sind jetzt zu kalt; einige haben jetzt kein Wasser, andere haben zu viel; Aber alle durchlaufen ihre festgelegte Reihe von Stadien, und während einiger dieser Stadien kann Leben möglich sein oder gewesen sein. Obwohl dieses Argument vage ist, wird es einige Leser ansprechen und es kann daher notwendig sein, darauf zu antworten. Dies ist umso notwendiger, als es immer noch von Astronomen genutzt wird. In einer Kritik an meinem Artikel in *The Fortnightly Review* bemerkt M. Camille Flammarion vom Pariser Observatorium dramatisch: „Ja, das Leben ist universell und ewig, denn die Zeit ist einer seiner Faktoren." Gestern der Mond, heute die Erde, morgen Jupiter. „Im Weltraum gibt es sowohl Wiegen als auch Gräber." [19]

Es wird daher vermutet, dass der Mond einst bewohnt war und dass Jupiter in ferner Zukunft bewohnt sein wird; Es wird jedoch kein Versuch unternommen, sich mit den wesentlichen physikalischen Bedingungen dieser sehr unterschiedlichen Objekte auseinanderzusetzen, wodurch sie nicht nur *jetzt*, sondern immer ungeeignet sind, sich zu entwickeln und Leben auf der Erde oder in der Luft aufrechtzuerhalten. Diese vage Annahme – man kann sie kaum als Argument bezeichnen – hinsichtlich der vergangenen oder zukünftigen Anpassungsfähigkeit aller Planeten und einiger Satelliten im Sonnensystem an Leben wird jedoch durch einen ebenso allgemeinen Einwand ihrer Befürworter ungültig scheinen nie einen Moment darüber nachgedacht zu haben; und da es sich um einen Einwand handelt, der die Ansicht über die einzigartige Stellung der Erde im Sonnensystem noch weiter stärkt, ist es gut, ihn dem Urteil unserer Leser zu unterwerfen.

BEGRENZUNG DER SONNENWÄRME

Es ist bekannt, dass es seit fast einem halben Jahrhundert eine tiefgreifende Meinungsverschiedenheit zwischen Geologen und Physikern über die tatsächliche oder mögliche Dauer des Lebens auf der Erde in Jahren gibt. Die Geologen waren sehr beeindruckt von den enormen Ergebnissen, die durch die langsamen Prozesse der Abtragung der Gesteine und der Ablagerung des Materials in Meeren oder Seen erzielt wurden, um dann erneut aufgewühlt zu werden, um trockenes Land zu bilden, und das durch den Regen wieder herausgearbeitet wurde und Wind, durch Hitze und Kälte, durch Schnee und Eis, in Hügel und Täler und große Bergketten; und weiter, durch die Tatsache, dass die höchsten Berge in allen Teilen der Erde sehr oft auf ihren höchsten Gipfeln geschichtete Felsen aufweisen, die Meeresorganismen enthalten und daher ursprünglich unter dem Meer lagen; und wiederum durch die Tatsache, dass die höchsten Berge oft die jüngsten sind und dass diese großartigen Merkmale der Erdoberfläche nur die neuesten Beispiele für die Wirkung von Kräften sind, die im Laufe der gesamten geologischen Epoche am Werk waren – wenn man sie alle studiert Die detaillierten Beweise all dieser Veränderungen sind zu dem Schluss gekommen, dass es sich dabei um enorme Zeiträume handelt, die sich nur in Dutzenden oder Hunderten von Millionen Jahren messen lassen.

Und die begleitende Untersuchung fossiler Überreste in der langen Reihe von Felsformationen untermauert diese Ansicht. In der gesamten Epoche der Menschheitsgeschichte und weit zurück in die prähistorische Zeit, in der der Mensch auf der Erde existierte, sind zwar mehrere Tiere ausgestorben, es gibt jedoch keinen Beweis dafür, dass sich ein neues Tier entwickelt hat. Aber diese Menschheitsära, die mit Sicherheit bis in die Eiszeit und mit ziemlicher Sicherheit bis in die Zeit vor der Eiszeit zurückreicht, kann, so weit wir bisher wissen, nicht auf weniger als eine Million Jahre geschätzt werden, manche gehen sogar von mehreren Millionen Jahren aus; und da es in dieser Zeit sicherlich einige beträchtliche Höhenveränderungen, Ausgrabungen von Tälern, Ablagerungen großer Kiesbetten und andere oberflächliche Veränderungen gegeben hat, wurde durch Vergleich mit der eigentlichen Zeit eine Art Maßskala für die geologische Zeit erhalten winzige Veränderungen, die im historischen Zeitraum stattgefunden haben. Diese Skala ist zwar sehr unvollkommen, aber besser als gar keine; und durch den Vergleich dieser kleinen Veränderungen mit den weitaus größeren, die bei jedem weiteren Rückschritt in der geologischen Geschichte aufgetreten sind, sind diese Schätzungen der geologischen Zeit entstanden. Sie werden auch von den Paläontologen unterstützt, für die das weite Panorama aufeinanderfolgender Lebensformen eine allgegenwärtige Realität ist. Sobald sie in die letzte Phase des Tertiärs übergehen – das Pliozän von Sir Charles Lyell – tauchen überall auf der Welt neue Lebensformen auf, die offensichtlich die Vorläufer vieler unserer noch existierenden Arten sind; und wenn sie etwas weiter zurückgehen, ins Miozän, gibt es Hinweise auf ein wärmeres Klima in Europa und eine große Anzahl von Säugetieren, die denen ähneln, die heute in den Tropen leben, aber von ganz unterschiedlichen Arten und oft von unterschiedlichen Gattungen und Familien. Und obwohl wir erst etwa die Mitte des Tertiärs erreicht haben, sind die Veränderungen in den Lebensformen, im Klima und in den Landoberflächen im Vergleich zu den sehr winzigen Veränderungen während der menschlichen Epoche so groß, so dass wir die verstrichene Zeit um ein Vielfaches vervielfachen müssen. Dennoch ist die gesamte Tertiärperiode, in der sich *alle* großen Gruppen der höheren Tiere aus verhältnismäßig wenigen verallgemeinerten Vorfahrenformen entwickelten, bei weitem die kürzeste der drei großen geologischen Perioden – das Mesozoikum oder Sekundärzeitalter war viel länger , mit noch größeren Veränderungen sowohl in der Erdkruste als auch in den Lebensformen; während das Paläozoikum oder Uralter, das uns zu den frühesten Lebensformen zurückführt, wie sie in versteinerten Überresten dargestellt sind, von Geologen immer als mindestens so lang eingeschätzt wird wie die beiden anderen zusammen, und wahrscheinlich sogar sehr viel länger.

Aufgrund dieser verschiedenen Überlegungen sind die meisten Geologen, die die geologische Zeit ab der Zeit der frühesten fossilführenden Gesteine geschätzt haben, zu dem Schluss gekommen, dass dafür etwa 200 Millionen Jahre erforderlich sind. Aus der Vielfalt der Lebensformen in dieser frühen

Periode lässt sich jedoch schließen, dass für die gesamte Lebensepoche eine sehr viel längere Dauer erforderlich ist. Über die vielfältige Meeresfauna des Kambriums sagt der verstorbene Professor Ramsay: „In diesem frühesten bekannten vielfältigen Leben finden wir keine Hinweise darauf, dass es zu Beginn der zoologischen Reihe gelebt hat." Im weitesten Sinne scheinen mir alle mit dieser alten Periode verbundenen Phänomene im Vergleich zu dem, was sowohl biologisch als auch physikalisch vorhergegangen sein muss, von recht neuer Beschreibung zu sein; und das Klima der Meere und Länder war genau das gleiche wie das, das die Welt heute genießt." Und Professor Huxley vertrat sehr ähnliche Ansichten, als er erklärte: „Wenn die sehr kleinen Unterschiede, die zwischen den Krokodilen der älteren Sekundärformationen und denen der Gegenwart zu beobachten sind, irgendeine Art von Annäherung an eine Schätzung der durchschnittlichen Änderungsrate zwischen ihnen liefern." Bei den Reptilien ist es geradezu erschreckend, darüber nachzudenken, wie weit wir in die Zeit des Paläozoikums zurückgehen müssen, bevor wir hoffen können, zu dem gemeinsamen Stamm zu gelangen, aus dem die Krokodile, Eidechsen, *Ornithoscelida* und *Plesiosauria* hervorgegangen sind, die in der Trias-Epoche eine so große Entwicklung erreicht hatten , muss abgeleitet worden sein.'

Im Gegensatz zu diesen Forderungen der Geologen, in denen sie sich fast einig sind, erklären nun die berühmtesten Physiker, nachdem sie alle möglichen Wärmequellen der Sonne vollständig geprüft und die Geschwindigkeit kennen, mit der sie jetzt Wärme abgibt Sie sind mit voller Überzeugung davon überzeugt, dass unsere Sonne nicht über einen so langen Zeitraum als wärmespendender Körper existiert haben kann, und würden daher die Zeit, in der möglicherweise Leben auf der Erde existiert haben kann, auf etwa ein Viertel der von Geologen geforderten Zeit reduzieren . In einem seiner neuesten Artikel sagt Lord Kelvin: „Jetzt haben wir eine unumstößliche Dynamik, die beweist, dass die gesamte Lebensdauer unserer Sonne als Stern eine sehr moderate Anzahl von Millionen Jahren beträgt, wahrscheinlich weniger als 50 Millionen, möglicherweise zwischen 50 und 100." (*Phil. Mag.* , Bd. II, Sixth Ser., S. 175, Aug. 1901). In meinem „ *Inselleben* " (Kap auf der Erde geschehen ist) kann so reduziert werden, dass es möglicherweise innerhalb der von den Physikern maximal zulässigen Zeitspanne liegt; Aber es wird sicherlich keine Zeit übrig bleiben, und alle von unserer Sonne abhängigen Planeten, deren bewohnbare Zeit entweder vergangen ist oder noch bevorsteht, können unmöglich ausreichend Zeit für die notwendigerweise langsame Entwicklung der höheren Lebensformen haben oder gehabt haben. Auch hier sind alle Physiker der Ansicht, dass die Sonne jetzt abkühlt und dass ihre zukünftige Lebensdauer viel kürzer sein wird als ihre Vergangenheit. In einem Vortrag an der Royal Institution (veröffentlicht in *Nature Series* , 1889) sagt Lord Kelvin: „Ich halte es für überaus voreilig, anzunehmen, dass die Sonne in der Vergangenheit mehr als zwanzig Millionen Jahre lang als wahrscheinlich galt." der Erde, oder man rechnet mit mehr als fünf oder sechs Millionen Jahren Sonnenlicht für die kommende Zeit.'

Diese Auszüge sollen zeigen, dass es sehr große Schwierigkeiten gibt, sie in Einklang zu bringen oder die tatsächlichen Fakten zu erklären, es sei denn, Geologen oder Physiker sind weit von der Genauigkeit ihrer Schätzungen über das vergangene oder zukünftige Alter der Sonne entfernt die geologische Geschichte der Erde und des gesamten Verlaufs der Lebensentwicklung auf ihr. Wir kommen daher erneut zu dem Schluss, dass es keine Zeit zu verlieren gab und gibt; dass die *gesamte* verfügbare vergangene Lebensperiode der Sonne für die Lebensentwicklung auf der Erde genutzt wurde und dass die Zukunft nicht viel mehr sein wird, als für die Vollendung des großen Dramas der Menschheitsgeschichte nötig sein wird, und das Entwicklung der vollen Möglichkeiten der geistigen und moralischen Natur des Menschen.

Wir haben hier also ein sehr starkes Argument, aus einem anderen Blickwinkel als alle bisher betrachteten, für die Schlussfolgerung, dass der Platz des Menschen im Sonnensystem völlig einzigartig ist und dass kein anderer Planet eine so umfassende Entwicklung entwickelt hat oder entwickeln kann und vollständige Lebensreihe als das, was die Erde tatsächlich entwickelt hat. Selbst wenn die Bedingungen günstiger gewesen wären, als man sie auf anderen Planeten sieht, hätten Merkur, Venus und Mars die Gleichmäßigkeit der Bedingungen unmöglich lange genug für die Entwicklung von Leben aufrechterhalten können, da sie sich seit unbekannten Zeitaltern langsam angenähert haben müssen ihre gegenwärtigen völlig *ungeeigneten* Bedingungen; während Jupiter und die Planeten jenseits davon, deren Epoche der Lebensentwicklung in ferner Zukunft liegen soll, wenn sie langsam zur Bewohnbarkeit abgekühlt sein werden, dann von einer schnell abkühlenden Sonne noch schwächer beleuchtet und spärlich erwärmt werden und möglicherweise So werden sie bestenfalls zu Kugeln aus festem Eis. Das ist die Lehre der Wissenschaft – der besten Wissenschaft des 20. Jahrhunderts. Doch wir finden sogar Astronomen, die mehr als alle anderen Vertreter der Wissenschaft den Lehren der Schwesterwissenschaften, denen sie so viel verdanken, Beachtung schenken sollten und sich solchen Schwärmereien hingeben wie den folgenden: „In unserem Sonnensystem diese kleine Erde." hat von der Natur keine besonderen Privilegien erhalten, und es ist seltsam, das Leben auf den Kreis der irdischen Chemie beschränken zu wollen." Und noch einmal: „Die Unendlichkeit umgibt uns von allen Seiten, das Leben behauptet sich, universell und ewig, unsere Existenz ist nur ein flüchtiger Moment, die Schwingung eines Atoms in einem Sonnenstrahl, und unser Planet ist nur eine Insel, die im Himmel schwebt." Archipel, dem kein Gedanke jemals Grenzen setzen wird.' [20]

Anstelle solch „wilder und wirbelnder Worte" habe ich versucht, die nüchternen Schlussfolgerungen der besten Arbeiter und Denker über die Natur und den Ursprung der Welt, in der wir leben, und des Universums, das uns von allen Seiten umgibt, darzulegen. Ich überlasse es meinen Lesern, zu entscheiden, welcher Ratgeber der vertrauenswürdigere ist.

Kapitel XV

DIE STERNE – HABEN SIE PLANETENSYSTEME?

SIND SIE FÜR UNS VON NUTZEN?

MEISTEN Autoren über die Pluralität der Welten, von Fontenelle bis Proctor, sind angesichts der enormen Anzahl der Sterne und ihrer offensichtlichen Nutzlosigkeit für unsere Welt davon ausgegangen, dass viele von ihnen von Planetensystemen umkreist werden *müssen* , und dass einige von ihnen Planetensysteme haben, die sie umkreisen Auf jeden Fall *müssen* diese Planeten Bewohner haben, einige vielleicht niedriger, andere aber zweifellos höher als wir. Einer unserer bekannten modernen Astronomen, der erst vor zehn Jahren schrieb, vertritt die gleiche Ansicht. Er sagt: „Die Sonnen, die wir Sterne nennen, wurden eindeutig nicht zu unserem Nutzen geschaffen." Sie haben für die Erdbewohner nur einen sehr geringen praktischen Nutzen. Sie geben uns sehr wenig Licht; Ein zusätzlicher kleiner Satellit – einer, der deutlich kleiner als der Mond ist – wäre in dieser Hinsicht viel nützlicher gewesen als die Millionen Sterne, die das Teleskop entdeckt. Sie müssen daher zu einem anderen Zweck entstanden sein ... Wir können daher mit hoher Wahrscheinlichkeit schlussfolgern, dass die Sterne – zumindest diejenigen mit Spektren vom Sonnentyp – Zentren von Planetensystemen bilden, die unserem eigenen einigermaßen ähnlich sind .' [21] Der Autor erörtert dann die Bedingungen, die für Leben analog zu denen unserer Erde notwendig sind, was Temperatur, Rotation, Masse, Atmosphäre, Wasser usw. betrifft, und er ist der einzige Schriftsteller, den ich getroffen habe, der diese Bedingungen berücksichtigt hat; aber er berührt sie nur sehr kurz und kommt zu dem Schluss, dass es im Fall der Sterne vom Sonnentyp wahrscheinlich ist, dass *ein* Planet, der sich in angemessener Entfernung befindet, geeignet wäre, Leben zu beherbergen. Er schätzt ungefähr, dass es etwa zehn Millionen Sterne dieser Art gibt, die unserer Sonne sehr ähnlich sind, und dass es eine Million sein wird, wenn nur einer von zehn von ihnen einen Planeten in der richtigen Entfernung und in anderer Hinsicht richtig beschaffen hat Welten, die zur Unterstützung des Tierlebens geeignet sind. Er kommt daher zu dem Schluss, dass es wahrscheinlich viele Sterne gibt, die von lebenstragenden Planeten umkreist werden.

Es gibt jedoch viele Überlegungen, die von diesem Autor nicht berücksichtigt wurden und die dazu führen, dass sich die obige Schätzung erheblich verringert. Es ist jetzt bekannt, dass eine große Anzahl von Sternen kleinerer Größe näher bei uns ist als die Mehrheit der Sterne erster und zweiter Größe, so dass es wahrscheinlich ist, dass diese, ebenso wie ein beträchtlicher Teil der sehr lichtschwachen Sterne, teleskopisch sind Sterne haben wirklich kleine Ausmaße. Wir haben Beweise dafür, dass viele der hellsten Sterne viel größer als unsere Sonne sind, aber es gibt wahrscheinlich zehnmal so viele, die viel kleiner sind. Wir haben gesehen, dass die gesamte bisherige licht- und wärmespendende Dauer unserer Sonne nach Ansicht der besten Autoritäten gerade noch für die Entwicklung des Lebens auf der Erde ausgereicht hat. Die Dauer der Wärmeabgabekraft einer Sonne hängt jedoch hauptsächlich von ihrer Masse und ihren Bestandteilen ab. Sonnen, die viel kleiner sind als unsere, sind daher allein aus diesem Grund nicht geeignet, ausreichend Licht und Wärme über einen ausreichenden Zeitraum und mit ausreichender Gleichmäßigkeit für die Lebensentwicklung auf Planeten zu liefern, selbst wenn sie welche in der richtigen Entfernung besitzen. und mit der umfangreichen Reihe gut angepasster Bedingungen, die ich als notwendig erwiesen habe.

Auch hier müssen wir wahrscheinlich die gesamte Region der Milchstraße als ungeeignet für die Entwicklung von Leben ausschließen, da dort übermäßige Kräfte wirken, wie die immense Größe vieler Sterne und ihre enorme Wärmeabgabe zeigen Kraft, die Ansammlung von Sternen und nebulöser Materie, die große Anzahl von Sternhaufen und vor allem, weil es sich um die Region „neuer Sterne“ handelt, was Kollisionen von Materiemassen voraussetzt, die groß genug sind, um aus der immensen Entfernung, die wir haben, sichtbar zu werden sind von ihnen, aber dennoch zu klein im Vergleich zu Sonnen, deren Leuchtdauer in Millionen von Jahren gemessen werden muss. Daher ist die Milchstraße der Schauplatz extremer Aktivität und Bewegung; Es ist verhältnismäßig voll mit Materie, die sich ständig verändert, und ist daher über längere Zeiträume nicht stabil genug, um überhaupt bewohnbare Welten zu besitzen.

Wir müssen daher unsere möglichen Planetensysteme, die für die Entwicklung von Leben geeignet sind, auf Sterne beschränken, die sich innerhalb des Kreises der Milchstraße und weit davon entfernt befinden – das heißt auf diejenigen, aus denen der Sonnenhaufen besteht. Verschiedene Schätzungen gehen davon aus, dass diese aus einigen Hundert oder vielen Tausend Sternen bestehen – auf jeden Fall aber eine sehr kleine Zahl im Vergleich zu den „Hunderten Millionen“ im gesamten Sternenuniversum. Aber auch hier stellen wir fest, dass wahrscheinlich nur ein Teil davon geeignet ist. Professor Newcomb kommt – wie auch einige andere Astronomen – zu dem Schluss, dass die Sterne im Verhältnis zu dem Licht, das sie abgeben, im Allgemeinen eine viel geringere Masse haben als unsere Sonne; und nach einer ausführlichen Diskussion kommt er schließlich zu dem Schluss, dass die helleren Sterne im Durchschnitt viel weniger dicht sind als unsere Sonne. Aller Wahrscheinlichkeit nach können sie daher nicht über einen so langen Zeitraum Licht und Wärme abgeben, und da dieser Zeitraum im Falle unserer Sonne gerade erst ausgereicht hat, kann die Zahl der Sonnen vom Sonnentyp und mit ausreichender Masse sehr groß sein begrenzt. Darüber hinaus wäre selbst bei Sternen mit einer ähnlichen physikalischen Beschaffenheit wie unsere Sonne und gleicher oder größerer Masse nur ein Teil ihrer Leuchtkraftperiode für die Unterstützung des Planetenlebens geeignet. Während sie sich durch Ansammlungen fester oder gasförmiger Massen bilden, wären sie solchen Temperaturschwankungen und solchen katastrophalen Ausbrüchen ausgesetzt, wenn eine größere Masse als üblich zu ihnen hingezogen würde, dass die gesamte Periode – vielleicht sogar … Der bei weitem längste Teil ihrer Existenz muss bei der Darstellung der Planeten produzierenden Sonnen außer Acht gelassen werden. Doch für uns sind das alles Sterne unterschiedlicher Brillanz. Es ist fast sicher, dass die Epoche der Lebensentwicklung auf allen Planeten, die sie in der geeignetsten Entfernung besitzt, wahrscheinlich erst dann beginnen wird, wenn das Wachstum einer Sonne fast abgeschlossen ist und ihre Hitze ein Maximum erreicht hat auf dem alle erforderlichen Voraussetzungen vorliegen sollten.

Man kann sagen, dass es außerhalb unseres Sonnenhaufens und doch innerhalb des Kreises der Milchstraße eine große Anzahl von Sternen gibt, ebenso wie andere in Richtung der Pole der Milchstraße, auf die ich hier nicht eingegangen bin. Über diese Regionen ist jedoch nur sehr wenig bekannt, da es unmöglich ist zu sagen, ob sich Sterne in diesen Richtungen im äußeren Teil des Sonnenhaufens oder in den Regionen dahinter befinden. Einige Astronomen scheinen zu glauben, dass diese Regionen nahezu sternenlos sein könnten, und ich habe versucht, die scheinbar allgemeine Sichtweise zu diesem sehr schwierigen Thema in den beiden Diagrammen des Sternenuniversums auf den Seiten 300 und 301 darzustellen . Die Regionen jenseits unseres Sternhaufens und oberhalb oder unterhalb der Ebene der Milchstraße sind diejenigen, in denen es viele kleine unauflösbare Nebel gibt, und dies könnte darauf hindeuten, dass die Sonnenbildung in diesen Regionen noch nicht aktiv ist. Die beiden Diagramme von Nebeln und Clustern am Ende des Bandes veranschaulichen diese Ansicht und unterstützen sie vielleicht sogar.

DOPPEL- UND MEHRFACHSTERNSYSTEME

Wir haben bereits in unserem sechsten Kapitel gesehen, wie schnell und außergewöhnlich die Entdeckung sogenannter spektroskopischer Doppelsterne war – Sternpaare, die so nahe beieinander liegen, dass sie in den leistungsstärksten Teleskopen wie ein einzelner Stern erscheinen. Die systematische Suche nach solchen Sternen wird erst seit ein paar Jahren betrieben, und doch wurden bereits so viele gefunden, und ihre Zahl nimmt so schnell zu, dass die Astronomen ziemlich verblüfft sind. Einer der führenden Forscher auf diesem Gebiet, Professor Campbell vom Lick-Observatorium, hat seine Meinung zum Ausdruck gebracht, dass diese Entdeckungen mit zunehmender Messgenauigkeit so lange andauern werden, bis „der Stern, der kein spektroskopischer Doppelstern ist, sich als der seltene erweisen wird." „Ausnahme" – und andere bedeutende Astronomen haben ähnliche Ansichten geäußert. Es wird jedoch allgemein anerkannt, dass diese eng umlaufenden Sternsysteme nicht zur Kategorie der lebensproduzierenden Sonnen gehören. Die gegenseitig erzeugten Gezeitenstörungen müssen enorm sein, und dies muss der Entwicklung von Planeten abträglich sein, es sei denn, sie befinden sich sehr nahe an jeder Sonne und somit in der ungünstigsten Position für Leben.

Wir sehen also, dass das Ergebnis der jüngsten Sternenforschung völlig im Widerspruch zur alten Vorstellung steht, dass die unzähligen Myriaden von Sternen *alle* von Planeten umkreist werden und dass der ultimative Zweck ihrer Existenz darin besteht, dass sie sie unterstützen sollten Leben, da unsere Sonne die Trägerin des Lebens auf der Erde ist. Dies ist jedoch weit davon entfernt, dass eine große Anzahl von Sternen als völlig ungeeignet für einen solchen Zweck beiseite gelegt werden muss; und wenn wir durch sukzessive Eliminierungen dieser Art die Zahlen, die möglicherweise verfügbar sind, auf einige Millionen oder sogar einige Tausend reduziert haben, kommt die letzte überraschende Entdeckung, dass die gesamte Heerschar von Sternen Doppelsternsysteme enthält Die Zahl nimmt so schnell zu, dass einige der allerersten Astronomen der damaligen Zeit zu dem Schluss kamen, dass einzelne Sterne eines Tages möglicherweise die seltene Ausnahme sein könnten! Aber diese enorme Verallgemeinerung würde mit einem Schlag einen großen Teil der Sterne wegfegen, die durch andere aufeinanderfolgende Disqualifizierungen verschont geblieben waren, und somit unsere Sonne, die sicherlich eine einzelne und vielleicht zwei oder drei Begleitkugeln ist, allein unter der Sternenschar zurücklassen mögliche Unterstützer des Lebens auf einem der Planeten, die sie umkreisen.

wissen nicht wirklich , dass es solche Sonnen gibt. Wenn sie existieren, *wissen* wir nicht , dass sie Planeten besitzen. Wenn jemand Planeten besitzt, sind diese möglicherweise nicht in der richtigen Entfernung oder haben nicht die richtige Masse, um Leben zu ermöglichen. Wenn diese primären Bedingungen erfüllt sein sollten und wenn es möglicherweise nicht nur eine oder zwei, sondern ein Dutzend oder mehr geben sollte, die bisher die ersten wenigen wesentlichen Bedingungen erfüllen, wie groß ist dann die Wahrscheinlichkeit, dass alle anderen Bedingungen alle anderen erfüllen? Schöne Anpassungen, all das empfindliche Gleichgewicht der gegensätzlichen Kräfte, die wir auf der Erde vorherrschen, und deren Kombination hier auf außergewöhnliche Bedingungen zurückzuführen ist, die auf keinem anderen bekannten Planeten herrschen – sollten *alle* wieder in einigen der möglichen vereint werden Planeten dieser möglicherweise existierenden Sonnen?

Ich behaupte, dass die Wahrscheinlichkeit *jetzt* genau umgekehrt ist. Solange wir davon ausgehen konnten, dass alle Sterne im Wesentlichen unserer Sonne ähneln könnten, schien es fast lächerlich anzunehmen, dass unsere Sonne allein in der Lage sein sollte, Leben zu ermöglichen. Aber wenn wir feststellen, dass riesige Klassen wie die Gassterne mit geringer Dichte, die Sonnensterne mit zunehmender Größe und Temperatur, die Sterne, die viel kleiner als unsere Sonne sind, die Nebelsterne, wahrscheinlich alle Sterne der Milchstraße und schließlich Wenn man die enorme Klasse spektroskopischer Doppelgänger – regelrechte Aarons Stäbe, die alle anderen zu verschlingen drohen – davon ausgeht, dass es bei all diesen aus verschiedenen Gründen unwahrscheinlich ist, dass sie begleitende Planeten haben, die sich für die Entwicklung von Leben eignen, dann scheinen die Wahrscheinlichkeiten enorm dagegen zu sprechen, dass es eine nennenswerte Anzahl davon gibt Sonnen, die zugehörige bewohnbare Erden besitzen. So wie die Bewohnbarkeit aller Planeten und größeren Satelliten, die einst als so äußerst wahrscheinlich angenommen wurde, dass sie fast einer Gewissheit gleichkäme, heute allgemein aufgegeben wird, so geht Herr Gore bei Spekulationen über das Leben in Sternsystemen davon aus, dass dies nur bei *einem* Planeten der Fall ist jede Sonne kann bewohnbar sein; Ebenso kann es sein, und ich glaube, dass dies auch so sein wird: Je mehr wir über sie erfahren, desto kleiner und kleiner wird der spärliche Rest, von dem wir mit aller Wahrscheinlichkeit annehmen können, dass er erleuchtet und belebt wird bewohnbare Erden. Und wenn wir mit dieser dürftigen Wahrscheinlichkeit die noch dürftigere Wahrscheinlichkeit kombinieren, dass ein solcher Planet gleichzeitig und über einen ausreichend langen Zeitraum *alle* hochkomplexen und fein ausgewogenen Bedingungen besitzen wird, von denen bekannt ist, dass sie für eine vollständige Lebensentwicklung wesentlich sind, dann ergibt sich die Vorstellung, dass dies der Fall ist Wenn diese Entwicklung allein auf dieser Erde abgeschlossen ist, wird die Vermutung nicht mehr so unwahrscheinlich erscheinen, wie sie bisher angenommen wurde.

SIND DIE STERNE FÜR UNS VON NUTZEN?

Als ich in meiner ersten Veröffentlichung zu diesem Thema vorschlug, dass einige Ausstrahlungen der Sterne wohltuend oder schädlich sein *könnten und dass eine zentrale Position wesentlich sein könnte* , um diese Ausstrahlungen gleichmäßig zu machen, lachte einer meiner astronomischen Kritiker die Idee verächtlich, und erklärte: „Wir könnten in den Weltraum wandern, ohne etwas Schlimmeres zu verlieren, als wenn die Nacht bewölkt ist und wir die Sterne nicht sehen können." [22] Woher mein Kritiker weiß, dass das so ist, sagt er uns nicht. Er äußert es positiv, ohne Einschränkung, als wäre es eine erwiesene Tatsache. Es kann daher sinnvoll sein, nachzufragen, ob es irgendwelche Beweise gibt, die sich auf den fraglichen Punkt beziehen.

Astronomen sind so sehr mit der großen Zahl und Vielfalt der Phänomene beschäftigt, die das Sternenuniversum präsentiert, und mit den verschiedenen schwierigen Problemen, die sich daraus ergeben, dass vielen kleineren, aber dennoch interessanten Untersuchungen zwangsläufig wenig Aufmerksamkeit geschenkt wurde. Ein solch kleines Problem ist die Bestimmung, wie viel Wärme oder andere aktive Strahlung wir von den Sternen erhalten; Dennoch wurden einige Beobachtungen gemacht, deren Ergebnisse von erheblichem Interesse sind.

In den Jahren 1900 und 1901 führte Herr EF Nichols vom Yerkes-Observatorium eine Reihe von Experimenten mit einem speziell konstruierten Radiometer durch, um die von bestimmten Sternen abgegebene Wärme zu bestimmen. Das Ergebnis war, dass Wega in einem Meter Entfernung etwa 1/200000000 der Wärme einer Kerze abgab und Arcturus etwa 2,2-mal so viel .

In den Jahren 1895 und 1896 führte Herr GM Minchin eine Reihe von Experimenten zur *elektrischen Messung des Sternenlichts durch* , und zwar mithilfe einer fotoelektrischen Zelle von besonderer Konstruktion, die für alle Strahlen im Spektrum und auch für einige davon empfindlich ist Ultrarote und ultraviolette Strahlen. Kombiniert damit war ein sehr empfindliches Elektrometer. Das zur Konzentration des Lichts verwendete Teleskop war ein Reflektor mit einer Öffnung von zwei Fuß. Herr Minchin wurde bei den Experimenten vom verstorbenen Professor GF Fitzgerald, FRS, vom Trinity College in Dublin unterstützt, was als Garantie für die Genauigkeit der Beobachtungen angesehen werden kann. Im Folgenden sind die wichtigsten erzielten Ergebnisse aufgeführt:

	Source of Light.	Deflection in Millimetres	Light in Candles.	E. M. F. Volts.
1896	Candle at 10 feet distance	18.70		
	Betelgeuse (0.9 mag.)	12.80	0.685	0.026
	Aldebaran (1.1 mag.)	5.21	0.279	0.012
	Procyon (0.5 mag)	4.89	0.261	0.011
	Alpha Cygni (1.3 mag.)	4.90	0.262	0.011
	Polaris (2.1 mag.)	3.10	0.166	0.007
	1 volt.	432.00		
1895	Arcturus (0.3 mag.)	8.2	1.01	0.019
	Vega (0.1 mag)	11.5	1.42	0.026
	Candle at 10 feet	8.1		

Hinweis: Die Standardkerze schien direkt auf die Zelle, während das Licht des Sterns durch einen 2 Fuß großen Spiegel konzentriert wurde.

Die empfindliche Oberfläche, auf der das Licht der Sterne konzentriert wurde, hatte einen Durchmesser von 1/20 Zoll. Wir müssen daher die Menge an Kerzenlicht in dieser Tabelle im Verhältnis zum Quadrat des Spiegeldurchmessers (in 1/20 Zoll) auf eins reduzieren, was 1/230400 entspricht. Wenn wir im Fall von Vega die notwendige Reduzierung vornehmen und auch den Abstand, in dem die Kerze platziert wurde, ausgleichen, erhalten wir das folgende Ergebnis:

Beobachter	Stern	Kerzenleistung bei 10 Fuß.
.	.	
Minchin.	Vega	$1/162250$
Nichols.	"	$1/22000000$

Dieser enorme Unterschied im Ergebnis ist zweifellos größtenteils auf die Tatsache zurückzuführen, dass das Gerät von Herrn Nichols nur die Wärme maß, während die Zelle von Herrn Minchin fast alle Strahlen maß. Und dies wird weiter durch die Tatsache gezeigt, dass Herr Nichols Arcturus als einen roten Stern ansah, der heißer als Wega, einen weißen, war, und dass Herr Minchin, als er auch die Lichtabgabe und einige der chemischen Strahlen maß, feststellte, dass Wega wesentlich energiereicher war als Wega Arcturus. Diese Vergleiche legen auch nahe, dass andere Messmethoden möglicherweise noch bessere Ergebnisse liefern könnten, aber es wird zweifellos darauf hingewiesen, dass solche geringfügigen Auswirkungen auf die organische Welt notwendigerweise völlig wirkungslos sein müssen.

Es gibt jedoch einige Überlegungen, die in die entgegengesetzte Richtung tendieren. Herr Minchin bemerkt die unerwartete Tatsache, dass Beteigeuze mehr als doppelt so viel elektrische Energie erzeugt wie Procyon, ein viel hellerer Stern. Dies weist darauf hin, dass viele Sterne kleinerer visueller Größenordnungen eine große Energiemenge abgeben können, und dass diese Energie, von der wir heute wissen, dass sie viele seltsame und vielfältige Formen annehmen kann, wahrscheinlich das organische Leben beeinflusst. Und was die Menge betrifft, die zu klein ist, um irgendeine Wirkung zu haben: Wir wissen, dass die übermäßig kleine Lichtmenge der allerkleinsten Teleskopsterne solche chemischen Veränderungen auf einer fotografischen Platte hervorruft, dass mit vergleichsweise kleinen Linsen oder Reflektoren deutliche Bilder entstehen eine Belichtungszeit von zwei bis drei Stunden. Und wenn nicht auch das diffuse Licht des umgebenden Himmels auf die Platte einwirkt und die schwachen Bilder verwischt, könnten viel kleinere Sterne fotografiert werden.

Wir wissen, dass nicht alle Strahlen, sondern nur ein Teil diese Wirkungen hervorrufen können; Wir wissen auch, dass es viele Arten von Strahlung von den Sternen gibt, und wahrscheinlich einige, die noch unentdeckt sind, vergleichbar mit der Röntgenstrahlung und anderen neuen Strahlungsformen. Wir müssen uns auch an die endlose Vielfalt und die extreme Instabilität der Protoplasmaprodukte im lebenden Organismus erinnern, von denen viele möglicherweise genauso empfindlich auf spezielle Strahlen reagieren wie die fotografische Platte.

Und wir sind hier nicht auf die Aktion für ein paar Minuten oder ein paar Stunden beschränkt, sondern die ganze Nacht und den ganzen Tag lang und über Monate oder Jahre hinweg, wann immer der Himmel klar ist. Daher kann die kumulative Wirkung dieser sehr schwachen Strahlung wichtig werden. Es ist wahrscheinlich, dass ihre Wirkung den größten Einfluss auf Pflanzen hätte, und hier finden wir alle Bedingungen, die für ihre Anreicherung und Nutzung in der großen Menge der ihr ausgesetzten Blattoberfläche erforderlich sind. Ein großer Baum muss eine empfängliche Oberfläche von mehreren Hundert Fuß aufweisen, während selbst Sträucher und Kräuter oft eine Blattfläche haben, die oberflächlich größer ist als die Objektgläser unserer größten Teleskope. Einige der hochkomplexen chemischen Prozesse, die in Pflanzen ablaufen, könnten durch diese Strahlungen unterstützt werden, und ihre Wirkung würde durch die Tatsache verstärkt, dass die Strahlen der Sterne aus allen Richtungen über die gesamte Himmelsoberfläche kommen könnten um jedes Blatt der dichtesten Laubmassen zu erreichen und darauf einzuwirken. Das große Wachstum, das nachts stattfindet, könnte teilweise auf diesen Faktor zurückzuführen sein.

Natürlich ist das alles höchst spekulativ; Ich behaupte jedoch, dass angesichts der Tatsache, dass das Licht der schwächsten Sterne deutliche chemische Veränderungen *hervorruft* , selbst die kleinsten Wärmeeffekte messbar sind, ebenso wie die durch sie verursachten elektromotorischen Kräfte. und weiter, wenn wir die Millionen, vielleicht Hunderte von Millionen Sternen betrachten, die alle gleichzeitig auf jeden Organismus einwirken, der für sie empfindlich sein könnte, ist die Annahme, dass sie tatsächlich eine Wirkung, und möglicherweise eine sehr wichtige Wirkung, hervorrufen, nicht stichhaltig als völlig absurd und nicht einer Untersuchung wert zurückgewiesen werden.

Es sind jedoch nicht diese möglichen direkten Einwirkungen der Sterne auf lebende Organismen, denen ich im Hinblick auf unsere zentrale Position im Sternenuniversum großes Gewicht beiße. Weitere Überlegungen zu diesem Thema haben mich überzeugt, dass die grundlegende Bedeutung dieser Position physikalischer Natur ist, wie bereits von Sir Norman Lockyer und einigen anderen Astronomen vorgeschlagen wurde. Kurz gesagt scheint die zentrale Position die einzige zu sein, wo Sonnen ausreichend stabil und langlebig sein können, um den langen Prozess der Lebensentwicklung auf jedem ihrer Planeten aufrechtzuerhalten. Dieser Punkt wird im nächsten (und abschließenden) Kapitel weiter ausgeführt.

Kapitel XVI

STABILITÄT DES STERNENSYSTEMS: UNSERE WICHTIGKEIT

ZENTRALE POSITION: ZUSAMMENFASSUNG UND SCHLUSSFOLGERUNG

EINE der größten Schwierigkeiten im Hinblick auf das riesige Sternensystem um uns herum ist die Frage seiner Beständigkeit und Stabilität, wenn auch nicht absolut und auf unbestimmte Zeit, so doch für ausreichend lange Zeiträume, um die vielen Millionen Jahre zu berücksichtigen, die für unser System sicherlich erforderlich waren terrestrische Lebensentwicklung. Diese Periode ist im Falle der Erde, wie ich hinreichend gezeigt habe, durchgehend durch extreme Gleichmäßigkeit gekennzeichnet, während ein Fortbestehen dieser Gleichmäßigkeit für einige Millionen Jahre in der Zukunft fast ebenso sicher ist.

Aber unsere mathematischen Astronomen können keine Hinweise auf eine solche Stabilität des Sternenuniversums als Ganzes finden, wenn es allein dem Gesetz der Gravitation unterliegt. Als Antwort auf einige Fragen zu diesem Punkt schreibt mein Freund Professor George Darwin wie folgt: „Ein symmetrisches ringförmiges System von Körpern könnte sich mit oder ohne Zentralkörper in einem Kreis drehen." Ein solches System wäre instabil. Wenn die Körper ungleiche Massen haben und nicht symmetrisch angeordnet sind, würde der Zerfall des Systems wahrscheinlich schneller erfolgen als im Idealfall der Symmetrie.

Dies würde bedeuten, dass das große Ringsystem der Milchstraße instabil ist. Aber wenn ja, ist seine Existenz überhaupt ein größeres Rätsel denn je. Obwohl seine Struktur im Detail sehr unregelmäßig ist, ist es im Ganzen wunderbar symmetrisch; und es scheint völlig unmöglich, dass seine im Allgemeinen kreisförmige, ringartige Form das Ergebnis der zufälligen Ansammlung von Materie aus einer zuvor existierenden anderen Form sein kann. Laut den Professoren Newcomb und Darwin sind Sternhaufen gleichermaßen instabil, oder vielmehr ist nichts über ihre Stabilität oder Instabilität bekannt oder kann vorhergesagt werden.

Herr ET Whittaker (Sekretär der Royal Astronomical Society), an den Professor G. Darwin meine Fragen schickte, schreibt: „Ich bezweifle, dass die Hauptphänomene des Sternenuniversums überhaupt Folgen des Gravitationsgesetzes sind." Ich habe selbst an Spiralnebeln gearbeitet und habe eine erste Annäherung an eine Erklärung gefunden – aber sie ist elektrodynamisch und nicht gravitativ. Tatsächlich kann man sich fragen, ob bei Körpern von so enormer Ausdehnung wie der Milchstraße oder Nebeln die Wirkung, die wir Gravitation nennen, durch das Newtonsche Gesetz gegeben ist; So wie die gewöhnlichen Formeln der elektrostatischen Anziehung zusammenbrechen, wenn wir Ladungen betrachten, die sich mit sehr großen Geschwindigkeiten bewegen.

Wenn wir diese Aussagen und Meinungen zweier Mathematiker akzeptieren, die ähnlichen Problemen besondere Aufmerksamkeit gewidmet haben, müssen wir uns nicht auf die Gesetze der Gravitation beschränken, die die gegenwärtige Form des Sternenuniversums bestimmt haben; und dies ist umso wichtiger, als wir auf diese Weise einer Schlussfolgerung entgehen können, die viele Astronomen für unvermeidlich zu halten scheinen, nämlich: dass die beobachteten Eigenbewegungen der Sterne nicht durch die Gravitationskräfte des Systems selbst erklärt werden können. Im Kapitel VIII. Aus dieser Arbeit habe ich die Berechnung von Professor Newcomb bezüglich der Wirkung der Gravitation in einem Universum aus 100 Millionen Sternen zitiert, von denen jeder fünfmal so groß ist wie die Masse unserer Sonne und die sich über eine Kugel verteilen, für deren Durchquerung das Licht 30.000 Jahre brauchen würde; dann könnte ein Körper, der von seinen äußeren Grenzen in die Mitte fällt, höchstens eine Geschwindigkeit von 25 Meilen pro Sekunde erreichen; und daher würde jeder Körper in irgendeinem Teil eines solchen Universums mit einer größeren Geschwindigkeit in den unendlichen Raum verschwinden. Da nun, wie man annimmt, mehrere Sterne eine viel höhere Geschwindigkeit haben, folgt daraus nicht nur, dass sie unweigerlich aus unserem Universum entkommen werden, sondern auch, dass sie nicht zu ihm gehören, da ihre große Geschwindigkeit woanders erworben worden sein muss. Dies scheint die Idee des Astronomen gewesen zu sein, der behauptete, dass wir selbst bei der sehr moderaten Geschwindigkeit unserer Sonne in fünf Millionen Jahren tief im eigentlichen Strom der Milchstraße sein würden. Darauf habe ich bereits ausreichend geantwortet; Aber ich möchte meinen Lesern jetzt eine hervorragende Veranschaulichung der Bedeutung der Bemerkung des verstorbenen Professors Huxley liefern, dass die Ergebnisse, die Sie aus der „mathematischen Mühle" erhalten, ganz davon abhängen, was Sie hineingeben.

Im *Philosophical Magazine* (Januar 1902) befindet sich ein bemerkenswerter Artikel von Lord Kelvin, in dem er genau das gleiche Problem erörtert, das Professor Newcomb zu einem viel früheren Zeitpunkt diskutiert hatte, jedoch ausgehend von anderen Annahmen, die gleichermaßen auf festgestellten Fakten und Fakten basieren Die daraus abgeleiteten Wahrscheinlichkeiten führen zu einem ganz anderen Ergebnis.

Lord Kelvin postuliert eine Kugel mit einem solchen Radius, dass ein Stern an ihrem Rand eine Parallaxe von einem Tausendstel einer Sekunde (0,001) hätte, was 3215 Lichtjahren entspricht. In dieser Kugel ist die Materie gleichmäßig verteilt in der Masse bis zu 1000 Millionen Sonnen wie unsere. Wenn diese Materie der Gravitation unterworfen wird, beginnt sich alles zunächst mit fast unendlicher Langsamkeit zu bewegen, besonders in der Nähe seines Zentrums; aber dennoch hätten in 25 Millionen Jahren viele dieser Sonnen diese erreicht Geschwindigkeiten von zwölf bis zwanzig Meilen pro Sekunde, während einige weniger und andere wahrscheinlich mehr als siebzig Meilen pro Sekunde haben würden. Nun stimmen solche Geschwindigkeiten im Allgemeinen mit den gemessenen Geschwindigkeiten der Sterne überein, daher glaubt Lord Kelvin, dass es ebenso viel Materie geben könnte als 1000 Millionen Sonnen innerhalb der oben genannten Entfernung. Er stellt dann fest, dass, wenn wir annehmen, dass es 10.000 Millionen Sonnen innerhalb derselben Kugel gibt, Geschwindigkeiten erzeugt würden, die sehr viel größer sind als die bekannten Sterngeschwindigkeiten; daher ist es wahrscheinlich, dass dies der Fall ist sehr viel weniger Materie als das 10.000-Millionen-fache der Sonnenmasse. Er stellt außerdem fest, dass, wenn die Materie nicht gleichmäßig innerhalb der Kugel verteilt wäre, die erworbenen Bewegungen unabhängig von der Unregelmäßigkeit größer wären; Dies deutet wiederum darauf hin, dass die 1000 Millionen Sonnen ausreichen würden, um die beobachteten Auswirkungen der Sternbewegung hervorzurufen. Anschließend berechnet er den durchschnittlichen Abstand jedes der 1000 Millionen Sterne, der seiner Meinung nach etwa 300 Millionen Meilen beträgt. Nun ist der unserer Sonne am nächsten gelegene Stern etwa 26 Millionen Meilen entfernt und befindet sich, wie die Beweise zeigen, im dichteren Teil des Sonnenhaufens. Dies trägt der relativen Leere des Raums zwischen unserem Sternhaufen und der Milchstraße sowie der gesamten Region in Richtung der Pole der Milchstraße (wie in den Diagrammen in Kapitel IV gezeigt) ausreichend Rechnung, während die relative Dichte von Große Teile der Galaxie selbst könnten dazu dienen, den Durchschnitt zu bilden.

Nun sind frühere Autoren aufgrund derselben allgemeinen Argumentationslinie zu einem anderen Schluss gekommen, weil sie von unterschiedlichen Annahmen ausgegangen sind. Professor Newcomb, dessen Aussage vor einigen Jahren allgemein befolgt wird, ging von 100 Millionen Sternen aus, von denen jeder fünfmal so groß ist wie unsere Sonne, was insgesamt 500 Millionen Sonnen entspricht, und verteilte sie gleichmäßig über eine Kugel mit einem Durchmesser von 30.000 Lichtjahren. Somit verfügt er über die Hälfte der Materiemenge, die Lord Kelvin annahm, aber fast fünfmal so groß, was zur Folge hat, dass die Schwerkraft nur eine Höchstgeschwindigkeit von 25 Meilen pro Sekunde erzeugen konnte; wohingegen bei Lord Kelvins Annahme eine Höchstgeschwindigkeit von siebzig Meilen pro Sekunde oder sogar mehr erreicht werden würde. Durch diese letztere Berechnung finden wir keine unüberwindliche Schwierigkeit darin, dass die Geschwindigkeit eines der Sterne außerhalb der Kraft der

Gravitation liegt, um sie zu erzeugen, weil die hier angegebenen Geschwindigkeiten das direkte Ergebnis der Gravitation sind, die auf Körper einwirkt, die fast gleichmäßig im Raum verteilt sind. Eine unregelmäßige Verteilung, wie wir sie überall im Universum sehen, kann sowohl zu größeren als auch zu geringeren Geschwindigkeiten führen; und wenn wir darüber hinaus Kollisionen und Annäherung großer Massen berücksichtigen, die zu explosiven Störungen führen, könnten wir als Ergebnis fast jede Menge Bewegung haben, aber da diese Bewegung durch die Gravitation innerhalb des Systems erzeugt würde, könnte sie genauso gut kontrolliert werden durch Gravitation.

DIAGRAMM DES STELLAR-UNIVERSUMS (Plan).

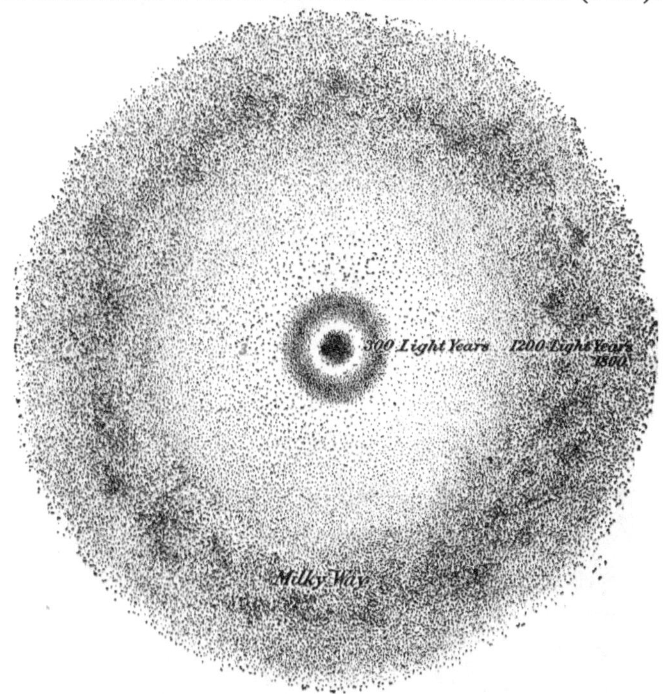

1. Zentraler Teil des Solarclusters. 3. Äußere Grenze des Solarclusters.
2. Umlaufbahn der Sonne (Schwarzer Fleck). 4. Milchstraße.

Damit meine Leser die Berechnungen von Lord Kelvin und auch die allgemeinen Schlussfolgerungen der Astronomen hinsichtlich der Form und Dimensionen des Sternenuniversums besser verstehen können, habe ich zwei Diagramme gezeichnet, von denen eines einen Plan auf der Zentralebene der Milchstraße zeigt , der andere ein Schnitt durch seine Pole. Beide liegen im gleichen Maßstab und zeigen, dass der Gesamtdurchmesser der Milchstraße 3600 Lichtjahre beträgt, also etwa die Hälfte dessen, was Lord Kelvin für sein hypothetisches Universum postulierte. Ich mache das, weil die von ihm angegebenen Dimensionen ausreichen, um zu Bewegungen in der Nähe des Zentrums zu führen, wie sie die Sterne jetzt in einem Zeitraum von mindestens 25 Millionen Jahren nach der ursprünglichen Anordnung, die er annimmt, aufweisen, in der späteren Epoche, die wir haben Wenn nun angenommen wird, dass das gesamte System erreicht ist, würde das gesamte System durch Ansammlungen in Richtung und in der Nähe des Zentrums in seiner Ausdehnung natürlich stark reduziert. Diese Abmessungen scheinen auch ausreichend mit den tatsächlich bisher gemessenen Entfernungen der Sterne übereinzustimmen. Die kleinste Parallaxe, die laut der Liste von Professor Newcomb mit einiger Sicherheit bestimmt wurde, ist die von Gamma Cassiopeiæ, die eine Hundertstelsekunde (0,01) beträgt, während Lord Kelvin keine kleinere als 0,02 angibt. und diese werden alle im Sonnenhaufen enthalten sein, wie ich es gezeigt habe.

DIAGRAMM DES STELLAR-UNIVERSUMS (Abschnitt).

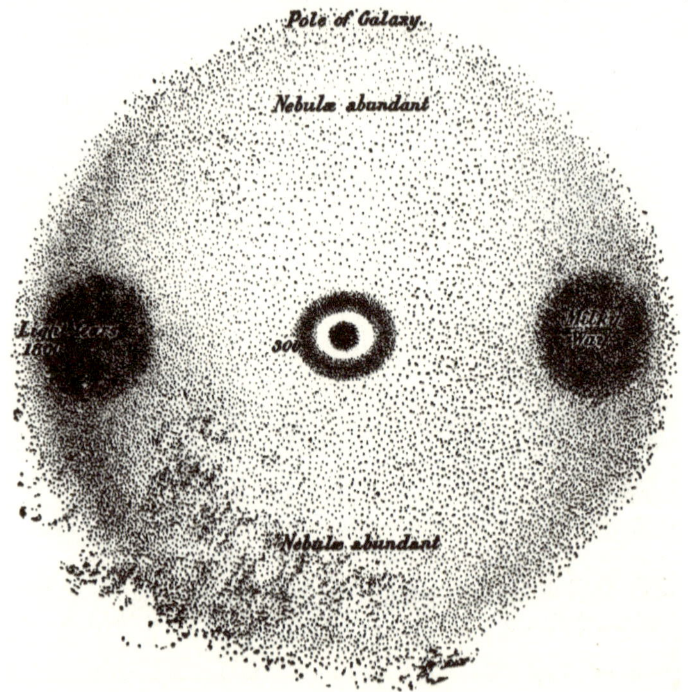

Schnitt durch die Pole der Milchstraße.

Es muss klar verstanden werden, dass es sich bei diesen beiden Abbildungen lediglich um Diagramme handelt, um die Hauptmerkmale des Sternenuniversums gemäß den besten verfügbaren Informationen mit den proportionalen Abmessungen dieser Merkmale sowie den Tatsachen der Verteilung der Sterne und der Ansichten zu zeigen der Astronomen, die dem

Thema die größte Aufmerksamkeit gewidmet haben, können harmonisiert werden. Natürlich wird nicht behauptet, dass die gesamte Anordnung so regelmäßig ist, wie hier gezeigt, aber es wurde versucht, mittels der gepunkteten Schattierung die relative Dichte der verschiedenen Teile des Raums um uns herum darzustellen, und es wurden einige Bemerkungen zu diesem Punkt gemacht kann erforderlich sein.

Der Sonnenhaufen ist im zentralen Teil sehr dicht dargestellt und nimmt ein Zehntel seines Durchmessers ein, und nahe außerhalb dieses dichten Zentrums soll sich unsere Sonne befinden. Dahinter scheint es fast eine Leere zu geben, hinter der sich wiederum der äußere Teil des Sternhaufens befindet, der aus verhältnismäßig dünn verstreuten Sternen besteht und so eine Art Ringhaufen bildet, der in seiner Form dem schönen Ringnebel in Lyra ähnelt, wie er auch schon einmal vorgekommen ist von mehreren Astronomen vorgeschlagen. Es gibt einige direkte Beweise für diese Ringform. Professor Newcomb gibt in seinem kürzlich erschienenen Buch „ *The Stars* " eine Liste aller Sterne, deren Parallaxe ziemlich gut bekannt ist. Ihre Zahl beträgt neunundsechzig; und wenn ich sie in der Reihenfolge ihrer Parallaxe ordne, finde ich, dass nicht weniger als fünfunddreißig von ihnen Parallaxen zwischen 0,1 und 0,4 Sekunden haben, was zeigt, dass sie Teil der Dichte sind zentrale Masse; während drei weitere, von 0.4 bis 0.75, diejenigen anzeigen, die derzeit unsere engsten Begleiter sind, aber immer noch in enormer Entfernung. Diejenigen, die Parallaxen von weniger als einer Zehntelsekunde bis hinunter zu einer Hundertstelsekunde haben, sind insgesamt nur einunddreißig; aber da sie über eine Kugel verteilt sind, die zehnmal so groß ist wie der Durchmesser und daher tausendmal so groß ist wie der Kubikinhalt der Kugel, die diejenigen über einer Zehntelsekunde enthält, müssten sie ungemein zahlreicher sein, selbst wenn sie sehr viel dünner verstreut wären. Der interessante Punkt ist jedoch, dass bis zu einer Parallaxe von 0,06 nur drei Sterne gemessen wurden, während die Sterne zwischen 0,02 und 0,06, einem gleichen Parallaxenbereich, Es gibt sechsundzwanzig an der Zahl, und da diese in alle Richtungen verstreut sind, deuten sie auf einen fast leeren Raum hin, dem ein mäßig dichter äußerer Ring folgt.

In dem riesigen Raum zwischen unserem Sternhaufen und der Milchstraße sowie über und unter seiner Ebene bis zu den Polen der Galaxie scheinen Sterne sehr dünn verstreut zu sein, vielleicht sogar dichter in der Ebene der Milchstraße als darüber und darunter die unauflöslichen Nebel sind so zahlreich; und es ist nicht unwahrscheinlich, dass es in beträchtlicher Entfernung hinter unserem Sternhaufen einen fast leeren Raum gibt, wie angenommen wurde, aber das kann man erst wissen, wenn man Mittel zur Messung von Parallaxen von einem Hundertstel bis zu einem Fünfhundertstel einer Sekunde entdeckt hat.

Diese Diagramme dienen auch dazu, einen weiteren Punkt aufzuzeigen, der für die hier vertretene Ansicht von erheblicher Bedeutung ist. Durch die Platzierung des Sonnensystems am äußeren Rand des dichten zentralen Teils des Sonnenhaufens (der sehr wahrscheinlich einen großen Anteil dunkler Sterne enthält und daher zum Zentrum hin viel dichter ist, als es uns erscheint), kann dies durchaus der Fall sein Man geht davon aus, dass er sich zusammen mit den anderen Sternen, aus denen er besteht, um den Schwerpunkt des Sternhaufens dreht, da die Schwerkraft zu diesem Mittelpunkt vielleicht zwanzig- oder hundertmal größer sein könnte als zu den sehr viel weniger dichten und weiter entfernten äußeren Teilen des Clusters. Die Sonne ist, wie in den Diagrammen angegeben, etwa dreißig Lichtjahre von diesem Zentrum entfernt, was einer Parallaxe von etwas mehr als einer Zehntelsekunde und einer tatsächlichen Entfernung von 190 Millionen Meilen entspricht, was etwa 190 Millionen Meilen entspricht 70.000-fache Entfernung der Sonne von Neptun. Wir sehen jedoch, dass diese Position so wenig vom genauen Zentrum des gesamten Sternenuniversums entfernt ist, dass, wenn irgendwelche positiven Einflüsse auf diese zentrale Position in Bezug auf die Galaxie zurückzuführen sind, sie diese vielleicht in demselben Ausmaß empfangen wird, als ob sie dort wären im eigentlichen Zentrum. Aber wenn es sich wie hier gezeigt befindet, gibt es keine weiteren Schwierigkeiten hinsichtlich seiner richtigen Bewegung, die es von einer Seite der Milchstraße zur anderen in kürzerer Zeit befördert, als es für die Entwicklung des Lebens auf der Erde erforderlich war. Und wenn der Sonnenhaufen wirklich subglobulär und ausreichend verdichtet ist, um als Schwerpunkt für die gesamte Umlaufbahn aller Sterne des Sternhaufens zu dienen, dann sind auch alle Sterne, die nicht in der Ebene seines Äquators liegen (und der der Milchstraße) muss sich in verschiedenen Winkeln schräg drehen, bis zu einem Winkel von 90°. Diese zahlreichen divergierenden Bewegungen würden zusammen mit den Bewegungen der näheren Sterne außerhalb des Sternhaufens, von denen einige möglicherweise um andere Schwerpunkte kreisen, die größtenteils aus dunklen Körpern bestehen, die scheinbar zufälligen Bewegungen so vieler Sterne ausreichend erklären.

GLEICHMÄßIGE WÄRMEVERSORGUNG DURCH
ZENTRALE LAGE

Wir kommen nun zu einem Punkt, der hinsichtlich des von uns untersuchten Problems von größtem Interesse ist. Wir haben gesehen, wie groß der Unterschied in den Schätzungen von Geologen und Physikern hinsichtlich der Zeit ist, die während der gesamten Entwicklung des Lebens verstrichen ist. Aber die Position, die wir jetzt für die Sonne im äußeren Teil des zentralen Sternhaufens gefunden haben, könnte einen Hinweis auf dieses Problem liefern. Was wir benötigen, ist eine Möglichkeit, die Sonnenwärme während der enormen geologischen Perioden aufrechtzuerhalten, in denen wir Beweise für eine wunderbare Gleichmäßigkeit der Erdtemperatur und damit der Wärmeabgabe der Sonne haben. Der große zentrale Ringhaufen mit seiner verdichteten Zentralmasse, der sich vermutlich schon viel länger gebildet hat, als unsere Sonne der Erde Wärme abgibt, muss während dieser ganzen Zeit eine starke Anziehungskraft auf die darin verteilte Materie ausgeübt haben Die Räume um ihn herum scheinen im Vergleich zu dem, was sie einmal gewesen sein könnten, fast leer zu sein. Einige spärliche Überreste dieser Materie sehen wir in den zahlreichen Meteoritenschwärmen, die in unser System hineingezogen wurden. Eine Position außerhalb dieser zentralen Sonnenansammlung wäre offensichtlich sehr günstig für das Wachstum durch Akkretion einer beträchtlichen Masse. Der enorme Abstand zwischen den äußeren Komponenten (dem äußeren Ring) des Clusters würde es einem großen Teil der einströmenden Meteoritenmaterie ermöglichen, ihnen zu entkommen, und die größeren Sonnen, die sich in der Nähe der Oberfläche des inneren dichten Clusters befinden, würden den größten Teil an sich ziehen dieser Angelegenheit. [23] Die verschiedenen Planeten unseres Systems wurden zweifellos aus einem Teil der Materie aufgebaut, die in der Nähe der Ebene der Ekliptik einströmte, aber ein Großteil der Materie, die aus allen anderen Richtungen kam, wurde zur Sonne selbst oder zu ihr hingezogen Nachbarsonnen. Einiges davon würde direkt hineinfallen; andere Massen, die aus verschiedenen Richtungen kommen und miteinander kollidieren, würden in ihrer Bewegung eingeschränkt werden und so wieder in die Sonne fallen; Und solange die einfallende Materie nicht in zu großen Massen vorlag, würde die langsame Vergrößerung der Sonnenmasse und die Zunahme ihrer Wärme allmählich genug erfolgen, um für einen Planeten in Erdentfernung in keiner Weise schädlich zu sein.

Der Hauptpunkt, den ich hier hervorheben möchte, ist, dass der weitaus größte Teil der Materie des gesamten Sternenuniversums entweder durch Gravitation oder in Kombination mit elektrischen Kräften, wie von Herrn Whittaker vorgeschlagen, zu dem riesigen Ring zusammengezogen wurde - gebildetes System der Milchstraße, das sich vermutlich langsam dreht und somit in seiner ursprünglichen Zuströmung zum Massenzentrum des Sternuniversums gehindert wurde. Wahrscheinlich hat es auch die angrenzenden Teile des verstreuten Materials in den Räumen um es herum in alle Richtungen zu sich gezogen.

Hätte die von Lord Kelvin postulierte riesige Masse der Materie keine Rotationsbewegung erfahren, sondern wäre kontinuierlich in Richtung des Massenmittelpunkts gefallen, hätten sich die Bewegungen extrem schnell entwickelt, als sich die weiter entfernten Körper diesem Zentrum näherten; während sie, da sie aus allen Richtungen eingefallen sein mussten, immer dichter aggregiert worden wären und es häufig zu Zusammenstößen der katastrophalsten Art gekommen wäre, und dies hätte den zentralen Teil des Universums am instabilsten und am *wenigsten stabil gemacht am wenigsten* dazu geeignet, Leben zu entwickeln.

Unter den tatsächlich vorherrschenden Bedingungen ist jedoch genau das Gegenteil der Fall. Da die Menge an Materie, die zwischen unserem Sternhaufen und der Milchstraße verbleibt, vergleichsweise gering ist, verlief die Ansammlung zu Sonnen regelmäßiger und langsamer. Die Bewegungen unserer Sonne und ihrer Nachbarn wurden aus zwei Gründen mäßig gemacht: (1) ihrer Nähe zum Zentrum des sehr langsam aggregierenden Sternhaufens, wo die Bewegung aufgrund der Gravitation am geringsten ist; und (2) die geringfügige unterschiedliche Anziehungskraft der Milchstraße vom Zentrum weg auf der uns nächstgelegenen Seite. Auch diese Schutzwirkung der Milchstraße wurde in kleinerem Maßstab durch die Bildung des äußeren Rings des Sonnenhaufens wiederholt, der so den inneren Zentralhaufen selbst vor einem zu starken direkten Zufluss großer Materiemassen bewahrte .

Aber obwohl die Materie, aus der der äußere Teil des ursprünglichen Universums besteht, zu einem großen Teil im riesigen System der Milchstraße zusammengefasst wurde, scheint es wahrscheinlich, vielleicht sogar sicher, dass ein Teil seinen Anziehungskräften entkommen und durch seine zahlreichen Kräfte hindurchgehen würde Offene Räume – angedeutet durch die dunklen Risse, Kanäle und Flecken, wie bereits beschrieben – und fließen so unkontrolliert weiter in Richtung des Massenschwerpunkts des Gesamtsystems. Die Menge an Materie, die so aus den enorm entfernten Räumen jenseits der Milchstraße in den Zentralhaufen gelangt, könnte im Vergleich zu dem, was zum Aufbau dieses wunderbaren Sternensystems zurückgehalten wurde, sehr gering sein; aber ihre Gesamtmenge könnte dennoch so groß sein, dass sie eine wichtige Rolle bei der Bildung der zentralen Sonnengruppe spielt. Es würde wahrscheinlich fast kontinuierlich nach innen strömen, und als es schließlich den Sonnenhaufen erreichte, hätte es eine sehr hohe Geschwindigkeit erreicht. Wenn es daher weit verbreitet wäre und im Vergleich zu Planeten oder Sternen aus Massen kleiner oder mittlerer Größe bestünde, würde es die Energie liefern, die erforderlich ist, um diese langsam aggregierenden Sterne auf die erforderliche Wärmeintensität zu bringen, um leuchtende Sonnen zu bilden.

Hier haben wir meiner Meinung nach eine angemessene Erklärung für die sehr lange anhaltende Licht- und Wärmeemissionskapazität unserer Sonne und wahrscheinlich vieler anderer in etwa derselben Position im Sonnenhaufen gefunden. Diese würden sich zunächst allmählich aus der sich langsam bewegenden diffusen Materie der zentralen Teile des ursprünglichen Universums zu beträchtlichen Massen zusammenballen; aber zu einem späteren Zeitpunkt würden sie durch einen ständigen und stetigen Zustrom von Materie aus ihren äußersten Regionen verstärkt werden und daher so hohe Geschwindigkeiten besitzen, dass sie wesentlich dazu beitragen, die erforderliche Temperatur einer Sonne wie unserer über lange Zeit zu erzeugen und aufrechtzuerhalten Zeiträume, die für eine kontinuierliche Lebensentwicklung erforderlich sind. Die enorme Ausdehnung und Masse des ursprünglichen Universums aus diffuser Materie (wie von Lord Kelvin postuliert) wird daher als von größter Bedeutung für dieses ultimative Produkt der Evolution angesehen, da ohne sie die vergleichsweise langsamen und kühlen Zentralregionen entstehen möglicherweise nicht in der Lage gewesen, die erforderliche Energie in Form von Wärme zu erzeugen und aufrechtzuerhalten; während die Aggregation des weitaus größeren Teils ihrer Materie im großen rotierenden Ring der Galaxie ebenso wichtig war, um den zu großen und zu schnellen Zustrom von Materie in diese bevorzugten Regionen zu verhindern.

Es scheint also, dass wir, wenn wir einen solchen Entwicklungsprozess, wie ich ihn hier angedeutet habe, als wahrscheinlich anerkennen, den Einfluss aller großen Merkmale des Sternenuniversums auf die erfolgreiche Entwicklung des Lebens nur schwach erkennen können. Dies sind seine riesigen Dimensionen; die Form, die es im mächtigen Ring der Milchstraße angenommen hat; und unsere Position in der Nähe, aber nicht genau in seiner Mitte. Wir wissen, dass das Sternensystem diese Formen angenommen *hat* , vermutlich aus einem einfachen und diffuseren Zustand. Wir wissen, dass wir uns in der Nähe des Zentrums dieses riesigen Systems befinden . Wir wissen, dass unsere Sonne über Zeiträume, die mit einer schnellen Aggregation und der ebenso schnellen Abkühlung, die Physiker für unvermeidlich halten, unvereinbar sind, fast gleichmäßig Licht und Wärme abgegeben hat . Ich habe hier eine Entwicklungsweise vorgeschlagen, die zu einem sehr langsamen, aber kontinuierlichen Wachstum der zentraleren Sonnen führen würde; zu einem zu langen Zeitraum nahezu stationärer Wärmeabgabeleistung; und schließlich eine ebenso lange Periode sehr allmählicher Abkühlung – eine Periode, in deren Beginn unsere Sonne möglicherweise gerade erst eingetreten ist.

Als ich mich nun der Erdphysik zuwandte, habe ich gezeigt, dass dies aufgrund der äußerst komplexen Natur der Anpassungen, die erforderlich sind, um eine Welt bewohnbar zu machen und ihre Bewohnbarkeit während der für die Lebensentwicklung erforderlichen Zeitäonen beizubehalten, höchst unwahrscheinlich ist Die erforderlichen Bedingungen und Anpassungen hätten auf allen anderen Planeten anderer Sonnen eintreten müssen, die eine ebenso günstige Position wie unsere einnehmen *könnten* und die erforderliche Größe und Wärmeerzeugungskraft hätten.

Abschließend behaupte ich, dass die Gesamtheit der Beweise, die ich hier zusammengetragen habe, zu der Schlussfolgerung führt, dass unsere Erde mit ziemlicher Sicherheit der einzige bewohnte Planet in unserem Sonnensystem ist; und darüber hinaus, dass es keine Unvorstellbarkeit – nicht einmal Unwahrscheinlichkeit – in der Vorstellung gibt, dass, um eine Welt zu schaffen, die in jedem Detail genau an die geordnete Entwicklung des organischen Lebens angepasst sein sollte, das im Menschen gipfelt, ein solch riesiges und komplexes Universum Da das, von dem wir wissen, dass es um uns herum existiert, möglicherweise absolut erforderlich war.

ZUSAMMENFASSUNG DES ARGUMENTS

Da die letzten zehn Kapitel dieses Bandes eine zusammenhängende Argumentation verkörpern, die zu der oben dargelegten Schlussfolgerung führt, kann es für meine Leser nützlich sein, die aufeinanderfolgenden Schritte dieser Argumentation, die Tatsachen, auf denen sie beruht, und die verschiedenen Nebenschlussfolgerungen, zu denen sie gelangt sind, einigermaßen vollständig zusammenzufassen bei.

(1) Eines der wichtigsten Ergebnisse der modernen Astronomie ist die Feststellung der Einheit des riesigen Sternenuniversums, das wir um uns herum sehen. Dies beruht auf einer großen Menge von Beobachtungen, die die wunderbare Komplexität der Anordnung und Verteilung von Sternen und Nebeln im Detail zeigen, verbunden mit einer nicht weniger bemerkenswerten allgemeinen Symmetrie, die auf ein einziges, voneinander abhängiges System und nicht auf eine Anzahl völlig unterschiedlicher Systeme hinweist Systeme, die so weit voneinander entfernt sind, dass sie keine physische Beziehung zueinander haben, wie früher angenommen wurde.

(2) Diese Ansicht wird durch zahlreiche übereinstimmende Beweislinien gestützt, die alle darauf hindeuten, dass die Anzahl der Sterne nicht unendlich ist, wie früher allgemein angenommen wurde und eine Ansicht, die auch heute noch von einigen Astronomen vertreten wird. Die sehr bemerkenswerten Berechnungen von Lord Kelvin, auf die im ersten Teil dieses Kapitels Bezug genommen wurde, unterstützen diese Ansicht weiter, da sie zeigen, dass die Sterne weit über das hinausragen, was wir sehen oder von denen wir direktes Wissen erlangen können, und zwar ohne sehr viel Wenn sich ihr durchschnittlicher Abstand voneinander stark verändert hätte, hätte die Schwerkraft zum Zentrum hin im Durchschnitt schnellere Bewegungen hervorgerufen, als die Sterne im Allgemeinen besitzen.

(3) Ein überwältigender Konsens unter den besten Astronomen bestätigt die Tatsache, dass wir im Sternuniversum eine nahezu zentrale Position einnehmen. Sie sind sich alle einig, dass die Milchstraße eine nahezu kreisförmige Form hat. Sie sind sich alle einig, dass sich unsere Sonne fast genau in ihrer Mittelebene befindet. Sie sind sich alle darin einig, dass unsere Sonne, obwohl sie nicht genau im Mittelpunkt des galaktischen Kreises steht,

dennoch nicht sehr weit von ihr entfernt ist, da es keine eindeutigen Anzeichen dafür gibt, dass wir ihr an einem Punkt näher und weiter vom gegenüberliegenden Punkt entfernt sind . Somit ist die fast zentrale Position unserer Sonne im großen Sternensystem fast allgemein anerkannt.

In der Frage des Solarclusters gibt es weitere Meinungsverschiedenheiten; Allerdings sind sich auch hier wieder alle darin einig, dass es einen solchen Cluster gibt. Seine Größe, Form, Dichte und genaue Position sind etwas ungewiss, aber ich habe mich, soweit möglich, an den besten verfügbaren Beweisen orientiert. Wenn wir Lord Kelvins allgemeine Idee der allmählichen Verdichtung einer enormen diffusen Materiemasse in Richtung ihres gemeinsamen Schwerpunkts übernehmen, wäre dieser Mittelpunkt ungefähr der Mittelpunkt dieses Clusters. Da außerdem die Gravitationskraft in und in der Nähe dieses Zentrums vergleichsweise gering wäre, wären die dort erzeugten Bewegungen langsam, und Kollisionen würden, wenn sie tatsächlich auftreten, sehr sanft ablaufen, da sie nur auf Differenzbewegungen zurückzuführen sind. Wir könnten daher hier viele dunkle Ansammlungen von Materie erwarten, was erklären könnte, warum wir in Richtung dieses Zentrums keine besondere Ansammlung sichtbarer Sterne finden; Da hingegen kein Stern eine wahrnehmbare Scheibe hat, würde man in großer Entfernung kaum sehen, dass die dunklen Sterne die hellen verdecken. So lässt sich meines Erachtens die kontrollierende Kraft erklären, die unsere Sonne während der gesamten Zeitspanne ihrer Existenz als Sonne und unserer Existenz als Planet in ungefähr derselben Umlaufbahn um den Schwerpunkt dieses zentralen Sternhaufens gehalten hat; und hat uns somit vor der Möglichkeit – vielleicht sogar vor der Gewissheit – katastrophaler Kollisionen oder zerstörerischer Annäherungen bewahrt, denen Sonnen in oder in der Nähe der Milchstraße und in geringerem Maße auch anderswo ausgesetzt sind oder waren. Es scheint ziemlich wahrscheinlich, dass in dieser Region schnellerer und weniger kontrollierter Bewegungen und dichterer Materiemassen kein Stern über ausreichend lange Zeiträume in einem annähernd stabilen Temperaturzustand bleiben kann, um auf irgendeinem Stern ein vollständiges System der Lebensentwicklung zu ermöglichen Planeten, den es besitzen könnte.

(4) Als nächstes werden die verschiedenen Beweise angeführt, die uns die nahezu vollständige Gleichmäßigkeit der Materie sowie der materiellen physikalischen und chemischen Gesetze in unserem gesamten Universum bestätigen. Ich glaube, das bestreitet niemand ernsthaft; und es ist ein Punkt von größter Bedeutung, wenn wir die Bedingungen betrachten, die für die Entwicklung und Erhaltung des Lebens erforderlich sind, da es uns versichert, dass überall dort, wo organisches Leben entwickelt wird oder entwickelt werden kann, sehr ähnliche, wenn nicht sogar identische Bedingungen herrschen müssen.

(5) Dies führt uns zur Betrachtung der wesentlichen Merkmale des lebenden Organismus, der aus einigen der am häufigsten vorkommenden und am weitesten verbreiteten dieser materiellen Elemente besteht und stets den allgemeinen Gesetzen der Materie unterliegt. Die besten Autoritäten der Physiologie werden zitiert, was die extreme Komplexität der chemischen Verbindungen betrifft, die die physikalische Grundlage für die Manifestation des Lebens bilden; hinsichtlich ihrer großen Instabilität; ihre wunderbare Beweglichkeit verbunden mit der Beständigkeit von Form und Struktur; und die insgesamt wunderbare Fähigkeit, einzigartige chemische Umwandlungen herbeizuführen und aus einfachen Elementen die kompliziertesten Strukturen aufzubauen.

Ich habe mich bemüht, die weitreichenden Phänomene des Pflanzen- und Tierlebens so darzustellen, dass meine Leser sich eine ungefähre Vorstellung von der Komplexität, der Feinheit und dem Geheimnis der unzähligen lebenden Formen machen können, die sie überall um sich herum sehen. Eine solche Vorstellung wird es ihnen ermöglichen, zu erkennen, wie überaus großartig das organische Leben ist, und vielleicht auch die absolute Notwendigkeit der zahlreichen, komplexen und delikaten Anpassungen der anorganischen Natur besser einzuschätzen, ohne die es für das Leben weder heute noch existieren kann in der unermesslichen Vergangenheit entwickelt worden sein.

(6) Anschließend werden die allgemeinen Bedingungen besprochen, die für das Leben, das sich auf unserem Planeten manifestiert, absolut notwendig sind, wie z. B. Sonnenlicht und Wärme; Wasser, das universell auf der Oberfläche des Planeten und in der Atmosphäre verteilt ist; eine Atmosphäre ausreichender Dichte, die aus mehreren Gasen besteht, aus denen allein Protoplasma gebildet werden kann; einige Wechsel von Licht und Dunkelheit und ein paar andere.

(7) Nachdem wir diese Bedingungen umfassend behandelt und erklärt haben, warum sie wichtig und sogar unverzichtbar für das Leben sind, zeigen wir als Nächstes, wie sie auf der Erde erfüllt sind und wie zahlreich, wie komplex und oft wie genau die dafür erforderlichen Anpassungen sind bringen sie hervor und bewahren sie nahezu unverändert über die riesigen Zeitäonen hinweg, die die Entwicklung des Lebens in Anspruch nimmt. Diesem Thema sind zwei Kapitel gewidmet; und es wird angenommen, dass sie Fakten enthalten, die für viele meiner Leser neu sein werden. Die Kombinationen von Ursachen, die zu diesem Ergebnis führen, sind so vielfältig und hängen in mehreren Fällen von solch außergewöhnlichen Besonderheiten der physischen Konstitution ab, dass es höchst unwahrscheinlich erscheint, dass sie alle *entweder* im Sonnensystem oder sogar im Sonnensystem wieder kombiniert gefunden werden können das

Sternenuniversum. Es ist gut, hier nur diese Bedingungen aufzuzählen, die alle in mehr oder weniger engen Grenzen wesentlich sind:

Entfernung des Planeten von der Sonne.

Masse des Planeten.

Schiefe seiner Ekliptik.

Wassermenge im Vergleich zum Land.

Oberflächenverteilung von Land und Wasser.

Die Beständigkeit dieser Verteilung hängt wahrscheinlich vom einzigartigen Ursprung unseres Mondes ab.

Eine Atmosphäre ausreichender Dichte und geeigneter Gaskomponenten.

Eine ausreichende Menge Staub in der Atmosphäre.

Atmosphärische Elektrizität.

Viele davon wirken und reagieren aufeinander und führen zu Ergebnissen von großer Komplexität.

(8) Wenn man auf andere Planeten des Sonnensystems übergeht, zeigt sich, dass keiner von ihnen alle komplexen Bedingungen vereint, die auf der Erde harmonisch zusammenwirken; In den meisten Fällen liegt jedoch ein Defekt vor, der sie allein aus der Kategorie möglicher lebenserzeugender und lebenserhaltender Planeten entfernt. Dazu gehören die geringe Größe und Masse des Mars, da er keinen Wasserdampf speichern kann; und die Tatsache, dass sich die Venus in der gleichen Zeit um ihre Achse dreht, wie sie für einen Umlauf um die Sonne benötigt. Keine dieser Tatsachen war bekannt, als Proctor über die Frage der Bewohnbarkeit der Planeten schrieb. Alle anderen Planeten werden jetzt als mögliche Lebensträger in ihrem gegenwärtigen Stadium aufgegeben – und wurden von Proctor selbst aufgegeben; aber er und andere sind der Meinung, dass einige von ihnen, wenn sie jetzt nicht geeignet sind, in der Vergangenheit Schauplatz der Lebensentwicklung gewesen sein könnten, während andere dies in der Zukunft sein werden.

Um die Sinnlosigkeit dieser Annahme zu zeigen, wird das Problem der Dauer der Sonne als stabiler Wärmespender diskutiert; und es wird gezeigt, dass die beiden Behauptungen nur durch eine Verkürzung der von Geologen und Biologen für die Entwicklung des Lebens auf der Erde beanspruchten Zeiträume und durch eine Ausweitung der von den Physikern eingeräumten Zeit bis zum Äußersten in Einklang gebracht werden können. Daraus folgt, dass die gesamte Lebensdauer der Sonne als Licht- und Wärmespender für die Entwicklung des Lebens auf der Erde erforderlich war; und dass die

Entwicklung des Lebens nur auf Planeten möglich ist, deren Entwicklungsphasen mit denen der Erde übereinstimmen. Für diejenigen, deren materielle Entwicklung schneller oder langsamer verlief, war oder wird nicht genug Zeit für die Entwicklung des Lebens vorhanden sein.

(9) Als nächstes wird das Problem behandelt, dass die Sterne möglicherweise lebenserhaltende Planeten haben, und es werden Gründe angegeben, warum dies nur in einem winzigen Teil des Ganzen möglich ist. Sogar in diesem winzigen Teil, der wahrscheinlich auf einige wenige Sonnenbestandteile des Sonnenhaufens reduziert ist, scheint ein großer Teil wahrscheinlich ausgeschlossen zu sein, weil es sich um enge Doppelsternsysteme handelt, und ein anderer großer Teil, weil er sich im Prozess der Aggregation befindet. Was die übrigen betrifft, können wir nicht sagen, ob sie in Zehner- oder Hunderterzahlen gezählt werden, die Chancen gegen die gleiche komplexe Kombination von Bedingungen, wie wir sie auf der Erde auf jedem Planeten einer anderen Sonne finden, sind enorm groß.

(10) Ich beziehe mich dann kurz auf einige neuere Messungen der Sternenstrahlung und schlage vor, dass diese möglicherweise wichtige Auswirkungen auf die Entwicklung des pflanzlichen und tierischen Lebens haben könnten; und schließlich diskutiere ich das Problem der Stabilität des Sternenuniversums und den besonderen Vorteil, den wir aus unserer zentralen Position ziehen, wie einige der neuesten Forschungen unseres großen Mathematikers und Physikers Lord Kelvin nahelegen.

SCHLUSSFOLGERUNGEN

Nachdem ich auf diese Weise alle verfügbaren Beweise zu den in diesem Band behandelten Fragen zusammengestellt habe, behaupte ich, dass bestimmte eindeutige Schlussfolgerungen gezogen und bewiesen wurden und dass für bestimmte andere Schlussfolgerungen enorme Wahrscheinlichkeiten sprechen.

Die Schlussfolgerungen moderner Astronomen sind: (1) Dass das Sternenuniversum ein zusammenhängendes Ganzes bildet; und obwohl von enormer Ausdehnung, ist sie dennoch endlich und ihre Ausdehnung bestimmbar.

(2) Dass das Sonnensystem in der Ebene der Milchstraße liegt und nicht weit vom Zentrum dieser Ebene entfernt ist. Die Erde befindet sich daher nahezu im Zentrum des Sternenuniversums.

(3) Dass dieses Universum durchweg aus denselben Arten von Materie besteht und denselben physikalischen und chemischen Gesetzen unterliegt.

Die Schlussfolgerungen, von denen ich behaupte, dass sie enorme Wahrscheinlichkeiten zu ihren Gunsten haben, sind:

(4) Dass kein anderer Planet im Sonnensystem außer unserer Erde bewohnt oder bewohnbar ist.

(5) Dass die Wahrscheinlichkeiten fast genauso groß sind wie bei allen anderen sonnenbewohnten Planeten.

(6) Dass die nahezu zentrale Position unserer Sonne wahrscheinlich dauerhaft ist und für die Entwicklung des Lebens auf der Erde besonders günstig, vielleicht sogar absolut wesentlich war.

Diese letztgenannten Schlussfolgerungen hängen von der Kombination einer großen Anzahl besonderer Bedingungen ab, von denen jede in einer bestimmten Beziehung zu vielen anderen stehen muss und alle über enorme Zeiträume hinweg gleichzeitig bestanden haben müssen. Das Gewicht, das dieser Art von Argumentation beigemessen werden muss, hängt von einer vollständigen und fairen Betrachtung der *gesamten* Beweise ab, wie ich sie in den letzten sieben Kapiteln dieses Buches darzustellen versucht habe. Auf diese Beweise berufe ich mich.

Dies vervollständigt meine Arbeit als zusammenhängendes Argument, das vollständig auf den von der modernen Wissenschaft gesammelten Fakten und Prinzipien basiert. und es führt, wenn meine Fakten im Wesentlichen richtig sind und meine Argumentation fundiert ist, zu einer großen und eindeutigen Schlussfolgerung – dass der Mensch, der Höhepunkt des bewussten organischen Lebens, hier nur in dem gesamten riesigen materiellen Universum, das wir um uns herum sehen, entwickelt wurde. Ich behaupte, dass dies das logische Ergebnis der Beweise ist, wenn wir diese Beweise ohne jegliche Voreingenommenheit betrachten und abwägen. Ich behaupte, dass es sich um eine Frage handelt, zu der wir kein Recht haben, uns *a priori* eine Meinung zu bilden, die nicht auf Beweisen beruht. Und wir haben keinerlei Beweise, die dieser Schlussfolgerung entgegenstehen oder auch nur ihre Unwahrscheinlichkeit belegen.

Aber wenn wir die Schlussfolgerung zulassen, ergibt sich daraus nicht unbedingt etwas, was weder den wissenschaftlichen noch den religiösen Geist beunruhigen müsste, denn sie kann auf eine von zwei unterschiedlichen Arten erklärt oder erklärt werden. Eine beträchtliche Gruppe, darunter wahrscheinlich die Mehrheit der Wissenschaftler, wird zugeben, dass die Beweise offenbar zu dieser Schlussfolgerung führen, sie wird sie jedoch als Folge eines glücklichen Zufalls erklären. Wäre die Entwicklung des Universums ein wenig anders verlaufen, hätte es vielleicht hundert oder tausend lebenstragende Planeten gegeben, oder es hätte überhaupt keine gegeben. Sie würden wahrscheinlich hinzufügen, dass die

Entstehung von Leben und Menschen zeigt, dass ihre Entstehung möglich war; und deshalb, wenn nicht jetzt, dann zu einem anderen Zeitpunkt, wenn nicht hier, dann auf einem anderen Planeten einer anderen Sonne, wären wir sicher entstanden; oder wenn nicht genau das Gleiche wie wir, dann etwas etwas Besseres oder etwas Schlechteres.

Der andere Körper, und wahrscheinlich der weitaus größte, würde durch diejenigen repräsentiert, die der Meinung sind, dass der Geist der Materie im Wesentlichen überlegen und von ihr verschieden ist, aber nicht glauben können, dass Leben, Bewusstsein und Geist Produkte der Materie sind. Sie meinen, dass die wunderbare Komplexität der Kräfte, die die Materie zu kontrollieren scheinen, wenn nicht sogar konstituieren, geistige Produkte sind und sein müssen; und wenn sie sehen, wie Leben und Geist scheinbar aus der Materie entstehen und ihren unzähligen Formen eine zusätzliche Komplexität und ein unergründliches Geheimnis verleihen, sehen sie in dieser Entwicklung einen zusätzlichen Beweis für die Überlegenheit des Geistes. Solche Personen würden dem Glauben des großen Gelehrten Dr. Bentley aus dem 18. Jahrhundert zuneigen, dass die Seele eines einzigen tugendhaften Menschen von größerem Wert und größerer Vortrefflichkeit sei als die Sonne und alle ihre Planeten und alle Sterne am Himmel; und wenn ihnen gezeigt wird, dass es starke Gründe für die Annahme gibt, dass der Mensch das einzigartige und höchste Produkt dieses riesigen Universums *ist* , werden sie keine Schwierigkeiten darin sehen, noch ein wenig weiter zu gehen und zu glauben, dass das Universum tatsächlich zu genau diesem Zweck ins Leben gerufen wurde .

Angesichts des unendlichen Raums um uns herum und der unendlichen Zeit vor und hinter uns gibt es in dieser Vorstellung keinen Widerspruch. Ein so großes Universum wie unseres mit dem Ziel, viele Myriaden lebender, intellektueller, moralischer und spiritueller Wesen mit unbegrenzten Möglichkeiten des Lebens und des Glücks ins Leben zu rufen, ist sicherlich nicht *unverhältnismäßiger* als die komplexe Maschinerie, die Lebens- lange Arbeit, der Einfallsreichtum und die Erfindungsgabe, die wir der Herstellung der bescheidenen, trivialen *Nadel verliehen haben* . Auch ist die scheinbare Energieverschwendung in einem solchen Universum vergleichsweise nicht so groß wie die Millionen von Eicheln, die eine Eiche im Laufe ihres Lebens produziert, von denen jede zu einem Baum heranwachsen könnte, von denen aber später tatsächlich nur *eine entsteht mehrere hundert Jahre lang den einen Baum* hervorbringen, der den Elternbaum ersetzen soll. Und wenn man sagt, dass die Eicheln Nahrung für Vögel und Tiere sind, so sind es die Sporen von Farnen und die Samen von Orchideen nicht, und zahllose Millionen davon werden für jeden verschwendet, der die Ausgangsform reproduziert. Und überall in der Tierwelt, besonders bei den niederen Tierarten, ist dasselbe zu beobachten. Für die große Mehrheit dieser Wesen können *wir* keinerlei

Nutzen erkennen, weder in der enormen Vielfalt der Arten noch in den riesigen Horden von Individuen. Allein von den Käfern leben heute mindestens hunderttausend verschiedene Arten, während es in einigen Teilen des subarktischen Amerikas manchmal so viele Mücken gibt, dass sie die Sonne verdecken. Und wenn wir an die Myriaden denken, die im Laufe der gewaltigen geologischen Zeitalter existiert haben, schwankt unser Geist angesichts der Unermesslichkeit des für uns scheinbar nutzlosen Lebens.

Die ganze Natur erzählt uns die gleiche seltsame, geheimnisvolle Geschichte vom Überschwang des Lebens, von endloser Vielfalt, von unvorstellbarer Menge. All dieses Leben auf unserer Erde hat zu dem des Menschen geführt und darin seinen Höhepunkt gefunden. Ich glaube, es war eine verbreitete und nicht unpopuläre Vorstellung, dass sich die Erde während des gesamten Prozesses des Aufstiegs, Wachstums und Aussterbens vergangener Formen auf das Endgültige vorbereitet hat – den Menschen. Ein Großteil des Reichtums und der Üppigkeit der Lebewesen, die unendliche Vielfalt an Formen und Strukturen, die exquisite Anmut und Schönheit von Vögeln und Insekten, von Blattwerk und Blüten könnten bloße Nebenprodukte des großen Mechanismus gewesen sein, den wir Natur nennen – das Eine und einzige Methode zur Entwicklung der Menschheit.

Und steht es nicht in perfekter Harmonie mit dieser Großartigkeit des Designs (wenn es überhaupt Design ist), dieser gewaltigen Größenordnung, diesem wunderbaren Entwicklungsprozess durch alle Zeitalter hindurch, den das materielle Universum brauchte, um diese Wiege des organischen Lebens zu erschaffen? sollte es, da es für eine höhere und dauerhafte Existenz bestimmt ist, auf einer entsprechenden Skala von Weite, Komplexität und Schönheit liegen? Auch wenn es keine Beweise für die einzigartige Lage und die außergewöhnlichen Eigenschaften der Erde gäbe, wie ich sie hier angeführt habe, bleibt die alte Vorstellung bestehen, dass alle Planeten bewohnt seien und dass alle Sterne für andere Planeten, nämlich Planeten, existierten existierte, um Leben zu entwickeln, würde im Lichte unseres gegenwärtigen Wissens völlig unwahrscheinlich und unglaublich erscheinen. Es würde Monotonie in ein Universum bringen, dessen großartiger Charakter und Lehre in endloser Vielfalt besteht. Das würde bedeuten, dass es eine einfache Angelegenheit wäre, die lebende Seele im wunderbaren und herrlichen Körper des Menschen hervorzubringen – des Menschen mit seinen Fähigkeiten, seinen Bestrebungen, seinen Kräften zum Guten und Bösen –, die überall und in jeder Welt bewerkstelligt werden könnte. Das würde bedeuten, dass der Mensch ein Tier und nichts weiter ist, keine Bedeutung im Universum hat und keine großen Vorbereitungen für seine Ankunft benötigt, sondern vielleicht nur einen zweitklassigen Dämon und eine dritt- oder viertklassige Erde. Wenn man das lange, langsame und komplexe Wachstum der Natur betrachtet, das seinem Erscheinen vorausging, die Unermesslichkeit des Sternenuniversums mit seinen Milliarden Sonnen und die riesigen Äonen der Zeit, in denen es sich entwickelt hat – all dies scheint nur eine angemessene und harmonische Umgebung zu sein , die notwendige Materialversorgung, die ausreichend geräumige Werkstatt für die Produktion jenes Planeten, der zuerst die organische Welt und dann den Menschen hervorbringen sollte.

In einer seiner schönsten Passagen gibt uns unser großer Weltdichter *seine* Vorstellung von der Größe der menschlichen Natur: „Was für ein Werk ist der Mensch!" Wie edel in der Vernunft! Wie unendlich an Fähigkeiten! In Form und Bewegung, wie ausdrucksstark und bewundernswert! In Aktion wie ein Engel! In der Besorgnis, wie einem Gott gleich!' Und was ist für die Entwicklung eines solchen Wesens ein Universum wie unseres? So riesig es unseren Fähigkeiten auch erscheinen mag, es ist wie ein bloßes Nichts im Ozean des Unendlichen. Im unendlichen Raum mag es unendlich viele Universen geben, aber ich glaube kaum, dass es sich dabei nur um Universen aus Materie handelt. Das wäre in der Tat eine niedrige Vorstellung von unendlicher Macht! Hier auf der Erde sehen wir Millionen verschiedener Tierarten, Millionen verschiedener Pflanzenarten und jede einzelne Art besteht oft aus vielen Millionen Individuen, von denen keine zwei Individuen genau gleich sind; und wenn wir uns dem Himmel zuwenden, sind keine zwei Planeten, keine zwei Satelliten gleich; Und außerhalb unseres Systems sehen wir dasselbe Gesetz herrschend – keine zwei Sterne, keine zwei Sternhaufen, keine zwei Nebel gleich. Warum sollte es dann andere Universen aus *derselben* Materie und denselben *Gesetzen* geben – wie die Vorstellung impliziert, dass die Sterne unendlich zahlreich sind und sich über den unendlichen Raum erstrecken?

Natürlich kann es und wahrscheinlich auch andere Universen geben, vielleicht aus anderen Arten von Materie und anderen Gesetzen unterworfen, vielleicht eher wie unsere Vorstellungen vom Äther, vielleicht völlig immateriell und etwas, das wir uns nur als spirituell vorstellen können. Aber wenn diese Universen, obwohl jedes von ihnen eine Million Mal größer als unser Sternenuniversum war, nicht auch unendlich zahlreich wären, könnten sie nicht den unendlichen Raum füllen, der sich nach allen Seiten über sie hinaus erstrecken würde, so dass sogar eine Million Millionen solcher Universen vorhanden wären Universen würden im Vergleich zum weiten Jenseits bis zur Unsichtbarkeit zusammenschrumpfen!

Von der Unendlichkeit in irgendeinem ihrer Aspekte können wir eigentlich nichts wissen, außer dass sie existiert und unvorstellbar ist. Es ist ein Gedanke, der bedrückt und überwältigt. Dennoch sprechen viele leichtfertig darüber, als wüssten sie, *was* darin enthalten ist, und nutzen dieses vermeintliche Wissen sogar als Argument gegen Ansichten, die für sie selbst

inakzeptabel sind. Für mich ist seine Existenz absolut, aber undenkbar –
darin liegt der Wahnsinn.

„O Nacht! O Sterne, zu grobe Gläser Das Endliche mit dem Unendlichen!'

Ich schließe mit einer der schönsten Passagen zum Unendlichen, die mir
bekannt sind, aus der Feder des verstorbenen RA Proctor:

„Zweifellos sind diese Unendlichkeiten von Zeit und Raum, von Materie,
von Bewegung und von Leben unvorstellbar." Es ist unvorstellbar, dass das
gesamte Universum für alle Zeiten Schauplatz des Wirkens unendlicher,
allgegenwärtiger und allwissender Macht sein kann. Völlig unverständlich,
wie unendlicher Zweck mit endloser materieller Evolution verbunden
werden kann. Aber es ist kein neuer Gedanke, keine moderne Entdeckung,
dass wir völlig machtlos sind, die Idee eines unendlichen, allmächtigen,
allwissenden, allgegenwärtigen und ewigen Wesens zu begreifen oder zu
begreifen, dessen unergründlicher Zweck das materielle Universum die
unerklärte Manifestation ist . Die Wissenschaft befindet sich in der
Gegenwart des alten, alten Mysteriums; Die alten, alten Fragen werden an sie
gestellt: „Kannst du durch Suchen Gott finden? Kannst du den Allmächtigen
bis zur Vollkommenheit finden? Er ist so hoch wie der Himmel; was kannst
du tun? Tiefer als die Hölle; was kannst du wissen?" Und die Wissenschaft
beantwortet diese Fragen so, wie sie einst beantwortet wurden: „Wenn wir
den Allmächtigen berühren, können wir Ihn nicht herausfinden."

Die folgenden schönen Zeilen – eines der neuesten Werke von Tennysons
Genie – harmonieren so vollständig mit dem Thema des vorliegenden
Bandes, dass es keiner Entschuldigung bedarf, sie hier zu zitieren:

(Die Frage)

Wird mein kleiner Funke des Seins sein Ganz in deinen Tiefen und Höhen
verschwinden? Muss mein Tag aus Vernunft dunkel sein, O ihr Himmel,
eurer grenzenlosen Nächte, Ansturm der Sonnen und Rollen der Systeme,
Und Ihr feuriger Meteoriteneinschlag?

(Die Antwort)

„Geist, nähert sich deinem dunklen Portal." An der Grenze deines
menschlichen Zustands, Fürchte dich nicht vor dem verborgenen Zweck
Von dieser Macht, die allein groß ist, Noch die unzählige Welt, sein
Schatten, Noch der stille Öffner des Tores.'